黄土高原植被恢复与碳储量功能

杨 阳 王云强 安韶山 等 著

科学出版社
北 京

内 容 简 介

本书较为全面地梳理了黄土高原小流域植被恢复过程中的植被生物量、净初级生产力特征、土壤团聚体、有机碳形态及其稳定性、土壤碳汇功能等,在此基础上评估了黄土高原小流域尺度的生态系统服务功能,为我国黄土高原的综合治理与碳汇功能提供了全面的数据支撑。

本书可供土壤学、生态学、林学、环境科学等相关研究领域的广大科技工作者和高校师生阅读参考。

审图号:GS 京(2024)2242 号

图书在版编目(CIP)数据

黄土高原植被恢复与碳储量功能 / 杨阳等著. -- 北京 : 科学出版社, 2025. 1. --ISBN 978-7-03-080293-4

Ⅰ. Q948.524

中国国家版本馆 CIP 数据核字第 202488QE02 号

责任编辑:祝　洁　汤宇晨 / 责任校对:王　瑞
责任印制:徐晓晨 / 封面设计:陈　敬

科　学　出　版　社 出版
北京东黄城根北街 16 号
邮政编码:100717
http://www.sciencep.com
北京建宏印刷有限公司印刷
科学出版社发行　各地新华书店经销
*

2025 年 1 月第 一 版　　开本:720×1000　1/16
2025 年 1 月第一次印刷　　印张:14 1/4
字数:280 000

定价:198.00 元
(如有印装质量问题,我社负责调换)

《黄土高原植被恢复与碳储量功能》著者名单

主要著者

杨　阳(中国科学院地球环境研究所)

王云强(中国科学院地球环境研究所)

安韶山(西北农林科技大学)

其他著者

窦艳星(西北农林科技大学)

薛志婧(陕西师范大学)

序

  我国是世界上生态保护与修复工程实施最广泛的国家，贡献了全球植被变绿面积的 25%。增加土壤和植被的碳汇，主要是通过植树造林、森林管理、植被恢复等措施，利用植物光合作用吸收大气中的 CO_2，并将其固定在植被和土壤中，从而减少大气中的 CO_2 浓度。陆地生态系统每年能够吸收约 30%人为活动排放的 CO_2。《全国生态状况变化(2015—2020 年)调查评估》显示，全国生态状况总体稳中向好。生态系统格局整体稳定，生态系统质量持续改善，生态系统服务功能不断增强，区域生态保护修复成效显著，生物多样性保护水平逐步提高。同时，我国生态本底脆弱，生态系统质量总体水平仍较低，重要生态空间被挤占的现象依然存在，自然资源过度开发和不合理利用问题仍未得到根本解决，生态保护修复任重道远。

  黄土高原是典型的生态脆弱区，是天然的西部生态屏障，土层深厚，蕴藏着大量的土壤有机碳和无机碳，在过去 20 多年间，该区域实施的退耕还林还草工程显著增加了植被生产力和土壤有机碳固存量，生态系统服务功能得以提升。黄土高原的植被恢复仅仅几十年，当前取得的成果是阶段性的，未来几十年如何提升生态系统的多样性、稳定性和可持续性？如何增强生态系统的碳汇效应并应对气候变化风险？这是亟待考虑的重要问题。

  《黄土高原植被恢复与碳储量功能》一书是作者在主持或参与的多项课题研究成果基础上完成的，将长期观测数据、试验结果和已有研究成果进行了整合分析和系统梳理，较为全面地归纳和总结了黄土高原小流域植被恢复过程中的植被生物量、净初级生产力特征、土壤团聚体、有机碳形态及其稳定性、土壤碳汇功能等，评估了黄土高原小流域尺度的生态系统服务功能，并指明黄土高原植被恢复与土壤碳汇功能未来的研究方向，有助于准确评估黄土高原植被恢复的生态效益，对黄土高原生态屏障建设和实现碳中和具有重大意义。

中国科学院院士 傅伯杰
2024 年 7 月

前　言

工业革命以来，人类在社会发展过程中对自然环境造成了难以逆转的伤害，气候变暖是全球十大环境问题之首。化石燃料(如石油、煤炭等)或木材焚烧会产生大量的温室气体，进而产生"温室效应"，地球生态系统和人类社会发展受到严重威胁。化石燃料燃烧产生的 CO_2 在过去 200 多年累计达到 2.2 万亿 t。据政府间气候变化专门委员会(IPCC)2021 年评估，全球大气中 CO_2 浓度在工业化前(1750 年前)低于 280μmol/mol。1850～2020 年，大气 CO_2 浓度由 285μmol/mol 增加至 414μmol/mol，大气中 CO_2 平均浓度达到了近百万年以来的最高水平，全球平均气温增加了 1.09℃。为抑制全球气候变暖，国际社会在控制温室气体方面做出了巨大努力。1997 年，联合国气候变化大会通过了《京都议定书》，要求发达国家温室气体限量排放。经过十多年的努力，发达国家温室气体 2010 年排放总量比 1990 年减少 5.2%。2015 年通过的《巴黎协定》提出，到 21 世纪末，全球增温幅度较工业化前不超过 2℃，力争在 1.5℃以下。为此，IPCC 提出在 21 世纪中叶实现 CO_2 净零排放，将全球气温增幅维持在 2℃以下，这关乎人类社会的可持续发展，是世界各国面临的共同挑战。

陆地生态系统固碳是当前减缓大气 CO_2 浓度升高从而促成碳中和的重要途径之一。全球陆地生态系统的固碳能力约为 34 亿 $t\,C\cdot a^{-1}$。我国陆地生态系统是显著的碳汇，在过去几十年一直扮演着重要的碳汇角色。20 世纪 60 年代至 2000 年，我国陆地生态系统碳汇能力无明显变化或微弱下降，但 2000 年以后碳汇能力逐渐增强，植被建设在此过程中发挥了重要作用。据估算，陆地生态系统 2001～2010 年每年吸收约 2 亿 t 碳；我国每年约 30%人为活动排放的碳被陆地生态系统吸收。我国陆地生态系统 2010～2016 年每年吸收约 11.1 亿 t 碳，达到同时期人为碳排放的 45%；我国陆地面积约占全球陆地面积的 6.5%，贡献陆地碳汇的 10%～31%。全球 CO_2 反演模型修正后的结果显示，2010～2016 年我国平均陆地碳汇的合理反演约为 9.2 亿 $t\,CO_2\cdot a^{-1}$，陆地生态系统碳储量的增加速率约为 2.8 亿 $t\,C\cdot a^{-1}$，这是我国 20 世纪 80 年代以来恢复天然森林植被、加强人工林建设巨大投入取得的成果。据预测，2021～2060 年，我国陆地生态系统的碳汇潜力为 2.97 亿～3.60 亿 $t\,C\cdot a^{-1}$，其中生态建设增汇速度为 0.54 亿～0.68 亿 $t\,C\cdot a^{-1}$。

美国国家航空航天局 2019 年的卫星监测数据显示，全球 2000 年以来的新增植被绿化面积中，我国的贡献比例最大，约为 25%，其中黄土高原是我国植被变绿程度最大的区域之一。黄土高原深厚的土层蕴藏着大量的有机碳，在植被恢复过程中，大气 CO_2 在光合作用下固定在植物中，并以光合碳的形式进入土壤，从而减缓气候变暖和温室效应等。因此，植被恢复是实现黄土高原地区碳中和的有效可行措施之一。在新时代背景下，中国科学院地球环境研究所周卫健院士和安芷生院士凝练出新时代黄土高原生态环境综合治理"26 字"建议，为黄土高原植被恢复的综合治理提出了建设性的指导意见。随着植被恢复的持续推进和经济建设的快速发展，黄土高原生态环境面临新的挑战，如碳汇/源问题、水资源问题、资源分配不均和城市扩建等问题。尽管黄土高原植被恢复过程中关于土壤碳储量的研究较为广泛，但未来黄土高原的碳汇功能仍然面临新的机遇与挑战，在气候变化和植被恢复的双重背景下，需要深刻认识和全面提升黄土高原植被恢复过程中的生态系统碳汇效应与功能。

本书是黄土高原土壤生态水文研究团队 2016 年以来相关研究工作的总结与延伸，涉及的项目包括国家自然科学基金青年项目"黄土高原刺槐林深层土壤微生物残体对有机碳固存的贡献"(42107282)、国家自然科学基金面上项目"黄土高原深层土壤微生物残体碳累积的能量调控机制"(42377241)、"宁南山区植被恢复对土壤不同粒径团聚体中微生物群落分异特征的影响"(40971171)、"黄土丘陵区枯落物对土壤微生物多样性及碳固定的影响机理"(41171226)、"宁南山区植被恢复中根系生产力及其对有机碳贡献辨析"(41671280)、"黄土高原草地土壤微生物'碳泵'调控的有机碳形成过程机理"(42077072)等。

本书的具体撰写分工如下：第 1 章由杨阳撰写，第 2 章由窦艳星、安韶山撰写，第 3 章由杨阳、王云强撰写，第 4 章由杨阳撰写，第 5 章由杨阳、王云强撰写，第 6 章由窦艳星撰写，第 7 章由薛志婧、安韶山撰写，第 8 章由杨阳、安韶山撰写，第 9 章由杨阳、王云强撰写，全书由杨阳统稿。

由于作者水平有限，书中疏漏和不足恐难避免，敬请读者批评指正。

杨 阳
2024 年 6 月于西安

目　　录

序
前言
第 1 章　绪论 ·· 1
1.1　黄土高原植被分布格局 ·· 1
1.2　黄土高原植被恢复意义与科学问题 ·· 5
1.3　黄土高原植被恢复历程与植被变绿 ·· 7
  1.3.1　黄土高原植被恢复历程 ··· 7
  1.3.2　黄土高原植被变绿趋势 ··· 8
1.4　黄土高原植被变化特征 ·· 11
  1.4.1　黄土高原 NDVI 年际变化特征 ·· 11
  1.4.2　黄土高原植被 NDVI 空间分布特征 ··· 11
  1.4.3　黄土高原退耕还林生态重建的时空分布 ·· 12
  1.4.4　黄土高原植被覆盖度的时空变化 ·· 14
  1.4.5　人类活动对植被的影响 ··· 16
1.5　黄土高原植被恢复过程中土壤有机碳变化特征及影响因素 ······················ 16
  1.5.1　黄土高原植被恢复过程中土壤有机碳累积机制 ································ 16
  1.5.2　黄土高原植被恢复过程中土壤有机碳储量评估及影响因素 ············· 19
  1.5.3　黄土高原植被恢复过程中的土壤固碳速率 ·· 22
1.6　本章小结 ·· 24
 参考文献 ·· 25
第 2 章　黄土高原小流域植被群落结构与生物量特征 ······································· 30
2.1　黄土高原典型小流域植被群落特征 ··· 31
  2.1.1　黄土高原典型小流域植被群落多样性 ··· 31
  2.1.2　黄土高原典型小流域植被群落相似性特征 ·· 32
2.2　黄土高原典型小流域生物量变化特征 ··· 34
  2.2.1　不同小流域地上生物量变化特征 ·· 34
  2.2.2　不同小流域地下生物量变化特征 ·· 37
  2.2.3　不同小流域植物不同器官碳含量特征 ··· 40
2.3　本章小结 ·· 42

参考文献 ·· 44

第3章 黄土高原不同土地利用植被 NDVI 和 NPP 特征 ·························· 46
3.1 土地利用变化分析 ·· 49
3.1.1 不同土地利用类型的面积变化 ·· 49
3.1.2 不同土地利用类型的转移 ·· 53
3.2 NDVI 变化分析 ··· 54
3.2.1 NDVI 空间变化趋势 ·· 54
3.2.2 NDVI 时间变化趋势 ·· 56
3.2.3 NDVI 影响因素 ··· 59
3.2.4 土地利用类型面积净变化量与 NDVI 关联度分析 ······················ 62
3.3 NPP 变化分析 ·· 66
3.3.1 黄土高原小流域 NPP 时间变化趋势 ·· 66
3.3.2 黄土高原小流域 NPP 的驱动因子 ·· 69
3.3.3 土地利用类型面积净变化量与 NPP 关联度分析 ······················· 71
3.4 本章小结 ··· 73
参考文献 ·· 76

第4章 黄土高原小流域土壤特性 ·· 78
4.1 黄土高原小流域土壤物理特性 ··· 78
4.2 黄土高原小流域土壤持水特性 ··· 81
4.3 黄土高原小流域土壤养分特性 ··· 82
4.4 黄土高原小流域土壤微生物群落多样性及其与养分的关系 ··········· 84
4.4.1 黄土高原小流域土壤微生物群落多样性 ···································· 84
4.4.2 黄土高原小流域土壤微生物群落组成 ·· 88
4.4.3 黄土高原小流域微生物群落多样性与养分的关系 ····················· 93
4.5 本章小结 ··· 96
参考文献 ·· 99

第5章 土壤有机碳稳定性特征 ··· 101
5.1 不同小流域土壤水稳性团聚体粒径分布特征 ································ 101
5.1.1 坊塌流域土壤水稳性团聚体粒径分布特征 ······························· 101
5.1.2 纸坊沟流域土壤水稳性团聚体粒径分布特征 ··························· 103
5.1.3 董庄沟流域土壤水稳性团聚体粒径分布特征 ··························· 104
5.1.4 杨家沟流域土壤水稳性团聚体粒径分布特征 ··························· 104
5.2 不同小流域的土壤团聚体稳定性特征 ··· 105
5.2.1 坊塌流域土壤团聚体稳定性特征 ·· 105
5.2.2 纸坊沟流域土壤团聚体稳定性特征 ·· 106

  5.2.3 董庄沟流域土壤团聚体稳定性特征 107
  5.2.4 杨家沟流域土壤团聚体稳定性特征 107
 5.3 不同小流域的土壤可蚀性 108
  5.3.1 坊塌流域土壤可蚀性 108
  5.3.2 纸坊沟流域土壤可蚀性 109
  5.3.3 董庄沟流域土壤可蚀性 109
  5.3.4 杨家沟流域土壤可蚀性 110
 5.4 不同小流域土壤团聚体性质与基本理化性质的关系 110
  5.4.1 坊塌流域土壤团聚体性质与基本理化性质的关系 110
  5.4.2 纸坊沟流域土壤团聚体性质与基本理化性质的关系 111
  5.4.3 董庄沟流域土壤团聚体性质与基本理化性质的关系 112
  5.4.4 杨家沟流域土壤团聚体性质与基本理化性质的关系 112
 5.5 土壤各碳库碳含量变化特征 113
  5.5.1 坊塌流域土壤各碳库碳含量的变化特征 113
  5.5.2 纸坊沟流域土壤各碳库碳含量的变化特征 114
  5.5.3 董庄沟流域土壤各碳库碳含量的变化特征 115
  5.5.4 杨家沟流域土壤各碳库碳含量的变化特征 116
 5.6 本章小结 117
 参考文献 120

第 6 章 不同小流域土壤有机碳库特征及稳定性 122
 6.1 坊塌流域土壤有机碳分解动态特征及稳定性 123
  6.1.1 坊塌流域土壤有机碳分解动态 123
  6.1.2 坊塌流域活性碳、缓效性碳和惰性碳周转时间 123
 6.2 纸坊沟流域土壤有机碳分解动态特征及稳定性 124
  6.2.1 纸坊沟流域土壤有机碳分解动态 124
  6.2.2 纸坊沟流域活性碳、缓效性碳和惰性碳周转时间 125
 6.3 董庄沟流域土壤有机碳分解动态特征及稳定性 126
  6.3.1 董庄沟流域土壤有机碳分解动态 126
  6.3.2 董庄沟流域活性碳、缓效性碳和惰性碳周转时间 127
 6.4 杨家沟流域土壤有机碳分解动态特征及稳定性 128
  6.4.1 杨家沟流域土壤有机碳分解动态 128
  6.4.2 杨家沟流域活性碳、缓效性碳和惰性碳周转时间 129
 6.5 土壤有机碳库稳定性及其影响因素的耦合分析 129
  6.5.1 土壤理化性质对土壤碳库碳含量及稳定性的影响 129
  6.5.2 地上、地下生物量和植物碳对土壤碳库碳含量及稳定性的影响 131

  6.5.3 土壤微生物多样性对土壤碳库碳含量及稳定性的影响 132
  6.5.4 土壤团聚体性质对土壤碳库碳含量及稳定性的影响 135
  6.5.5 土壤有机碳库碳含量、稳定性的主要影响因素 137
 6.6 本章小结 139
 参考文献 142

第7章 黄土高原小流域生态系统服务评估 145
 7.1 土壤保持量功能评估 146
  7.1.1 土壤保持量空间分布及其变化评估 146
  7.1.2 土壤保持量及其变化评估 148
 7.2 产水量功能评估 150
  7.2.1 产水量空间分布及其变化评估 150
  7.2.2 产水量及其变化评估 152
 7.3 碳储量功能评估 153
  7.3.1 碳储量空间分布及其变化评估 153
  7.3.2 碳储量及其变化评估 156
 7.4 生境质量评估 157
  7.4.1 生境质量空间分布及其变化评估 157
  7.4.2 生境质量及其变化评估 159
 7.5 生态系统服务功能综合评估 160
  7.5.1 数据标准化 160
  7.5.2 土壤保持量功能重要性空间评估 161
  7.5.3 产水量功能重要性空间评估 163
  7.5.4 碳储量功能重要性空间评估 166
  7.5.5 生境质量重要性空间评估 168
 7.6 生态系统服务功能影响 170
  7.6.1 生态服务功能驱动因素分析 170
  7.6.2 环境因素对生态系统服务功能的影响 178
 7.7 本章小结 182
 参考文献 185

第8章 黄土高原小流域生态系统服务关系及优化 188
 8.1 生态系统服务功能的权衡与协同 189
 8.2 不同土地利用类型间权衡与协同特征 191
 8.3 生态系统服务功能之间的相关性 194
 8.4 生态系统服务优化 197
 8.5 本章小结 201

参考文献 …………………………………………………… 203

第 9 章 研究不足与展望 …………………………………………… 205
9.1 研究不足 …………………………………………………… 205
9.2 展望 ………………………………………………………… 206
参考文献 …………………………………………………… 211

第 1 章 绪 论

1.1 黄土高原植被分布格局

黄土高原位于黄河中游地区,处于沿海向内陆、平原向高原的过渡地带,自南而北兼跨暖温带、中温带两个热量带,自东向西横贯半湿润、半干旱两个干湿区,是我国温带半湿润、半干旱的过渡区。黄土高原面积约 64 万 km^2,占我国陆地总面积的 6.67%(Zhu et al.,2019),是黄河流域实施环境保护和高质量发展的核心区(Feng et al.,2016;Chen et al.,2015;Deng et al.,2014)。黄土高原的气候既受经纬度的影响,又受地形的制约,具有典型的大陆季风气候特征。该区域年降水量为 200~700mm,空间分布特征表现为东南向西北递减,降水量变率大,多集中在 7~9 月,且以暴雨形式为主。以年降水量等值线 200mm 和 400mm 为界,东南部、中部、西北部的年降水量分别为 600~700mm、300~400mm、100~200mm。1961~2019 年,黄土高原区域呈暖干化趋势,平均最高温度、平均最低温度与平均温度均呈显著升高趋势;平均相对湿度、平均风速、日照时数均呈显著降低趋势;降水量非显著减少。气候暖干化导致黄土高原的土壤含水量下降,风沙加大,植物存活率降低,植被覆盖度下降,地表土质更趋疏松。黄土高原植被区系复杂,植被类型和组合较多,植被依次以森林带、森林草原过渡带和草原带呈明显的地带性规律分布。

黄土高原的地理位置和自然条件决定了该区植被生存环境的复杂性和多样性。广大的黄土高原区域内既分布着水平地带性植被,又有依据山地生境而逐步更替的垂直地带性植被,加上黄土丘陵地貌造就的沟壑生境,本区的植被类型及植被的组合结构更加多样化。同时,黄土高原的北部跨入内蒙古草原植被区,西北部进入蒙新荒漠区,南与亚热带常绿阔叶林区相邻,西部又向青藏高原过渡,因此植被的地带性分布自东南向西北依次为暖温性森林、暖温性森林草原、暖温性典型草原、暖温性荒漠草原等植被地带(表 1.1)。

表 1.1 黄土高原植被地带的环境指标

生物气候带	年均降水量/mm	年均气温/℃	干燥度	干湿分区	土壤类型
暖温性森林地带	550~700	9~12	1.3~1.5	半湿润	褐色土
暖温性森林草原地带	450~550	8~10	1.4~1.8	半湿润—半干旱	黑垆土

续表

生物气候带	年均降水量/mm	年均气温/℃	干燥度	干湿分区	土壤类型
暖温性典型草原地带	300～450	6～8	1.8～2.2	半干旱	轻黑垆土、淡栗钙土
暖温性荒漠草原地带	200～300	6～9	2.4～3.5	干旱—半干旱	灰钙土、棕钙土

注：表中干燥度指彭曼干燥度。

1. 暖温性森林地带

黄土高原植被地带的分界线一直是有争议的问题。本书依据有关资料、主要地段天然植被及不同地带植被主要代表种的分布，认为暖温性森林地带北分界大致为甘肃天水—宁夏隆德—甘肃泾川—甘肃宁县—甘肃合水—陕西安塞西河口—陕西延安—陕西延长—山西石楼—山西中阳—山西临县、兴县之间的紫金山—山西岢岚—山西神池。部分有林区处于暖温带落叶阔叶林带的北部边缘，以栓皮栎林、槲栎林和麻栎林等为代表的暖温带落叶阔叶栎林发育已不完善。主要天然落叶阔叶林有蒙古栎林、白桦林、山杨林和沟道的杂木林等类型，栓皮栎林、槲栎林、麻栎林等在南部有少量分布。另外，该地带分布有温性常绿针叶林，从南到北主要有白皮松林、油松林、侧柏林、杜松林等。上述林分多分布于海拔800～1800m的低山、丘陵、不能耕垦的土石山地，少数海拔可达2200m；在人烟稀少的黄土丘陵区，如子午岭、桥山、黄龙山等地也有大面积次生林分布。在海拔1600m以上的山地还分布着亚高山寒温针叶林，如云杉林、华北落叶松林等。

天然林发育较好的纯林不多，大多为上述优势种和另外一些乔、灌树种组成的混交林。常见的伴生乔木树种有茶条槭、小叶杨、杜梨、榆、椴树、构、臭椿等，主要灌木优势种有胡枝子、连翘、虎榛子、土庄绣线菊、黄栌、紫丁香、黄刺玫、水枸子、山楂、白刺花、荆条等。本地带林下主要草本植物或森林破坏后的草甸草原主要优势种有披针薹草、大油芒、黄背草、白羊草、铁杆蒿(学名白莲蒿)等，其中黄背草、大油芒等难以分布到森林草原区。

该地带现存的天然林多为次生林，很多林分为砍伐后的萌生林，且由于人为破坏，不仅森林面积缩小，而且许多林分质量下降，但林区中心地带森林植被覆盖度超过80%，森林发育良好，生态系统生产力稳定，具有维持良好森林生态环境、涵养水源、保持水土的重要作用，应严加保护，防止人为破坏。

2. 暖温性森林草原地带

暖温性森林草原地带与暖温性典型草原地带的分界大致为甘肃临洮—甘肃华家岭—宁夏固原—甘肃环县—陕西吴起—陕西靖边—陕西横山—陕西榆林—陕西

神木—山西河曲。

该地带植被类型以草甸草原和草原群落为主。地形起伏形成小地形生态条件分异，水分条件较好的沟谷有山杨、小叶杨、河北杨、榆、杜梨、侧柏、山杏、沙棘、白刺花等乔灌杂木林生长，一般已无森林地带主要森林群落(如油松林、白桦林、蒙古栎林)的分布，仅部分较高山地(海拔2200m以上)有油松林、云杉林。大部分低山丘陵已无连片的天然乔木林，少数沟谷或梁峁阴坡残存虎榛子、沙棘、白刺花、荆条、酸枣、土庄绣线菊、紫丁香、灰梅子、黄刺玫、锦鸡儿等组成的杂灌丛。梁峁坡多已开垦为农地，少数梁峁陡坡为过牧自然草地。主要天然植被为以白羊草、铁杆蒿、华北米蒿、长芒草、兴安胡枝子等为优势种的草甸草原和典型草原群落。因此，该地带大部分地区为草原化或稀树草原化景观，开垦指数为30%~50%，大面积连片草地并不多见。自然草地鲜草产量1500kg·hm^{-2}左右。

白羊草草甸草原是本地带具有代表性的草地群落类型，在森林地带荒山阳坡也有分布，常与白刺花、酸枣灌丛组合成为阳坡主要群落类型。白羊草喜暖、喜阳，在森林草原地带主要分布于沟谷阳坡、半阳坡；少数阴坡地段和梁峁坡白羊草与铁杆蒿、长芒草有规律地结合。

白刺花-白羊草群落是森林草原地带阳坡主要群落类型，一般不进入典型草原区，所以白刺花和白羊草可作为区分森林草原和草原地带的特征植被群落。典型草原地带南部某些小生境有白羊草草甸交叉分布。正常发育的白羊草群落种类组成20~35种·m^{-2}，覆盖度50%~85%，年净初级生产量(干物质量)1000~1800kg·hm^{-2}。

3. 暖温性典型草原地带

暖温性典型草原地带与暖温性荒漠草原地带的分界大致为甘肃皋兰—宁夏海源—宁夏同心—宁夏惠安堡—宁夏盐池县天池—内蒙古鄂托克旗—内蒙古杭锦旗。暖温性典型草原是黄土高原植被的主体，常与森林草原地带的草甸草原和荒漠草原地带的部分立地类型交互分布于海拔1000~2200m区域。该地带主要草原群落类型的建群种有长芒草、铁杆蒿、华北米蒿、大针茅、针茅、地椒、冷蒿、星毛委陵菜等。

长芒草草原是黄土高原草原地带的典型代表类型，分布于陕北、陇东、陇中、宁南及晋西的黄土丘陵区。长芒草草原群落种类组成17~25种·m^{-2}，群落覆盖度35%~75%，年净初级生产量800~1200kg·hm^{-2}。主要伴生种有铁杆蒿、华北米蒿、兴安胡枝子、地椒、茵陈蒿、阿尔泰狗娃花等。

铁杆蒿草原是该地带主要草原群落类型，还可分布至森林草原地带或森林地带的荒山。群落种类组成10~23种·m^{-2}，覆盖度35%~80%，年净初级生产量

$2000\sim3000kg\cdot hm^{-2}$。伴生种主要有华北米蒿、草地风毛菊、长芒草、硬质早熟禾、牛尾蒿等。该类草地中优良的禾本科和豆科牧草较少，大多为中生、旱中生杂类草。

华北米蒿草原是黄土高原分布仅次于长芒草草原的一个主要群落类型，遍布于典型草原地带中南部和森林草原地带。在森林草原地带，华北米蒿常与白羊草、兴安胡枝子结合分布于阳坡、半阳坡，在阴坡和半阴坡多与铁杆蒿、长芒草等有规律地结合。该群落种类组成 $12\sim21$ 种$\cdot m^{-2}$，覆盖度 $30\%\sim75\%$，年净初级生产量 $3000kg\cdot hm^{-2}$ 左右。主要伴生种有长芒草、铁杆蒿、兴安胡枝子、地椒、大针茅、短花针茅等。

地椒草原是该地带分布较广泛并具代表性的群落类型，多分布于地势较高且冷凉的梁峁坡地段，一般难进入森林草原地带。该地带地椒常与长芒草、冷蒿、星毛委陵菜、大针茅、铁杆蒿等组成景观明显的小半灌木草原。群落种类组成 $13\sim21$ 种$\cdot m^{-2}$，年净初级生产量 $800\sim1200kg\cdot hm^{-2}$。

在典型草原地带，除上述四种主要草原类型外，还有大针茅、针茅、星毛委陵菜、兴安胡枝子、阿尔泰狗娃花等草原类型，还有线叶菊、牛尾蒿、甘青针茅、硬质早熟禾草甸。

该地带也常散生一些乔木树种，如旱柳、小叶杨、杜梨、榆、山杏、臭椿等，除局部小生境可生长小片林木，大面积成林已不可能。

该地带降水量较少，以粮为主的农业生产条件十分脆弱，长期采用广种薄收方式，进而导致草原过度开垦和土地生产力极度下降。对天然植被的反复破坏和掠夺式利用，使草原退化，加剧了水土流失，土地荒漠化和区域生态环境不断恶化。

4. 暖温性荒漠草原地带

暖温性荒漠草原地带主要分布在黄土高原西北部年降水量 300mm 以下地区，气候属于干旱—半干旱地带，更具大陆性气候特点。荒漠草原群落组成以旱生禾草、蒿类及多刺小灌木与半灌木为主，外貌特征是低矮、稀疏，季相单调，草本植物的比例由南向北逐渐变小，旱生小灌木比例增大。主要群落类型如下。

短花针茅草原是该地带最具代表性的群落类型，广泛分布于宁南、陇中会宁及兰州以北的黄土丘陵区。短花针茅常与长芒草结合生长在丘陵坡地。群落种类组成 $10\sim20$ 种$\cdot m^{-2}$，覆盖度 $30\%\sim50\%$，年净初级生产量 $600\sim1000kg\cdot hm^{-2}$。主要伴生种南部为长芒草、阿尔泰狗娃花、蓍状亚菊、小尖隐子草和鬼箭锦鸡儿，中部偏北为红砂、猫头刺、刺旋花、珍珠柴和荒漠锦鸡儿等。

蓍状亚菊草原是本地带仅次于短花针茅草原的群落类型，主要分布于典型草原地带北部和荒漠草原地带的过渡区,喜砂砾质生境。强旱生小半灌木蓍状亚菊常与一些多年生旱生草本植物共同组成荒漠草原成分。群落种类组成 5～15 种·m^{-2},覆盖度 25%～45%,年净初级生产量 500～800kg·hm^{-2},伴生种以冷蒿、短花针茅、糙隐子草、珍珠柴、红砂等为主。

荒漠锦鸡儿群落分布于黄土高原西部,内蒙古狼山,宁夏贺兰山、大罗山、小罗山,甘肃景泰一带的低山缓坡山丘及多砂砾质生境,其特点是灌木层以旱生锦鸡儿属为主,草本层以强旱生丛生禾草为主,伴生种以中间锦鸡儿、狭叶锦鸡儿、红砂、沙冬青、猫头刺、短花针茅、沙蓬等为主。群落种类组成 6～16 种·m^{-2},覆盖度 30%～45%,年净初级生产量 500～800kg·hm^{-2}。

另外,还有灌木亚菊、牛枝子、沙生针茅、戈壁针茅、猫头刺等荒漠草原群丛。该地带生态环境十分脆弱,植被破坏后极易导致土地荒漠化。大部分草场超载、过牧,严重退化,土地荒漠化趋势加剧,应通过休牧、合理轮牧,加强植被保护和建设,保证草本植物的正常生长发育和生态环境改善。

1.2 黄土高原植被恢复意义与科学问题

黄土高原是世界黄土堆积面积最大的地区,在第四纪由黄土堆积形成,大部分厚度为 0～250m,部分厚度超过 300m。受干旱多风的气候影响,黄土高原土壤结构疏松,生态环境异常脆弱,土壤容易沙化。当植被产生局部破坏时,产生大量的水土流失,土地崩溃,形成植被破坏—水土流失—土地崩溃—植被破坏的恶性循环过程,这一过程使黄土高原地表被切割得支离破碎、沟壑纵横(傅伯杰等,2014;刘国彬等,2004;杨文治,2001)。该区域水土流失现象十分严重,过去乱砍滥伐导致严重的生态环境问题。

新中国成立以来,我国主要采取了三大举措进行黄土高原的综合治理,一是大规模综合考察,摸清家底;二是部署研究机构,推进多学科观测研究;三是陆续推动十多项重大生态修复和水土保持治理工程,为黄土高原生态治理提供了时代机遇(Fu et al.,2017;Feng et al.,2016;Chen et al.,2015)。从黄土高原国土整治"28字方略",即"全部降水就地入渗拦蓄,米粮下川上塬、林果下沟上岔、草灌上坡下坬",到新时代黄土高原生态环境综合治理"26字"建议,即"塬区固沟保塬,坡面退耕还林草,沟道拦蓄整地,沙区固沙还灌草",以及水土保持生态农业理论、植被修复理论等系列成果,都为黄土高原生态屏障区建设提供了理论指引(图1.1)。20世纪60年代以来,国家陆续实施的十多项重大生态修复工程(坡面整治、沟谷联合、淤地坝建设、小流域综合治理、退耕还林还草等)为黄土高原生态屏障区建设提供了时代机遇(Deng et al.，2021；金钊，2019)；基于野外台站网络开展的长期定位研究工作为黄土高原生态屏障区建设提供了科学依据。总体成效及标志性成就可概括为四个方面：①黄土高原植被覆盖度显著提高，实现了由黄到绿，并逐步向绿色、高质量发展；退耕还林还草工程的成功实施实现了黄土高原生态恢复的世纪性成就，治沟造地、固沟保塬等重大工程实施为黄土高原增加耕地面积和建设美丽国土提供了新的思路。②生态系统水土保持功能显著提升，侵蚀强度明显减弱，水土流失面积及入黄泥沙显著下降；淤地坝工程的大规模推广为黄土高原土壤侵蚀治理和减少入黄泥沙做出了巨大贡献，小流域综合治理模式为黄土高原水土流失治理带来跨越式发展。③乡村增收渠道有所拓展，"三生"空间趋于优化，特别是通过加强生态经济林建设和沟道土地整治工程，已形成苹果、红枣、花椒等农特产品主导产区，农业生产由坡地向沟道和川地集中，生活居住逐渐从山坡向沟口地带和中心城镇集中，为优化区域生态格局和农业布局开辟了新的途径。④土地利用效率和农产品供给能力不断提升，区域粮食供需基本平衡。2000年以前全区人均粮食产低于300kg，尚不能解决温饱问题；2020年全区人均粮食产量高于400kg，粮食安全保障水平明显提高，为区域性粮食供应和"三产"融合奠定了坚实基础。

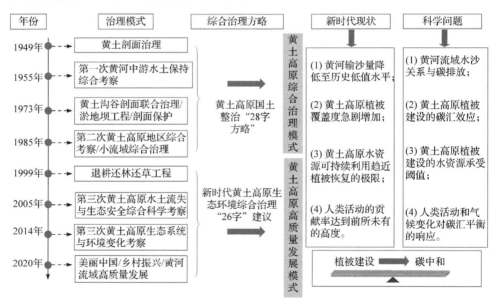

图1.1 黄土高原植被恢复措施与科学问题

整体上黄土高原生态系统向更健康的方向发展，各项生态系统服务显著提升，但同时面临着区域产水量下降、植被建设稳定性、区域粮食生产等方面问题(Feng et al.，2016；Chen et al.，2015)。盲目不合理的植被建设会增加蒸散发，导致土壤含水量、流域产流明显减少，局部地区生态系统服务功能下降(杨阳等，2022，2018)。随着植被建设的持续推进和经济建设的快速发展，黄土高原生态环境面临新的挑战：①黄河输沙量降低至历史低值水平；②黄土高原植被覆盖度急剧增加；③黄土高原水资源可持续利用趋近植被恢复的极限；④人类活动的贡献率达到前所未有的高度。对此，提出以下 4 个科学问题应对新时期黄土高原生态环境面临的挑战：①黄河流域的水沙关系与碳排放；②黄土高原植被建设的碳汇效应；③黄土高原植被建设的水资源承受阈值；④人类活动和气候变化对碳汇平衡的响应。针对新时期黄土高原存在的新问题，根据时代需求，从微观和宏观地理和地貌分区的角度提出新时代黄土高原生态环境综合治理的方略，值得深入思考。

1.3 黄土高原植被恢复历程与植被变绿

1.3.1 黄土高原植被恢复历程

黄土高原植被恢复与建设已有 70 多年的历史，尤其是近年来退耕、禁牧、封山、人工种草种树力度很大，取得显著成效。新中国成立以来，党和国家十分重视黄土高原治理，先后进行坡面治理、沟坡联合治理、小流域综合治理和退耕还林还草工程。黄土高原近千年社会生态系统演变可以划分为五个阶段：耕种快速扩张(12 世纪初～18 世纪 50 年代)、耕种持续扩张(18 世纪 50 年代～20 世纪 50 年代)、农田工程以增加粮食生产(20 世纪 50～70 年代)、从粮食生产向生态保护转型(20 世纪 80～90 年代)、植被恢复以保护生态环境(21 世纪初至今)(Wu et al.，2020)。随着西部大开发的实施，我国对黄土高原投入了大量的人力、物力和财力(Fu et al.，2017；Chen et al.，2015)。在黄土高原植被建设的初期(20 世纪 50 年代)，由于理论和经验不足，对植被建设目的、林草种植技术、树草种选择等方面缺乏有效管控，林草保存率较低，大部分地区的植被恢复工程以失败告终(张金屯，2004)，如 20 世纪 50～70 年代的"山顶戴帽子"；20世纪 80 年代初期，人工种植红豆草，飞播沙打旺，三年内长势喜人，五年后逐渐衰亡(上官周平等，2020)；90 年代中期以来发展的大面积果园，也已普遍出现土壤干层化(邵明安等，2016)。植被种类选择不当、种植密度过大及生产力过高等一系列问题，导致土壤出现干层，肥力衰退，退化的土壤又反过来限制植物的生长、发育，甚至引起部分个体死亡，最终导致生态系统的退化(安韶山等，2020)。为重塑生态系统，黄土高原于 1999 年开始实施大规模的退耕还林还草政策，坚持生态优先，重视绿色发展，贯彻"绿水青山就是金山银山"的发展理念(Chen et al., 2015; Deng et al., 2014)。自此，黄土高原植被恢复取得显著成效，植被覆盖度明显增加(Chen et al., 2015)。监测结果显示，2017 年黄土高原林草覆盖度为 65.2%，相比 1999 年增加 33.6%，水土保持林草及封禁面积累计超过 24 万 km^2(刘国彬等，2017)。研究显示，2000～2020 年黄土高原植被覆盖度由 39%提高到 61%，整体呈上升趋势，2017 年后实现快速提高；国家政策和措施实施等人为因素对植被覆盖度提高起到了重要作用(王逸男等，2022)。郭永强等(2019)采用陆地卫星表面反射率数据(landsat surface reflectance data)分析了黄土高原植被覆盖度的时空变化规律，发现 2000～2015 年，气候变化对黄土高原植被覆盖度变化的相对贡献率为 24%，人类活动为 76%，人类活动是黄土高原植被覆盖度变化的主要原因。据陕西省林业厅报道，2000～2020 年，陕西省全省植被指数变化百分率平均为 17.9%，为全国平均值的 2 倍，陕西省绿色版图向北推进 400km。自然因素和人类活动对陕西省绿色版图北扩的相对贡献率分别为 20%和 80%，人类活动贡献份额中，政策因素和科技因素的相对贡献率分别为 30%和 50%。

1.3.2 黄土高原植被变绿趋势

我国作为世界植被大国之一，20 世纪 90 年代以来植被分布和组成发生了巨大变化(Piao et al., 2020)。由于人类活动密集和前所未有的气候变化，我国超过 40%的植被区经历了植被类型的变化(Wang et al., 2020)。这些变化可能会改变我国陆地生态系统碳汇能力，并影响其吸收大气 CO_2 以减缓全球变暖的能力(Lu et al., 2022; Wang et al., 2022; Fang et al., 2018)。中国气象局发布的《2020 年全国生态气象公报》显示，2020 年全国植被生态质量持续提高，达到 2000～2020 年的最好状态，地表变绿明显、固碳能力显著增强，有利的气候条件和生态工程的实施共同促进了生态系统碳储量的增加(Sha et al., 2022; Tang et al., 2018)。根据进一步的监测结果，全国植被生态质量指数 2020 年达到 68.4，较常年提高 7.3%，植被覆盖度较常年增加 3%，植被生态质量指数达到最好状态(许云飞，2018)。黄土高原是我国植被碳汇增加幅度最大的区域之一，也是退耕还林还草、治沟造地、固沟保塬、淤地坝建设等重大生态工程实施的典型区域(Huang et al., 2019; Fu et al., 2017)。实施森林管理、退耕还林还草等措施，可以固定大气中的 CO_2，显著增加土壤和植被的碳汇(Lange et al., 2015)。随着植被的快速恢复，黄土高原植被群落发生正向演替，凋落物不断积累、分解，增加了土壤有机质累积量(An et al., 2013, 2010)，反过来又促进植被群落的生长，对生态系统碳汇功能和陆地碳平衡产生重大影响(Yang et al., 2022, 2019, 2018)。在生态建设、植被生长等的作用下，黄土高原发挥了并将持续发挥重要的陆地碳汇效应。由此可知，黄土高原植被建设在助力碳中和方面是相对简单又行之有效的方法。

2019 年美国国家航空航天局(NASA)卫星监测数据显示，2000 年以来全球新增绿化面积中，中国贡献位居全球第一，占比约为 25%(Chen et al., 2015)。"十三五"期间，我国草原、森林植被覆盖度分别达到 56%、23%，森林蓄积量超过 175 亿 m^3，草原、森林生态系统结构及功能相对完整，在缓冲气候变化、固碳释氧等方面发挥了积极作用(许云飞, 2018)。《全国重要生态系统保护和修复重大工程总体规划(2021—2035 年)》于 2020 年发布，9 项重大工程、47 项重点任务分别在长江、黄河及海岸带等区域实施；2016 年以来，共有 25 个山水、林田、湖草生态修复试点工程陆续实施，为生态系统固碳及山水林田湖草一体化修复发挥积极示范作用，积累丰富实践经验(关凤峻等, 2021)。全国 90.7%的林区植被固碳释氧量 2000 年以来呈现上升趋势，且 2020 年全国草原区产草量也达到 2000～2020 年最高，荒漠化地区大部分生态持续向好。中国气象局发布的《2020 年全国生态气象公报》表明，2020 年全国植被生态质量持续提高，地表植被变绿明显，固碳能力显著增强，达到 2000～2020 年的最好状态，这主要归功于我国实施的生态保护工程，再加上有利的气候条件，共同促进了植被覆盖度和土壤碳汇的增加。

黄土高原是我国植被变绿幅度最大的区域之一，是退耕还林还草、治沟造地、固沟保塬、淤地坝建设等重大生态工程实施的典型区域，也是西部大开发中生态环境建设的重点实施区域(Fu et al., 2017; Feng et al., 2016)。2016 年，中国科学院生态环境研究中心对黄土高原区的环境进行质量评估，将黄土高原列为土壤保持的重要区域(Ouyang et al., 2016)。1999 年退耕还林还草工程实施以来，该区植被覆盖度呈现出明显的区域性增加趋势(Deng et al., 2014, 2013)。1982～1999 年为植被缓慢提升期，植被覆盖度由 1982 年的 21%提高到 1999 年的 32%左右。1999～2020 年是快速提升期，植被覆盖度由 1999 年的 32%提高到 2013 年的 59%，再到 2020 年的 71%[图 1.2(e)～(h)]。不同区域的增长幅度不同。按省份，河南省植被覆盖度增幅最大，陕西省次之，内蒙古、宁夏增幅不明显。按典型流域，延河流域增幅最大，窟野河流域增幅最小。按植被覆盖度构成，低覆盖度面积比例减少，高覆盖度面积比例增加，其中黄土丘陵沟壑区植被覆盖度增加趋势最为明显，植被恢复成效显著。黄土高原植被覆盖状态整体呈从西北到东南递增的分布特点。从 1982～2020 年的土地利用变化可知，未利用地面积逐渐减小，建设用地和林地面积持续增加[图 1.2(a)～(d)]。

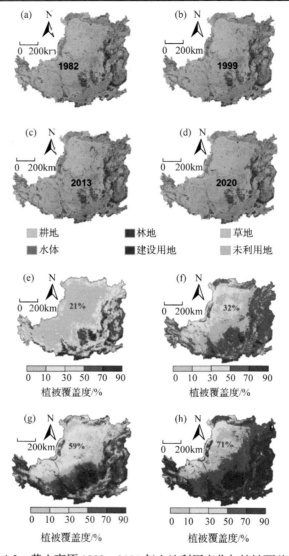

图 1.2 黄土高原 1982～2020 年土地利用变化与植被覆盖度

(a) 1982 年土地利用;(b) 1999 年土地利用;(c) 2013 年土地利用;(d) 2020 年土地利用;(e) 1982 年植被覆盖度;(f) 1999 年植被覆盖度;(g) 2013 年植被覆盖度;(h) 2020 年植被覆盖度;1982 年黄土高原地区土地利用数据采用 1∶50 万土地利用遥感矢量数据集(20 世纪 80 年代)
(http://www.geodata.cn/data/datadetails.html?dataguid=47627449079624 &docId=18387);1999 年、2013 年和 2020 年的 3 期土地利用/植被覆盖度数据由中国科学院地理科学与资源研究所中国科学院资源环境科学数据中心提供,分辨率为 100m×100m,该数据以 Landsat 3 卫星陆地成像仪(operational land imager, OLI)遥感影像为数据源,将计算机自动分类和人工目视修改相结合,解译分类精度较高;1982～2020 年归一化植被指数采用中国科学院资源环境科学数据中心产品"中国年度植被指数空间分布数据集"数据,分辨率 1km,该数据集包含年内多幅数据,使用最大值合成法分别合成的各年份归一化植被指数数据,最后利用归一化植被指数像元二分法计算得到植被覆盖度

1.4 黄土高原植被变化特征

1.4.1 黄土高原 NDVI 年际变化特征

对黄土高原 1982~2014 年年最大归一化植被指数(normalized difference vegetation index, NDVI)进行全区平均,并以全区平均年最大 NDVI 代表植被生长状况进行年际变化分析,结果如图 1.3 所示。1982 年和 2001 年的平均年最大 NDVI 较小,分别为 0.412 和 0.437,其主要原因可能是:退耕还林还草工程开展初期,植被对土地和气候的适应性较弱,成活率较低。黄土高原 NDVI 在 1982~2014 年大致可分为 4 个阶段:①1982~1990 年,NDVI 年际变化波动幅度显著,植被覆盖度总体趋势为略有增加;②1990~1999 年,NDVI 稳定,无明显波动;③1999~2006 年,NDVI 先迅速下降,后又回升并趋于稳定;④2006~2014 年,NDVI 呈较大幅度的上升趋势(张春森等,2016)。

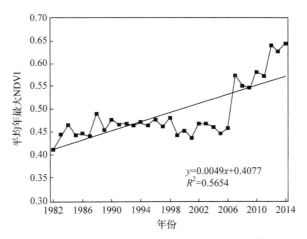

图 1.3 黄土高原 1982~2014 年 NDVI 变化情况

1.4.2 黄土高原植被 NDVI 空间分布特征

将黄土高原全区 2000~2023 年的 NDVI 平均值重新分类为 0.10~0.30、0.30~0.45、0.45~0.55、0.55~0.70、0.70~0.90 这 5 个等级,结合研究区植被类型分布,分析研究区植被覆盖情况,区域 NDVI 的空间分布差异显著。内蒙古东南部及宁夏为森林植被覆盖区,NDVI 最小,为 0.10~0.30;甘肃兰州、固原,陕西榆林,内蒙古包头等地区的地势较高,主要植被类型为落叶灌丛、矮林,部分为经济作物,NDVI 为 0.30~0.45;NDVI 为 0.45~0.55 的地区较分散,包括甘肃平凉、西峰,陕西延安和山西的部分地区;青海东部边界、陕西中部及山西的大部分地区,地面高程自西向东逐级降低,植被类型多样化,主要为草原森林植被和经济作物,NDVI 一般在 0.55~0.70;黄土高原南部边界和山西西部地区植被覆盖情况较好,主要植被类型有落叶灌丛、山地常绿针叶林和落叶阔叶林,NDVI 为 0.70~0.90(张春森等,2016)。

由于黄土高原气候复杂,植被覆盖度呈不均匀分布。图 1.4 为黄土高原 2000~2023 年 NDVI 平均值的空间分布。由图可知,黄土高原 2000~2023 年东南部的 NDVI 大于西北部,并且东南部 NDVI 的增加幅度显著高于西北部,这表明黄土高原中心的植被覆盖变化很大。

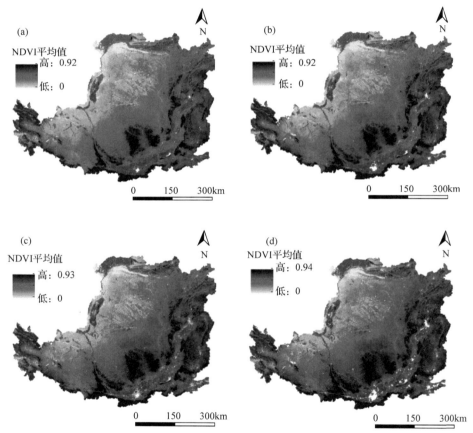

图 1.4 黄土高原 2000~2023 年 NDVI 平均值空间分布
(a) 2000~2005 年;(b) 2006~2011 年;(c) 2012~2017 年;(d) 2018~2023 年

1.4.3 黄土高原退耕还林生态重建的时空分布

1990~2015 年,黄土高原地区不同土地利用类型的面积发生了显著变化。1990 年,全区共有林地面积 9.55 万 km^2,草地面积 27.09 万 km^2,耕地面积

19.25 万 km²；2015 年，全区共有林地面积 9.82 万 km²，草地面积 26.72 万 km²，耕地面积 18.27 万 km²。1990～2015 年，林地面积共增长 0.27 万 km²，增长量占 1990 年林地面积的 2.8%；草地面积减少 0.37 万 km²，占 1990 年草地面积的 1.4%；耕地面积减少 0.98 万 km²，占 1990 年耕地面积的 5.1%(图 1.5)。

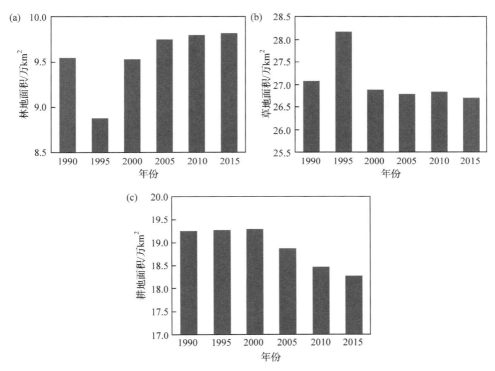

图 1.5　黄土高原区 1990～2015 年林地、草地、耕地面积变化
(a) 林地面积变化；(b) 草地面积变化；(c) 耕地面积变化

在时间序列上，林地面积呈现先减少后迅速增加的趋势，草地面积变化与之相反(图 1.5)。1990～1995 年，林地面积由 9.55 万 km² 迅速减少到 8.88 万 km²，降到最低值；草地面积则由 27.09 万 km² 增加至 28.18 万 km²，随后减少。黄土高原地区的耕地面积在 1990～2015 年经历了显著减少，这一过程主要发生在 2000～2015 年。耕地面积的减少主要发生在中部和西部区域，较大的耕地动态变化图斑则主要分布在灌溉农业区和东南部平原区。此外，耕地的转出面积大于转入面积，增加的耕地主要由草地和林地转化而来，减少的耕地则主要转化为草地和林地，主要分布在雨养农业区。同时，这一时期耕地转化为建筑用地和交通用地的面积逐渐增加，主要分布在东南部低海拔地区。这一变化反映了黄土高原地区在过去的几十年中面临着土地利用方式的转变和农业活动的调整。随着城市化进程的加快和农业结构的调整，一些地区可能转向了更为集约化的农业生产方式，或者实

施了生态恢复工程,从而耕地面积减少。这种变化也与黄土高原地区的气候变化、水土保持措施及农业政策的调整有关(徐省超等,2021)。

从空间分布看,2000~2010年,黄土高原区退耕还林区域主要集中在半干旱的陕西境内和山西北部,退耕还草区域比较均匀地分布在半湿润区、半干旱区和干旱区,主要集中在山西、陕西和内蒙古三省(自治区)交界处及甘肃东北部;在半湿润区和干旱区,退耕还草面积是退耕还林面积的3~4倍。2010~2015年,退耕还林还草的空间范围和强度均有所下降,退耕的区域主要分布在甘肃东北部的半干旱区和半湿润区。

1.4.4 黄土高原植被覆盖度的时空变化

受气候环境的调控,黄土高原地区现代植被呈现由东南部森林向西北部草原、荒漠草原过渡的格局。2000~2015年,黄土高原地区落叶针叶林、常绿针叶林、草地、落叶阔叶林、常绿阔叶林面积明显增加,农田、灌木、镶嵌草地、镶嵌林地及裸地等面积减少。其中,常绿针叶林与落叶阔叶林面积增加约0.11万 km^2,主要来自镶嵌草地和镶嵌林地,分布在山西和陕西等地;新增草地面积约0.81万 km^2,主要来自镶嵌草地、镶嵌林地及部分农田,分布在内蒙古西南部、宁夏西北部、甘肃西北部及陕北等区域。

基于模型模拟的黄土高原地区潜在植被空间分布格局显示,全区潜在植被以草地和森林为主,潜在草地面积占全区面积的73.23%,主要分布在北部和西北部;潜在森林面积占全区面积26.16%,主要分布在南部地区。在潜在森林中,落叶阔叶林、常绿针叶林占比分别为22.28%、3.89%。

基于中分辨率成像光谱仪(moderate-resolution imaging spectroradiometer,MODIS)卫星遥感影像提取的能表征地表植被覆盖状况的NDVI时空变化数据(刘纪远等,2018)显示:1999~2018年,黄土高原区生长季(春季、夏季、秋季)NDVI整体呈现波动增加趋势,平均增速为7.7%·$(10a)^{-1}$,且夏季、秋季增速最大,春季次之(图1.6)。此外,植被生长季的NDVI在21世纪以来出现了三次显著增长期,分别在2002~2004年、2007~2008年和2012~2014年呈现显著增加趋势,尤其是2012年以来增加显著(孙锐等,2020)。

在空间分布上,黄土高原地区NDVI呈现由东南向西北递减的趋势(图1.7)。植被覆盖度显著增加的区域主要分布在黄土高原地区的北部、兰州北部、渭河支流中东部及清水河谷地等地;高原南部汾渭盆地的城镇区域,如西安、咸阳、渭南、宝鸡等,豫西丘陵的洛阳、三门峡,宁夏平原的银川和内蒙古中部荒漠草原区等地,植被覆盖度呈显著下降趋势。整体而言,黄土高原区植被恢复趋势大于植被退化趋势(贺鹏等,2022;张翀等,2021)。

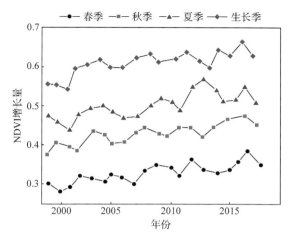

图 1.6 黄土高原 1999~2018 年不同季节 NDVI 增长量的时序分布

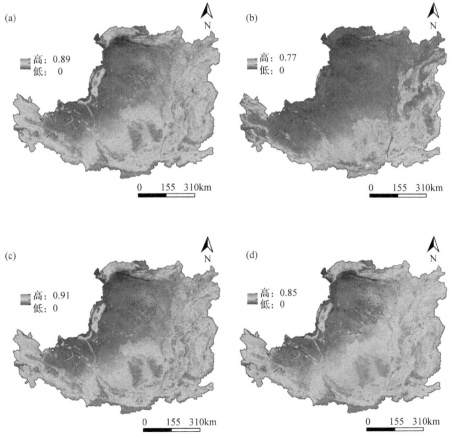

图 1.7 黄土高原 1999~2018 年不同季节 NDVI 变化的空间分布
(a) 生长季；(b) 春季；(c) 夏季；(d) 秋季

黄土高原地区年均植被净初级生产力(net primary productivity, NPP)呈现从东南向西北递减的趋势，NPP低值区主要分布在甘肃、陕西北部、内蒙古和宁夏等以一年生草地为主的区域，NPP高值区主要分布在陕西、甘肃南部等地，NPP中值区则主要分布在山西、青海和高原中部等地(刘铮等，2021)。

基于MODIS卫星遥感影像提取的2000~2015年黄土高原地区NPP时空变化序列显示：全区年均NPP呈持续增加趋势(刘铮等，2021；史晓亮等，2016)，由210gC·m^{-2}·a^{-1}增长到323gC·m^{-2}·a^{-1}，增幅达53.8%。NPP的增长存在阶段性差异，其中2000~2004年和2012~2015年NPP增速最快，2005~2011年增速较慢。年均NPP与NDVI变化趋势一致，二者相关系数达0.96。

从空间分布上来看，黄土高原区NPP变化趋势从东南向西北相间分布。其中，NPP增长区域主要分布在高原中部陕北地区、甘肃东北部、宁夏南部和山西西部地区，NPP降低区域主要分布在黄土高原西部、北部和东南部的高海拔地区，黄土高原北部NPP降低最为明显。

1.4.5 人类活动对植被的影响

黄土高原现代植被生态系统除了受到气候变化的驱动外，人类活动的影响也很显著，且人类活动对黄土高原地区植被覆盖变化有双重影响。1990年以来，随着黄土高原地区温度和降水量整体增大(王英等，2006；廖顺宝等，2003)，全区NDVI呈现增加趋势。NDVI的阶段性增长更多与人类活动有关。2000~2010年，随着退耕还林还草等生态工程的实施，耕地面积大幅度减少，林地和草地面积增加，全区植被覆盖度均有显著增加，其中极显著、较显著和显著增加的区域分别占61.57%、21.06%和11.54%，表明黄土高原生态重建成果显著。

1.5 黄土高原植被恢复过程中土壤有机碳变化特征及影响因素

1.5.1 黄土高原植被恢复过程中土壤有机碳累积机制

黄土高原土壤有机碳的固定是一个长期过程，在植被恢复过程中，黄土的堆积使得凋落物和动植物残体等有机质分解缓慢，土壤有机质不断输入地下生态系统，使土壤质量提升和有机碳大量累积。黄土高原植被恢复过程中主要碳循环过程如图1.8所示(Yang et al.，2018；Cheng et al.，2017；An et al.，2013)。长期的人类活动造成大量的自然植被退化、土壤侵蚀频发；大量的表层土壤由于侵蚀的作用随降水进入黄河，每年的侵蚀碳损失量约为1.6Pg(Feng et al.，2016)。21世纪以来，黄土高原大规模植被恢复使土壤固碳量大幅增加，总体来看，黄土高原土壤碳储量对全国的碳储量贡献不大，然而黄土高原碳汇效应对区域的贡献可能在于增量，因此黄土高原土壤碳汇效应对于我国的碳平衡有着重要的影响。

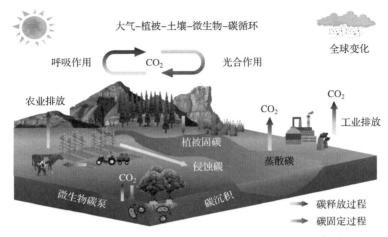

图1.8　黄土高原植被恢复过程中主要碳循环过程示意图

在黄土高原植被恢复过程中，植物通过光合作用吸收固定大气 CO_2 合成为自身有机碳，其中一部分有机碳离开植物体，进入凋落物库。植物凋落物一部分被微生物分解，未分解的植物凋落物与动物(残体及排泄物)和微生物(残体和分解、合成产物)成为自然条件下土壤有机碳的主要来源(汪景宽等，2019)。溶解有机碳、通过土壤剖面向下渗透形成的颗粒态有机碳和植物根系输入的有机碳，形成了深层土壤有机碳。各库中的有机碳在迁移过程中发生降解(呼吸作用、有机碳矿化作用等)，部分降解产物以 CO_2 或 CH_4 形式返回大气，构成自然界碳循环的环节(Lehmann et al.，2015)。

土壤有机碳累积的研究方法由传统的化学提取等方法过渡到原位高分辨率、可视化的技术手段，且微生物的作用机理日渐清晰，关于有机碳形成途径的认识逐渐产生了较大变革，由传统的腐殖质理论向以生物标志物为基础的有机质分子组学转变(冯晓娟等，2020；Ma et al.，2018)，微生物在土壤固碳中发挥的重要作用逐渐得到认可(Liang et al.，2017)。黄土高原土层深厚，土壤碳储量巨大，生活着大量的微生物(Kong et al.，2022；Jiao et al.，2018)，这些土壤微生物在各种物理、化学和生物过程中起着十分重要的作用，持续繁殖死亡后埋藏在深层土壤中。图1.9为黄土高原土壤微生物介导的碳循环(包括微生物介导的各微界面碳转移)。土壤微生物作为黄土高原生物地球化学过程的"引擎"，是连接土壤碳输入与输出的重要纽带，介导了碳循环多个重要代谢过程(Lehmann et al.，2015)，驱动关键带地上-地下生态系统(界面)之间发生活跃的物质交换与转移，如 CO_2 转化成有机物的碳固定过程、产甲烷和甲烷氧化的甲烷代谢过程、有机质分解的碳降解过

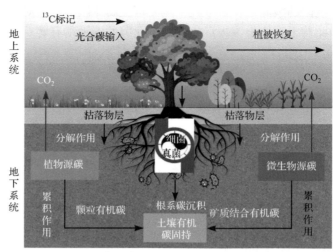

图1.9 黄土高原土壤微生物介导的碳循环

程等(Hoehler et al., 2013)。土壤微界面和深层土壤微生物是土壤组分、植物根系、微生物等微界面的集合体和动态变化的连续体,决定土壤有机碳向地下的运输、植物的吸收和转运,是地下生态系统营养物质传递的微通道。随着研究手段的进步,越来越多的数据证实微生物残体是土壤有机碳的重要组成部分(冯晓娟等,2020)。"土壤微生物碳泵"理论认为,土壤有机碳的形成过程主要由土壤微生物碳泵介导并参与,包括微生物的双重调控途径,即微生物碳泵(植物源碳的转化、土壤微生物源碳的生成)和续埋效应(土壤微生物源碳的稳定化)(Liang et al., 2017);土壤微生物通过"体外修饰"和"体内周转"调控土壤有机碳结构和组成,然后通过微生物的"激发效应"和"续埋效应"调控稳定性有机碳库的动态变化,进而实现对有机碳的固定。在"土壤微生物碳泵"理论框架下,Liang 等(2020)采用马尔科夫模型估测出土壤微生物残体碳是活体生物量的 40 倍。Ma 等(2018)在全球范围内证明了微生物残体碳在草地土壤有机碳累积中的关键作用,并揭示了植物和微生物残体碳在质地不同的土壤中具有不同的关键影响因子。Wang 等(2021)搜集全球数据,发现农田、草地、森林 0~20cm 的表层土壤中微生物残体碳对土壤有机碳的平均贡献率分别为 51%、47%、35%。土壤微生物还直接参与土壤有机碳的分解、异养呼吸和固持等过程,驱动土壤有机碳的循环过程(Gunina et al., 2022)。

大量研究证实了黄土高原土壤微生物残体对土壤有机碳的累积起着重要作用(Li et al., 2023;Zhang et al., 2023;Shao et al., 2019)。黄土中新碳在降水作用下发生淋溶,经"土壤微生物碳泵"驱动,随着活体微生物经历世代繁衍,其残留物不断持续累积形成残体碳库;深层土壤微生物(如真菌)可以将菌丝延伸到表层土壤(Li et al., 2023;Zhu et al., 2022),将吸收的有机碳转运到深层土壤中,增加深层土壤有机碳的累积(Kong et al., 2022; Jiao et al., 2018)。此外，深层的活体微生物死亡后形成的残体不断累积形成稳定的有机碳(Yang et al., 2022; Liang et al., 2020, 2017)。随着黄土的堆积和碳的淋溶作用，大部分深层土壤微生物活性和功能锐减(Kong et al., 2022)，一代又一代的微生物通过"土壤微生物碳泵"循环能量和物质，并将它们存储在生物质中，这些生物质会转移到残体和有机碳中，使土壤质量提升和有机碳大量累积(杨阳等, 2023; Yang et al., 2023; 李妙宇等, 2021; Deng et al., 2014)。Yang 等(2022)证实了黄土高原微生物残体是土壤有机碳的主要来源，其中微生物源碳($4.9 \sim 13g \cdot kg^{-1}$)对有机碳的贡献远大于植物源碳($1.3 \sim 2.3g \cdot kg^{-1}$)，微生物残体对土壤有机碳的贡献由真菌向细菌残留转变。Ren 等(2022)以黄土高原 45a 刺槐恢复序列土壤为研究对象，利用宏基因组测序技术，研究了土壤微生物碳水化合物活性酶的趋势及其对不同来源微生物残体分解的反应，结果也证实了植被恢复过程中土壤细菌残体对土壤碳累积的重要性。

1.5.2 黄土高原植被恢复过程中土壤有机碳储量评估及影响因素

1. 黄土高原植被恢复过程中土壤有机碳储量评估

在陆地生态系统中，土壤碳库储量最为丰富。土壤碳库超过植被碳库和大气碳库的总和，是陆地生态系统最大的碳库，其微小波动就能引起大气 CO_2 浓度的显著变化(于贵瑞等, 2022; Fang et al., 2018; Piao et al., 2009)。不同学者提出的大气碳库、陆地植被碳库、海洋碳库等的估算值很接近(Wang et al., 2022)，但是土壤有机碳的估算结果存在较大的差异，这主要是因为不同学者采用的资料数据、研究方法、采样方法不同及土壤空间分布变异性较大(杨元合等, 2022)。黄土高原深层土壤碳储量巨大，且碳循环过程复杂，再加上气候变化和人类活动的双重影响，土壤碳储量处于一定的动态变化中。此外，黄土高原面积大，数据采集难，以及采样技术、采样过程等方面存在差异，进一步加大了碳储量估算结果的不确定性(邓蕾等, 2023; Yang et al., 2023)，这严重影响了该区土壤碳储量评估，也增加了我国整体碳收支评价的偏差。

在横向上，已通过资料清查、样点调查、建模等方式对黄土高原土壤碳储量开展了较多的研究(Deng et al., 2017)。研究显示，该区域 $0 \sim 20cm$ 表层土壤有机碳密度变化范围为 $0.66 \sim 12.18kg \cdot m^{-2}$，其中大部分集中在 $1 \sim 4kg \cdot m^{-2}$(徐香兰等, 2003)。李妙宇等(2021)研究表明，黄土高原生态系统碳储量约为 2.29Pg，在全国仅占 2.3%。其中，森林生态系统碳储量为 0.98Pg，草地为 1.09Pg，农田(仅指土壤)为 0.21Pg；土壤有机碳储量为 1.52Pg，地上和地下生物量碳储量分别为 0.44Pg 和 0.32Pg[①]。资料清查数据表明，黄土高原生态系统碳储量约为 2.84Pg，

---

① 因数据进行了舍入修约，本书部分数据之和与总数略有偏差。

在全国仅占 2.5%。其中，森林生态系统碳储量 0.36Pg，草地为 1.18Pg，农田为 1.05Pg，灌丛为 0.24Pg。进一步研究发现，黄土高原生态系统碳储量的大尺度分布格局主要受气候调控(Yang et al.，2023)。从区域尺度来看，黄土高原生态系统 2008 年净固碳能力为 0.108Pg，2000 年仅为 0.011Pg，生态系统固碳量在此期间增加了 96.1Tg，黄土高原由碳源变为碳汇，植被固碳量每年以 $9.4gC \cdot m^{-2}$ 的速率增加，而土壤固碳效应会有一定滞后性，随着退耕还林还草时间的延长发挥显著作用(Feng et al.，2013)。此外，黄土高原有机碳储量由东南向西北递减，有机碳储量<20Tg 集中于黄土高原西北大部分地区，占总面积的 19.08%，黄土高原西部、南部及东部的边缘区域，有机碳储量在 40～180Tg(付东磊等，2014)。

在纵向上，黄土高原土层深厚，土壤碳储量垂直分异特征显著，有机碳含量在不同剖面上差异较大。以往关于黄土高原土壤碳储量及其影响因素的研究多集中于 1m 以内的浅层土壤，而深层土壤碳储量巨大，并且碳循环过程复杂(程积民等，2011)。一般土壤有机碳含量随土层深度增加而减少，0～10cm 的表层土壤有机碳含量可达深层土壤(80～100cm)有机碳含量的 4～10 倍(刘志鹏，2013)。0～20cm、0～50cm 和 0～100cm 土层有机碳储量分别为 1.68Pg、3.47Pg 和 5.32Pg，0～20cm 土层碳储量占 0～100cm 土层的 32%，0～50cm 土层碳储量占 0～100cm 土层的 65%。由于地面植被生物量的生成、转化与分解，以及根系的分布多聚集于土壤表层，0～50cm 土层土壤有机碳储量的贡献率达 2/3。黄土高原沼泽土、灰漠土和碱土等有机碳储量较低，面积较大的黄绵土和灰褐土是有机碳的主要分布区(涂夏明等，2017)。另有研究表明，黄土高原 0～20cm 表层土壤有机碳储量为 1.64Pg，0～40cm 土层土壤有机碳储量为 2.86Pg。0～100cm 深层土壤有机碳储量为 4.78Pg，0～200cm 土层土壤有机碳储量为 5.85Pg，0～100cm 和 0～200cm 土层土壤有机碳储量分别占我国土壤有机碳总储量的 8.21%和 5.32%(陈芙蓉等，2012)。

2. 黄土高原土壤有机碳储量的影响因素

1) 地理和地形因素

黄土高原面积广阔，地形复杂，海拔、经纬度、坡向、坡度等因素均会影响土壤温度和湿度(刘国彬等，2017)，进而影响植被和土壤微生物群落组成、土壤有机碳累积等过程(Hopkins et al.，2014)。海拔决定了大气温度和降水等水热条件，使区域土壤微生物活性差异显著，最终影响土壤有机碳的累积(Wang et al.，2021；Feng et al.，2013)。坡度和坡向在很大程度上改变了太阳辐射的强度和维度，在不同的坡度和坡向上产生了局部小气候，影响降水蒸发和雨水下渗等过程，进而改变土壤碳的输入和输出。阴坡土壤中的碳酸钙在淋溶损失的作用下带走大量有机碳，因此一般情况下阴坡土壤有机碳储量明显小于阳坡(Sokol et al.，2019)。大气温度和降水随纬度呈现区域性分布,土壤微生物活性也因此受到影响,最终使黄土高原土壤有机碳储量呈现由东南向西北递减的趋势。

2) 气候变化

黄土高原年平均气温和降水等条件的差异,使土壤温度和湿度发生改变(师玉锋等,2020;李宗善等,2019;刘宪锋等,2018),土壤有机碳的累积速率和分解速率也随之变化(An et al.,2013;An et al.,2010)。黄土高原年平均气温较低,使得土壤微生物各项生命活动缓慢,一定程度上降低了土壤有机碳的分解速率,有利于土壤有机碳的固存(Yuan et al.,2021;Ding et al.,2019)。1950年以来,黄土高原年平均温度呈上升趋势,气温变暖明显,降水量也略微升高,气候逐渐暖湿化(信忠保等,2007)。一方面,年平均温度增加显著提高了植被净初级生产力;另一方面,也会加快土壤呼吸,最终使土壤碳输入和输出都增加,若前者增加的程度大于后者,则黄土高原土壤碳汇效应持续增强,若土壤碳的释放速率超过碳的累积速率,则土壤有机碳储量逐渐减少,其碳汇效应越来越弱(Yang et al.,2022)。短期的降水变化对黄土高原草地土壤有机碳及微生物多样性影响较弱,但微生物多样性与土壤有机碳之间关系密切(王誉陶等,2020)。冬季增温、减雪及其互作降低了黄土高原草地微生物生物量及多样性,增加了土壤有机碳和全氮含量(毛瑾等,2021)。增雨50%显著增加黄土高原草地土壤有机碳,而增温减少了土壤有机碳,增温和增雨50%对于有机碳含量具有拮抗的交互作用(王兴,2021)。增温、增雨及两者的交互效应增加了黄土高原草地土壤有机碳活性组分含量和分配比例,但降低了土壤碳库稳定性(钟泽坤,2021)。此外,黄土高原降水季节性差异明显,频繁的干湿交替会影响土壤有机碳累积(梁超等,2021;张维理等,2020),主要是因为干湿交替下土壤团聚体逐渐崩溃,受保护的有机碳基本完全裸露;同时,土壤呼吸作用增强,加速了有机碳分解(Lange et al.,2015),干燥的气候条件导致部分土壤微生物死亡,减缓了有机碳分解,并增加了土壤碳储量。由此可知,气候变化会对黄土高原土壤有机碳的源-汇平衡产生较大影响。

3) 人类活动

黄土高原人类活动主要包括农业活动(开垦、耕作、放牧、围栏封育)、土地利用方式改变(退牧还草、退耕还林等)、城市和道路建设等。土地利用方式改变会影响土壤微生物的分解速率,进而影响有机碳含量和储量(An et al.,2013)。黄土高原大量开垦、耕作等方式会导致有机碳大量消耗。开垦和耕作方式一方面使得土壤有机质暴露在空气中失去保护,造成大量的有机质矿化分解;另一方面改变土壤孔隙度,土壤温、湿条件发生变化,改变了土壤微生物活性,导致土壤有机质分解矿化加速(Wiesmeier et al.,2019;Lange et al.,2015)。另外,造林并不总是增加土壤有机碳储量,造林对土壤有机碳的影响取决于本底土壤碳含量。在本底值丰富的区域,造林会降低土壤有机碳含量,进而减少有机碳储量,尤其是深层土壤；在本底值贫瘠的区域，造林则会促进土壤有机碳的累积，增加有机碳储量，且在表层最为显著(Hong et al., 2020)。因此，在黄土高原采取适当的土地管理措施，能够有效促进土壤有机碳累积，进而充分发挥土壤碳汇效应。

4) 土壤理化因子

由于黄土高原地形复杂，土壤质地、容重、粒度、pH 等均呈现较高的空间异质性。土壤粒径可以直接影响有机碳含量，土壤质地决定有机碳的形成、迁移和转化速率(An et al., 2010)。有研究发现，土壤黏粒含量与有机碳的分解速率成反比，因此增加黏粒和粉粒含量可使土壤有机碳含量增加。相反，砂粒含量较高时，土壤质地疏松，通气性好，容易导致有机碳流失和矿化(Dou et al., 2020)。土壤容重反映了土壤紧实度和通气状况，一般情况下，增加容重不利于有机碳的累积(An et al., 2013)。土壤微生物活性与土壤 pH 密切相关。当 pH 过小时，土壤微生物活性受到限制，有机碳分解速率降低，有利于土壤碳的累积；当土壤 pH 过大时，土壤微生物活性增强，有机碳分解速率随之加快(Yang et al., 2018)。此外，土壤温度升高在促进植物生长的同时加快了土壤微生物呼吸，二者的变化决定了土壤碳储量的增加/降低。土壤水分状况能够改变土壤的通气性，进而影响有机碳的累积速率，当土壤水分过少且孔隙度大时，有机碳矿化速率增加，不利于有机碳的累积(Xu et al., 2020)。

5) 生物因素

黄土高原植被恢复过程中，碳输入的数量和质量(如木质素含量或碳氮比)对土壤有机碳储量产生直接影响(Wang et al., 2022；Yang et al., 2022；Ma et al., 2018)。植被的种类(乔木、灌木和草本等)决定了光合碳的输入、根系分泌物及根系碳沉积过程(Shao et al., 2021, 2017)。例如，黄土高原造林树种刺槐和柠条(豆科植物)庞大的根系会产生更多的根系分泌物，有利于土壤碳和氮的固定；禾本科草本植物光合碳输入和根系碳沉积过程相对较弱，土壤碳和氮的固定作用也相对较弱(Yang et al., 2022, 2018；An et al., 2013)。土壤中大量动物(如植食性、捕食性、腐食性、杂食性及食微动物等)与土壤微生物共同介导碳的固定与分解过程(Liang et al., 2017)。土壤动物可以直接通过诱导形成土壤稳定性团聚体，促进有机碳累积；土壤动物还会产生一些分泌物和排泄物等，这些物质与有机小分子紧密结合形成更难降解的稳定性有机碳(张维理等，2020)。此外，土壤胞外酶能够诱导微生物和植物残体的分解，其次级代谢产物可再次被微生物利用，保证微生物代谢过程中营养物质的供应，有利于土壤碳的固存(Yang et al., 2022, 2018)。

1.5.3 黄土高原植被恢复过程中的土壤固碳速率

随着植被恢复的快速推进，黄土高原生态系统的碳汇效应显著提高；植被通过控制水土流失，减少风蚀，并减少微生物分解，进而增加土壤有机碳储量(Yang et al., 2018；An et al., 2013)。当农田转化为自然植被后，由于自然植被土壤有机碳的周转速率很慢，所以土壤有机碳大量累积(Lal, 2018)。坡耕地撂荒后，一般认为撂荒初期土壤有机碳的增长较缓慢，后期较快速(Xu et al., 2020)。例如，Hu 等(2018)评估了黄土高原不同恢复模式下土壤有机碳含量及储量变化特征，发现短期内自然植被恢复比人工植被恢复更能促进土壤有机碳固定。黄土高原长期恢复草地的监测结果表明，坡耕地退耕以后，40～100cm 土层土壤固碳量高于表层，而 0～40cm 土层土壤碳储量基本保持不变；坡耕地和退耕 23a、35a、58a、78a 的草地生态系统碳储量分别为 7.69kg·m^{-2} 和 14.6kg·m^{-2}、16.3kg·m^{-2}、19.2kg·m^{-2}、20kg·m^{-2}，各退耕阶段的固碳速率为 299g·m^{-2}·a^{-1}、140g·m^{-2}·a^{-1}、129g·m^{-2}·a^{-1}、36.8g·m^{-2}·a^{-1}；由此表明黄土高原草地恢复能够显著提高土壤固碳效应(Xu et al., 2020)。

已有大量针对黄土高原植被恢复后土壤固碳速率的研究，由于采样方法和空间尺度的差异，结果不尽一致。Deng 等(2017)研究表明：退耕还林还草政策实施后，0～20cm 土层土壤有机碳储量平均以每年 0.33～0.37t·hm^{-2} 的速度累积；张帅等(2015)、Chang 等(2017)和 Feng 等(2013)研究结果显示，退耕还林后表层土壤有机碳固存速率分别为 0.37t·hm^{-2}·a^{-1}、0.17t·hm^{-2}·a^{-1} 和 0.09t·hm^{-2}·a^{-1}。从整体上看，退耕还林的土壤固碳速率最小，退耕还灌木林的固碳速率为 0.29t·hm^{-2}·a^{-1}，与整个黄土高原地区的平均固碳速率基本保持一致。退耕还林还草以后，不同气候区的土壤碳储量变化动态不同，具体表现为：①降水量<450mm 的区域表现为先增加后减少；②降水量为 450～550mm 的区域表现为先减少后增加；③降水量>550mm 的区域表现为一直增加趋势。整个黄土高原地区的土壤碳储量变化动态与黄土高原北部(降水量<450mm)的变化趋势一致(Deng et al., 2017)。

在区域尺度上，2000～2008 年退耕还林还草的土壤固碳速率接近，约为 0.33t·hm^{-2}·a^{-1}；不同降水区存在明显差异，平均固碳速率为 0.29t·hm^{-2}·a^{-1}(Feng et al., 2013)；影响土壤固碳潜力的主要因素是退耕年限。2001～2018 年，我国植被生态系统总初级生产力(gross primary productivity，GPP)不断增加，气候变化和人类活动对 GPP 的贡献相当，分别为 48%～56%和 44%～52%(Chen et al., 2021a, 2021b；Fang et al., 2018)。在空间上，生态恢复是我国北方农牧交错带、黄土高原植被覆盖和固碳增加的主要途径，气候变化促进了植被覆盖和 GPP 的增加。此外，整个黄土高原地区林地面积约为 45 万 km^2，森林覆盖度仅为 7.2%，远远低于 32%的世界平均水平，天然林面积占比不到 2%，呈现出南多北少的特点(李妙宇等, 2021)。例如，延安市森林覆盖度为 53.07%，天然林面积仅占 18.4%。研究表明，天然林对土壤有机碳具有长期保护作用，一旦天然林遭到破坏，这种保护作用将受到破坏，导致土壤有机碳库损失(Hua et al., 2022；黄玫等, 2016)。

因此，保护天然林是黄土高原土壤有机碳固存的主要途径之一。

中国科学院生态环境研究中心傅伯杰院士研究组从样点—坡面—小流域—样带—黄土高原多尺度研究了植被覆盖变化、土壤固碳和侵蚀的相互作用关系及其尺度效应。结果显示：①短期(约 30a)退耕还刺槐林可以显著提高表层和深层土壤有机碳储量，但对土壤剖面无机碳储量影响很小；②在坡面尺度上，退耕还灌和还草相结合的复合退耕比单一还灌或还草的固碳效应更高，且还灌和复合退耕可以减小坡面侵蚀碳损失，但在小流域尺度上，土壤侵蚀对土壤固碳仍具有显著的负作用；③退耕还刺槐林后(30a 内)，土壤碳在较干旱地区呈线性增加趋势，在较湿润地区，10~20cm 土层土壤碳呈现初期减少。进一步的研究显示，在黄土高原南部和北部地区分别实施退耕还林和退耕还草有利于提高土壤固碳量(Feng et al.，2016)。除此之外，结合生态系统模型模拟和遥感监测技术，傅伯杰院士团队定量探讨了黄土高原退耕还林还草前后生态系统固碳量的变化规律，结果显示：黄土高原地区 2000 年生态系统净固碳量为 0.011Pg，到 2008 年上升至 0.108Pg，生态系统由碳源变为碳汇；2000~2008 年生态系统固碳量增加了 96.1Tg，相当于 2006 年全国碳排放的 6.4%，证实了该区域固碳量增加的主要原因是退耕还林还草；植被固碳速率以每年 $9.4gC \cdot m^{-2}$ 增加，在年均降水量为 500mm 左右的地区出现植被固碳量增加的最大值，而土壤固碳量的增加稍显滞后，且随着退耕还林还草年限的增加发挥出巨大潜力(Feng et al.，2013)。近几年，傅伯杰院士团队系统分析了大规模植被恢复以来我国陆地生态系统植被固碳的时空变化特征，通过多源遥感数据与观测数据融合，采用机器学习、控制变量等归因分解方法识别人类干扰对生态系统植被固碳的影响特征，量化了 2000 年以来气候变化和人类活动(包括生态恢复、农田扩张和城市化等)对我国植被碳吸收的贡献及其路径(Chen et al.，2021a，2021b)。

1.6 本章小结

黄土高原植被已得到显著恢复，已经实现了由黄变绿的转变。随着退耕还林还草工程的深入实施和区域经济社会的快速发展，黄土高原生态环境治理进入新的时期，面临新的问题，如水资源平衡问题、城市建设用地高度紧张问题、农村优质耕地不足问题、生态系统服务功能衰退等。相关研究表明，该区植被覆盖度已接近该区水资源承载力的上限，不宜再盲目继续扩大造林面积，而应该将植被恢复的重点放在改善植被结构、提升植被整体功能、植被的生物多样性保育、水源涵养、固碳增汇和产品提供等多功能的整体发挥上。从黄土高原未来植被恢复潜力来看，不同区域的空间差异性显著，东南部地区植被覆盖度接近或达到最大恢复潜力，恢复空间有限。丘陵沟壑区和风沙区交错地带部分地区的植被覆盖度较现状仍有 25%~50%的提升潜力，存在以下问题：①缺乏对全区植被组成、结构和生产力的系统认识，对不同区域资源禀赋及植被承载力，尤其水分的植被承载力缺乏全面认识；②植被水土保持功能相对较好，但生物多样性保育、水源涵养等生态功能相对较低；③在碳达峰、碳中和目标下，对植被生态系统的增汇潜力缺乏系统认识；④全球变化对生态系统可持续性的影响缺乏科学评估。因此，黄土高原植被建设需要在区域尺度上评估不同类型区植被承载力的现状和潜力。在植被生态系统尺度上明确植被结构与功能的相互作用及提升途径，实现整个黄土高原植被由浅绿向深绿的转变。

参 考 文 献

安韶山, 黄懿梅, 朱兆龙, 等, 2020. 黄土高原植被恢复的土壤环境效应研究[M]. 北京: 科学出版社.
陈芙蓉, 程积民, 刘伟, 等, 2012. 不同干扰对黄土高原典型草原土壤有机碳的影响[J]. 草地学报, 20(2): 298-304.
程积民, 程杰, 杨晓梅, 2011. 黄土高原草地植被与土壤固碳量研究[J]. 自然资源学报, 26(3): 401-414.
邓蕾, 刘玉林, 李继伟, 等, 2023. 植被恢复的土壤固碳效应: 动态与驱动机制[J]. 水土保持学报, 37(2): 1-10.
冯晓娟, 王依云, 刘婷, 等, 2020. 生物标志物及其在生态系统研究中的应用[J]. 植物生态学报, 44(4): 384-394.
傅伯杰, 赵文武, 张秋菊, 等, 2014. 黄土高原景观格局变化与土壤侵蚀[M]. 北京: 科学出版社.
付东磊, 刘梦云, 刘林, 等, 2014. 黄土高原不同土壤类型有机碳密度与储量特征[J]. 干旱区研究, 31(1): 44-50.
关凤峻, 刘连和, 王建伟, 等, 2021. 系统推进自然生态保护和治理能力建设:《全国重要生态系统保护和修复重大工程总体规划(2021—2035 年)》专家笔谈[J]. 自然资源学报, 36(2): 290-299.
郭永强, 王乃江, 褚晓升, 等, 2019. 基于 Google Earth Engine 分析黄土高原植被覆盖变化及原因[J]. 中国环境科学, 39(11): 4804-4811.
贺鹏, 毕如田, 徐立帅, 等, 2022. 基于地理探测的黄土高原植被生长对气候的响应[J]. 应用生态学报, 33(2): 448-456.
黄玫, 侯晶, 唐旭利, 等, 2016. 中国成熟林植被和土壤固碳速率对气候变化的响应[J]. 植物生态学报, 40(4): 416-424.
金钊, 2019. 走进新时代的黄土高原生态恢复与生态治理[J]. 地球环境学报, 10(3): 316-322.
李妙宇, 上官周平, 邓蕾, 2021. 黄土高原地区生态系统碳储量空间分布及其影响因素[J]. 生态学报, 41(17): 6786-6799.
李宗善, 杨磊, 王国梁, 等, 2019. 黄土高原水土流失治理现状、问题及对策[J]. 生态学报, 39(20): 7398-7409.
梁超, 朱雪峰, 2021. 土壤微生物碳泵储碳机制概论[J]. 中国科学: 地球科学, 51(5): 680-695.
廖顺宝, 李泽辉, 2003. 基于 GIS 的定位观测数据空间化[J]. 地理科学进展, 22(1): 87-93.
刘国彬, 上官周平, 姚文艺, 等, 2017. 黄土高原生态工程的生态成效[J]. 中国科学院院刊, 32(1): 11-19.
刘国彬, 杨勤科, 郑粉莉, 2004. 黄土高原小流域治理与生态建设[J]. 中国水土保持科学, 2(1): 11-15.
刘纪远, 宁佳, 匡文慧, 等, 2018. 2010—2015 年中国土地利用变化的时空格局与新特征[J]. 地理学报, 73(5): 789-802.
刘宪锋, 胡宝怡, 任志远, 2018. 黄土高原植被生态系统水分利用效率时空变化及驱动因素[J]. 中国农业科学, 51(2): 302-314.

刘铮, 杨金贵, 马理辉, 等, 2021. 黄土高原草地净初级生产力时空趋势及其驱动因素[J]. 应用生态学报, 32(1): 10.

刘志鹏, 2013. 黄土高原地区土壤养分的空间分布及其影响因素[D]. 杨凌: 中国科学院教育部水土保持与生态环境研究中心.

毛瑾, 朵莹, 邓军, 等, 2021. 冬季增温和减雪对黄土高原典型草原土壤养分和细菌群落组成的影响[J]. 植物生态学报, 45(8): 891-902.

上官周平, 王飞, 眭林森, 等, 2020. 生态农业在黄土高原生态保护和农业高质量协同发展中的作用及其发展途径[J]. 水土保持通报, 40(4): 335-339.

邵明安, 贾小旭, 王云强, 等, 2016. 黄土高原土壤干层研究进展与展望[J]. 地球科学进展, 31(1): 14-22.

师玉锋, 梁思琦, 彭守璋, 2020. 1901—2017年黄土高原地区气候干旱的时空变化[J]. 水土保持通报, 40(1): 283-289.

史晓亮, 杨志勇, 王馨爽, 等, 2016. 黄土高原植被净初级生产力的时空变化及其与气候因子的关系[J]. 中国农业气象, 37(4): 9.

孙锐, 陈少辉, 苏红波, 2020. 黄土高原不同生态类型NDVI时空变化及其对气候变化响应[J]. 地理研究, 39(5): 15.

涂夏明, 周家茂, 曹军骥, 等, 2017. 黄土高原不同土地利用类型有机碳和黑碳的储量及意义[J]. 地球环境学报, 8(1): 65-71.

汪景宽, 徐英德, 丁凡, 等, 2019. 植物残体向土壤有机质转化过程及其稳定机制的研究进展[J]. 土壤学报, 56(3): 528-540.

王兴, 2021. 模拟增温增雨对黄土丘陵区撂荒草地土壤碳组分和呼吸的影响[D]. 杨凌: 西北农林科技大学.

王逸男, 孔祥兵, 赵春敬, 等, 2022. 2000—2020年黄土高原植被覆盖度时空格局变化分析[J]. 水土保持学报, 36(3): 130-137.

王英, 曹明奎, 陶波, 等, 2006. 全球气候变化背景下中国降水量空间格局的变化特征[J]. 地理研究, 25(6): 1031-1040.

王誉陶, 李建平, 井乐, 等, 2020. 模拟降雨对黄土高原典型草原土壤化学计量及微生物多样性的影响[J]. 生态学报, 40(5): 1517-1531.

信忠保, 许炯心, 郑伟, 2007. 气候变化和人类活动对黄土高原植被覆盖变化的影响[J]. 中国科学: D辑, 37(11): 1504-1514.

徐香兰, 张科利, 徐宪立, 等, 2003. 黄土高原地区土壤有机碳估算及其分布规律分析[J]. 水土保持学报, 17(3): 13-15.

徐省超, 赵雪雁, 宋晓谕, 2021. 退耕还林(草)工程对渭河流域生态系统服务的影响[J]. 应用生态学报, 32(11): 12.

许云飞, 2018. 实施大规模国土绿化行动 全国森林覆盖率2020年将达到23.04%[J]. 国土绿化, 2019(1): 7-8.

杨文治, 2001. 黄土高原土壤水资源与植树造林[J]. 自然资源学报, 16(5): 433-438.

杨阳, 窦艳星, 王宝荣, 等, 2023. 黄土高原土壤有机碳固存机制研究进展[J]. 第四纪研究, 43(2): 509-522.

杨阳, 窦艳星, 王云强, 等, 2022. 黄土丘陵沟壑区典型小流域生态系统服务权衡与协同[J]. 生态学报, 42(20): 1-9.

杨阳, 朱元骏, 安韶山, 2018. 黄土高原生态水文过程研究进展[J]. 生态学报, 38(11): 4052-4063.

杨元合, 石岳, 孙文娟, 等, 2022. 中国及全球陆地生态系统碳源汇特征及其对碳中和的贡献[J]. 中国科学: 生命科学, 52(4): 534-574.

于贵瑞, 郝天象, 朱剑兴, 2022. 中国碳达峰、碳中和行动方略之探讨[J]. 中国科学院院刊, 37(4): 423-434.

张翀, 白子怡, 李学梅, 等, 2021. 2001—2018年黄土高原植被覆盖人为影响时空演变及归因分析[J]. 干旱区地理, 44(1): 188-196.

张春森, 胡艳, 史晓亮, 2016. 基于AVHRR和MODIS NDVI数据的黄土高原植被覆盖时空演变分析[J]. 应用科学学报, 34(6): 702-712.

张金屯, 2004. 黄土高原植被恢复与建设的理和技术问题[J]. 水土保持学报, 18(5): 5-7.

张帅, 许明祥, 张亚锋, 等, 2015. 黄土丘陵区土地利用变化对深层土壤活性碳组分的影响[J]. 环境科学, 36(2): 661-668.

张维理, KOLBE H, 张认连, 2020. 土壤有机碳作用及转化机制研究进展[J]. 中国农业科学, 53(2): 317-331.

钟泽坤, 2021. 增温和降雨改变对黄土丘陵区撂荒草地土壤碳循环关键过程的影响[D]. 杨凌: 西北农林科技大学.

AN S S, DARBOUX F, CHENG M, 2013. Revegetation as an efficient means of increasing soil aggregate stability on the Loess Plateau (China)[J]. Geoderma, 209: 75-85.

AN S S, MENTLER A, MAYER H, et al., 2010. Soil aggregation, aggregate stability, organic carbon and nitrogen in different soil aggregate fractions under forest and shrub vegetation on the Loess Plateau, China[J]. Catena, 81(3): 226-233.

CHANG X F, CHAI Q L, WU G L, et al., 2017. Soil organic carbon accumulation in abandoned croplands on the Loess Plateau[J]. Land Degradation & Development, 28(5): 1519-1527.

CHEN Y, WANG K, LIN Y, et al., 2015. Balancing green and grain trade[J]. Nature Geoscience, 8(10): 739-741.

CHEN Y Z, FENG X M, FU B J, et al., 2021a. Improved global maps of the optimum growth temperature, maximum light use efficiency, and gross primary production for vegetation[J]. Journal of Geophysical Research-Biogeosciences, 126(4): e2020JG005651.

CHEN Y Z, FENG X M, TIAN H Q, et al., 2021b. Accelerated increase in vegetation carbon sequestration in China after 2010: A turning point resulting from climate and human interaction[J]. Global Change Biology, 27(22): 5848-5864.

CHENG L, ZHANG N F, YUAN M T, et al., 2017. Warming enhances old organic carbon decomposition through altering functional microbial communities[J]. The ISME Journal, 11(8): 1825-1835.

DENG L, LIU G B, SHANGGUAN Z P, 2014. Land-use conversion and changing soil carbon stocks in China's 'Grain-for-Green' Program: A synthesis[J]. Global Change Biology, 20(11): 3544-3556.

DENG L, SHANGGUAN Z P, 2021. High quality developmental approach for soil and water conservation and ecological protection on the Loess Plateau[J]. Frontiers of Agricultural Science and Engineering, 8: 501-511.

DENG L, SHANGGUAN Z P, SWEENEY S, 2013. "Grain for Green" driven land use change and carbon sequestration on the Loess Plateau, China[J]. Scientific Reports, 4: 7039.

DENG L, SHANGGUAN Z P, WU G L, et al., 2017. Effects of grazing exclusion on carbon sequestration in China's grassland[J]. Earth-Science Reviews, 173: 84-95.

DING X L, CHEN S Y, ZHANG B, et al., 2019. Warming increases microbial residue contribution to soil organic carbon in an alpine meadow[J]. Soil Biology and Biochemistry, 135: 13-19.

DOU Y, YANG Y, AN S, et al., 2020. Effects of different vegetation restoration measures on soil aggregate stability and erodibility on the Loess Plateau, China[J]. Catena, 185: 104294.

FANG J, YU G, LIU L, et al., 2018. Climate change, human impacts, and carbon sequestration in China[J]. Proceedings of the National Academy of Sciences of the United States of America, 115(16): 4015-4020.

FENG X, FU B, LU N, et al., 2013. How ecological restoration alters ecosystem services: An analysis of carbon sequestration in China's Loess Plateau[J]. Scientific Reports, 3(1): 2846.

FENG X, FU B, PIAO S, et al., 2016. Revegetation in China's Loess Plateau is approaching sustainable water resource limits[J]. Nature Climate Change, 6(11): 1019-1022.

FU B, WANG S, LIU Y, et al., 2017. Hydrogeomorphic ecosystem responses to natural and anthropogenic changes in the Loess Plateau of China[J]. Annual Review of Earth and Planetary Sciences, 45(1): 223-243.

GUNINA A, KUZYAKOV Y, 2022. From energy to (soil organic) matter[J]. Global Change Biology, 28(7): 2169-2182.

HOEHLER T M, JØRGENSEN B B, 2013. Microbial life under extreme energy limitation[J]. Nature Reviews Microbiology, 11(2): 83-94.

HONG S, YIN G, PIAO S, et al., 2020. Divergent responses of soil organic carbon to afforestation[J]. Nature Sustainability, 3(9): 694-700.

HOPKINS F M, FILLEY T R, GLEIXNER G, et al., 2014. Increased belowground carbon inputs and warming promote loss of soil organic carbon through complementary microbial responses[J]. Soil Biology and Biochemistry, 76: 57-69.

HU P L, LIU S J, YE Y Y, et al., 2018. Effects of environmental factors on soil organic carbon under natural or managed vegetation restoration[J]. Land Degradation & Development, 29(3): 387-397.

HUA F Y, BRUIJNZEEL L A, MELI P, et al., 2022. The biodiversity and ecosystem service contributions and trade-offs of forest restoration approaches[J]. Science, 376(6595): 839-844.

HUANG L, SHAO M, 2019. Advances and perspectives on soil water research in China's Loess Plateau[J]. Earth-Science Reviews, 199: 102962.

JIAO S, CHEN W, WANG J, et al., 2018. Soil microbiomes with distinct assemblies through vertical soil profiles drive the cycling of multiple nutrients in reforested ecosystems[J]. Microbiome, 6(1): 3-13.

KONG W, WEI X, WU Y, et al., 2022. Afforestation can lower microbial diversity and functionality in deep soil layers in a semiarid region[J]. Global Change Biology, 28(20): 6086-6101.

LAL R, 2018. Digging deeper: A holistic perspective of factors affecting soil organic carbon sequestration in agroecosystems[J]. Global Change Biology, 24(8): 3285-3301.

LANGE M, EISENHAUER N, SIERRA C A, et al., 2015. Plant diversity increases soil microbial activity and soil carbon storage[J]. Nature Communications, 6: 6707.

LEHMANN J, KLEBER M, 2015. The contentious nature of soil organic matter[J]. Nature, 528(7580): 60-68.

LI T, YUAN Y, MOU Z, et al., 2023. Faster accumulation and greater contribution of glomalin to the soil organic carbon pool than amino sugars do under tropical coastal forest restoration[J]. Global Change Biology, 29(2): 533-546.

LIANG C, KÄSTNER M, JOERGENSEN R G, 2020. Microbial necromass on the rise: The growing focus on its role in soil organic matter development[J]. Soil Biology and Biochemistry, 150: 108006.

LIANG C, SCHIMEL J P, JASTROW J D, 2017. The importance of anabolism in microbial control over soil carbon storage[J]. Nature Microbiology, 2(8): 1-6.

LU N, TIAN H, FU B, et al., 2022. Biophysical and economic constraints on China's natural climate solutions[J]. Nature Climate Change, 12: 847-853.

MA T, ZHU S, WANG Z, et al., 2018. Divergent accumulation of microbial necromass and plant lignin components in grassland soils[J]. Nature Communications, 9(1): 3480.

OUYANG Z Y, ZHENG H, XIAO Y, et al., 2016. Improvements in ecosystem services from investments in natural capital[J]. Science, 352(6292): 1455-1459.

PIAO S, FANG J, CIAIS P, et al., 2009. The carbon balance of terrestrial ecosystems in China[J]. Nature, 458(7241): 1009-1013.

PIAO S, WANG X, PARK T, et al., 2020. Characteristics, drivers and feedbacks of global greening[J]. Nature Reviews Earth & Environment, 1(1): 14-27.

REN C, WANG J, BASTIDA F, et al., 2022. Microbial traits determine soil C emission in response to fresh carbon inputs in forests across biomes[J]. Global Change Biology, 28(4): 1516-1528.

SHA Z, BAI Y, LI R, et al., 2022. The global carbon sink potential of terrestrial vegetation can be increased substantially by optimal land management[J]. Communications Earth & Environment, 3: 8.

SHAO P S, LIANG C, LYNCH L, et al., 2019. Reforestation accelerates soil organic carbon accumulation: Evidence from microbial biomarkers[J]. Soil Biology and Biochemistry, 131: 182-190.

SHAO P S, LYNCH L, XIE H T, et al., 2021. Tradeoffs among microbial life history strategies influence the fate of microbial residues in subtropical forest soils[J]. Soil Biology and Biochemistry, 153: 108112.

SHAO S, ZHAO Y, ZHANG W, et al., 2017. Linkage of microbial residue dynamics with soil organic carbon accumulation during subtropical forest succession[J]. Soil Biology and Biochemistry, 114: 114-120.

SOKOL N W, BRADFORD M A, 2019. Microbial formation of stable soil carbon is more efficient from belowground than aboveground input[J]. Nature Geoscience, 12(1): 46-53.

TANG X, ZHAO X, BAI Y, et al., 2018. Carbon pools in China's terrestrial ecosystems: New estimates based on an intensive field survey[J]. Proceedings of the National Academy of Sciences of the United States of America, 115(16): 4021-4026.

WANG F, HARINDINTWALI J D, YUAN Z, et al., 2021. Technologies and perspectives for achieving carbon neutrality[J]. The Innovation, 2(4): 100180.

WANG J, FENG L, PALMER P I, et al., 2020. Large Chinese land carbon sink estimated from atmospheric carbon dioxide data[J]. Nature, 586(7831): 720-723.

WANG Y, WANG X, WANG K. et al., 2022. The size of the land carbon sink in China[J]. Nature, 603: E7-E9.

WIESMEIER M, URBANSKI L, HOBLEY E, et al., 2019. Soil organic carbon storage as a key function of soils-A review of drivers and indicators at various scales[J]. Geoderma, 333: 149-162.

WU X, WEI Y, FU B, et al., 2020. Evolution and effects of the social-ecological system over a millennium in China's Loess Plateau[J]. Science Advances, 6(41): eabc0276.

XU H W, QU Q, WANG M G, et al., 2020. Soil organic carbon sequestration and its stability after vegetation restoration in the Loess Hilly Region, China[J]. Land Degradation & Development, 31(5): 568-580.

YANG Y, DOU Y X, AN S S, 2018. Testing association between soil bacterial diversity and soil carbon storage on the Loess Plateau[J]. Science of the Total Environment, 626: 48-53.

YANG Y, DOU Y X, CHENG H, et al., 2019. Plant functional diversity drives carbon storage following vegetation restoration in Loess Plateau, China[J]. Journal of Environmental Management, 246: 668-678.

YANG Y, DOU Y X, WANG B R, et al., 2022. Increasing contribution from microbial residues to soil organic carbon in grassland restoration chrono-sequence[J]. Soil Biology and Biochemistry, 170(8): 108688.

YANG Y, LIU L, ZHANG P, et al., 2023. Large-scale ecosystem carbon stocks and their driving factors across Loess Plateau[J]. Carbon Neutrality, 2(1): 5.

YUAN Y, LI Y, MOU Z J, et al., 2021. Phosphorus addition decreases microbial residual contribution to soil organic carbon pool in a tropical coastal forest[J]. Global Change Biology, 27(2): 454-466.

ZHANG Y, GAO Y, ZHANG Y, et al., 2023. Linking Rock-Eval parameters to soil heterotrophic respiration and microbial residues in a black soil[J]. Soil Biology and Biochemistry, 178: 108939.

ZHU X, ZHANG Z, WANG Q, et al., 2022. More soil organic carbon is sequestered through the mycelium pathway than through the root pathway under nitrogen enrichment in an alpine forest[J]. Global Change Biology, 28(16): 4947-4961.

ZHU Y, JIA X, QIAO J, et al., 2019. What is the mass of loess in the Loess Plateau of China?[J]. Science Bulletin, 64(8): 534-539.

第 2 章 黄土高原小流域植被群落结构与生物量特征

人类活动和环境因子变化引起的植被破坏或衰败导致生态系统退化，植被恢复是生态修复的前提。黄土高原降水稀少、气候干旱，加之长期以来的过度农耕放牧，自然植被遭到严重的破坏，加剧了水土流失和生态环境恶化。黄土高原地区是我国生态脆弱区之一(傅伯杰，1991)。土壤状况与植被群落关系密切，二者之间相互促进作用，是植被恢复演替的动力(傅伯杰，1991)。土壤为植物生长提供水分和矿质营养，其质量特征不仅影响植物的个体发育，更进一步决定植被群落的类型、分布和动态，特别是黄土高原，因其特殊而深厚的黄土母质和较为严重的水土流失等，土壤质地疏松，易遭受侵蚀，土壤养分含量低，土壤养分常常是植被恢复与建设的主要限制因子(傅伯杰，2014)。植被会对土壤养分产生生态效应，特别是植被在恢复或退化过程中对土壤养分的生态效应，引起了研究者的大量关注。

土壤作为陆地生态系统的组成成分和陆生植物的重要环境因子，为植物的生长发育提供了必要的环境条件和介质(彭少麟，1996)。土壤质量是土壤物理性状、化学性状和生物学性质的综合体现，是黄土高原生态环境建设和植被恢复可持续发展的关键。因此，植被恢复过程中植被与土壤的变化是群落建造和可持续发展的基础，现已证实生态系统许多服务功能的发挥都与土壤营养有关(彭少麟，2003)。退耕还林还草工程是迄今为止我国在黄土高原地区实施的规模最大的生态修复工程，旨在复原黄土高原自然景观，防止生态环境进一步恶化。保证退化生态系统修复的可持续性，对工程实施效果的科学评估尤为必要。黄土高原植被恢复采用何种方式才会使土壤质量得到最大提高？影响土壤质量的因素有哪些？现有的植被恢复对土壤质量的影响如何？哪些人工干扰途径会使土壤质量向良性循环方向发展？对这些问题的回答将为退耕还林还草工程成效的评估和下一步政策的制定提供科学的依据。为此，本章以甘肃省西峰区黄土高塬沟壑区和陕西省延安市黄土丘陵沟壑区退耕还林还草过程中的 4 个典型小流域为研究对象，研究其土壤的物理性质、化学性质和生物学性质对植被恢复的响应，为黄土高原生态系统的植被恢复重建提供一定的理论参考。

2.1 黄土高原典型小流域植被群落特征

2.1.1 黄土高原典型小流域植被群落多样性

2017年8月对黄土高原典型小流域植被群落进行调查，调查数据显示，纸坊沟流域退耕草地共有植物种(用丰富度指数表征)12种，人工灌丛和自然灌丛次之，分别为11种和10种，耕地和人工草地物种数较少，为5种；坊塌流域退耕草地、人工灌丛和自然灌丛物种较为丰富，人工林地次之，人工草地最少，为4种；董庄沟流域退耕草地物种丰富度指数最大，共有植物种16种，人工林地和灌丛次之，为7种，耕地物种丰富度指数最小，共有植物种4种；杨家沟流域人工林地和退耕草地物种较为丰富，分别为13种和10种，灌丛次之，为6种，耕地最少，为5种(表2.1)。

表2.1 黄土高原典型小流域植被群落多样性特征

小流域	土地利用类型	丰富度指数 S	优势度指数 D	多样性指数 H	物种均匀度指数 JP
纸坊沟	耕地	5.3±0.6	0.65±0.06	1.37±0.23	0.35±0.03
	退耕草地	12.3±0.3	0.89±0.03	2.36±0.21	0.59±0.06
	人工草地	4.6±0.5	0.62±0.05	1.24±0.19	0.34±0.05
	人工林地	8.9±0.4	0.81±0.06	1.68±0.15	0.41±0.03
	人工灌丛	10.7±0.6	0.86±0.04	2.17±0.26	0.49±0.02
	自然灌丛	9.8±0.8	0.85±0.06	1.75±0.24	0.42±0.05
坊塌	耕地	4.7±0.6	0.51±0.05	1.24±0.25	0.28±0.04
	退耕草地	10.7±0.5	0.86±0.03	2.19±0.16	0.52±0.06
	人工草地	3.6±0.6	0.46±0.04	1.07±0.18	0.24±0.02
	人工林地	7.9±0.5	0.57±0.05	1.69±0.32	0.37±0.04
	人工灌丛	11.2±0.4	0.87±0.03	2.27±0.21	0.52±0.07
	自然灌丛	10.3±0.3	0.84±0.04	2.25±0.25	0.51±0.05
董庄沟	人工林地	6.7±0.8	0.65±0.06	1.35±0.26	0.39±0.06
	退耕草地	15.8±0.9	0.92±0.05	2.55±0.32	0.67±0.03
	耕地	4.2±0.3	0.54±0.06	1.38±0.31	0.36±0.02
	灌丛	6.5±0.2	0.66±0.06	1.42±0.25	0.38±0.05
杨家沟	人工林地	12.8±0.4	0.88±0.05	2.03±0.24	0.61±0.04
	退耕草地	10.4±0.2	0.87±0.09	1.98±0.28	0.60±0.03
	耕地	4.6±0.5	0.42±0.05	1.52±0.29	0.32±0.06
	灌丛	5.7±0.6	0.63±0.07	1.56±0.31	0.36±0.05

优势度指数反映了各物种种群数量的变化情况。由表 2.1 可知，纸坊沟流域植被群落的优势度指数变化范围为 0.62~0.89；耕地、退耕草地、人工草地、人工林地、人工灌丛和自然灌丛的优势度指数分别为 0.65、0.89、0.62、0.81、0.86 和 0.85；优势度指数最大的是退耕草地，最小的是人工草地，二者之间差异较大，退耕草地优势度指数比人工草地大 43.55%。坊塌流域植被群落的优势度指数变化范围为 0.46~0.87，耕地、退耕草地、人工草地、人工林地、人工灌丛和自然灌丛的优势度指数分别为 0.51、0.86、0.46、0.57、0.87 和 0.84；优势度指数最大的是人工灌丛，最小的是人工草地，二者之间差异较大，人工灌丛优势度指数比人工草地大 89.13%。董庄沟流域植被群落的优势度指数变化范围为 0.54~0.92；人工林地、退耕草地、耕地和灌丛的优势度指数分别为 0.65、0.92、0.54 和 0.66；优势度指数最大的是退耕草地，最小的是耕地。杨家沟流域植被群落的优势度指数变化范围为 0.42~0.88；人工林地、退耕草地、耕地和灌丛的优势度指数分别为 0.88、0.87、0.42 和 0.63；优势度指数最大的是人工林地，最小的是耕地。

多样性指数代表群落中物种分布的多样性程度。由表 2.1 可知，纸坊沟流域植被群落多样性指数变化范围为 1.24~2.36，退耕草地多样性指数最大，为 2.36，人工草地多样性指数最小，为 1.24。坊塌流域植被群落多样性指数变化范围为 1.07~2.27，人工灌丛多样性指数最大，为 2.27，人工草地多样性指数最小，为 1.07。董庄沟流域植被群落多样性指数变化范围为 1.35~2.55，退耕草地多样性指数最大，人工林地多样性指数最小。杨家沟流域植被群落多样性指数变化范围为 1.52~2.03，人工林地多样性指数最大，耕地多样性指数最小。

物种均匀度指数代表群落中不同物种分布的均匀程度，也是群落生物多样性研究的重要概念。纸坊沟流域植被群落的物种均匀度指数变化范围为 0.34~0.59，退耕草地物种均匀度指数最大，人工草地物种均匀度指数最小。坊塌流域植被群落的物种均匀度指数变化范围为 0.24~0.52，退耕草地和人工灌丛物种均匀度指数最大，人工草地物种均匀度指数最小。董庄沟流域植被群落的物种均匀度指数变化范围为 0.36~0.67，大小依次为退耕草地>人工林地>灌丛>耕地。杨家沟流域植被群落的物种均匀度指数变化范围为 0.32~0.61，大小依次为人工林地>退耕草地>灌丛>耕地。

2.1.2 黄土高原典型小流域植被群落相似性特征

植被群落相似性的大小在一定程度上可以反映群落的时空结构。由表 2.2 可知，纸坊沟流域耕地与退耕草地的相似性显著($p<0.05$)，相似性系数为 0.516；退耕草地与自然灌丛的相似性极显著($p<0.01$)，相似性系数为 0.796；退耕草地与人工林地和人工灌丛的相似性显著($p<0.05$)，相似性系数分别为 0.563 和 0.578；人工林地和人工灌丛的相似性显著($p<0.05$)，相似性系数为 0.613。坊塌流域耕地与

退耕草地和人工灌丛的相似性显著($p<0.05$)，相似性系数分别为 0.612 和 0.501；退耕草地与人工灌丛和自然灌丛的相似性显著($p<0.05$)，相似性系数分别为 0.602 和 0.506；人工林地与人工灌丛的相似性显著($p<0.05$)，相似性系数为 0.569。

表 2.2　纸坊沟和坊塌流域植被群落相似性

小流域	土地利用类型	耕地	退耕草地	人工草地	人工林地	人工灌丛	自然灌丛
纸坊沟	耕地	1.000	—	—	—	—	—
	退耕草地	0.516*	1.000	—	—	—	—
	人工草地	0.045	0.029	1.000	—	—	—
	人工林地	0.236	0.563*	0.174	1.000	—	—
	人工灌丛	0.321	0.578*	0.098	0.613*	1.000	—
	自然灌丛	0.199	0.796**	0.137	0.307	0.307	1.000
坊塌	耕地	1.000	—	—	—	—	—
	退耕草地	0.612*	1.000	—	—	—	—
	人工草地	0.103	0.158	1.000	—	—	—
	人工林地	0.423	0.413	0.065	1.000	—	—
	人工灌丛	0.501*	0.602*	0.126	0.569*	1.000	—
	自然灌丛	0.217	0.506*	0.203	0.178	0.423	1.000

注：*表示相似性显著($p<0.05$)，**表示相似性极显著($p<0.01$)。

由表 2.3 可知，董庄沟流域人工林地与退耕草地和灌丛的相似性显著($p<0.05$)，相似性系数分别为 0.529 和 0.503；退耕草地与耕地的相似性极显著($p<0.01$)，相似性系数为 0.769。杨家沟流域人工林地与退耕草地的相似性显著($p<0.05$)，相似性系数为 0.543；退耕草地与耕地的相似性极显著($p<0.01$)，相似性系数为 0.723。

表 2.3　董庄沟和杨家沟流域植被群落相似性

小流域	土地利用类型	人工林地	退耕草地	耕地	灌丛
董庄沟	人工林地	1.000	—	—	—
	退耕草地	0.529*	1.000	—	—
	耕地	0.156	0.769**	1.000	—
	灌丛	0.503*	0.158	0.122	1.000

续表

小流域	土地利用类型	人工林地	退耕草地	耕地	灌丛
杨家沟	人工林地	1.000	—		
	退耕草地	0.543*	1.000	—	
	耕地	0.157	0.723**	1.000	—
	灌丛	0.402	0.268	0.179	1.000

注：*表示相似性显著($p<0.05$)，**表示相似性极显著($p<0.01$)。

2.2 黄土高原典型小流域生物量变化特征

生物量是生态系统生产力和功能的主要表现形式(杨利民等，2002)，评价退化生态系统恢复成功的重要指标之一就是群落生物量(Nagarajia et al., 2005；任海等，2001)。地上生物量、地下生物量作为群落生物量的两个组成部分，常用来反映群落生物量的变化特征。植物通过调节各器官的生物量分配来响应环境条件的变化，以最大化地获取光、营养和水等受限资源。植物的根、茎、叶和生殖器官间相互协调发展，是植物在个体发育、生长过程中的一种生活史策略。这种协调发展不仅受到植物本身遗传特性的限制，而且各器官的能量和物质分配直接或间接因外部环境的改变而发生变化(Hedlund et al., 2003)。随着植被的不断恢复，根据植被的生存策略，群落生物量及植物各器官碳的分配可能会发生改变。受此影响，在植被与土壤的相互作用下，一些环境因子和土壤性质也逐渐发生变化。不同小流域植被地上生物量、地下生物量及各器官碳含量是如何变化的，还缺乏研究。

2.2.1 不同小流域地上生物量变化特征

1. 坊塌流域地上生物量变化特征

以农业种植为主要恢复模式的坊塌流域，各植被恢复措施的地上生物量，除人工林地(AF)外，其他恢复措施均高于对照(CK)，即除人工林地外，其他植被恢复措施的地上生物量均高于撂荒地。不同植被恢复措施之间，人工灌丛(AS)的地上生物量($0.62kg \cdot m^{-2}$)最高，自然草地3(NG3)($0.58kg \cdot m^{-2}$)次之，AF($0.26kg \cdot m^{-2}$)最低，即柠条林的地上生物量最高，40a铁杆蒿草地(NG3)次之，刺槐林(AF)的最低。与自然灌丛(NS)的地上生物量($0.43kg \cdot m^{-2}$)相比，人工灌丛(AS)的地上生物量($0.62kg \cdot m^{-2}$)较高。各草地植被恢复措施之间，NG3($0.58kg \cdot m^{-2}$)的地上生物量最高，NG1($0.47kg \cdot m^{-2}$)次之，NG4($0.30kg \cdot m^{-2}$)最低，即40a铁杆蒿草地的地上生物量最高,铁杆蒿沟次之,长芒草草地最低(图 2.1)。

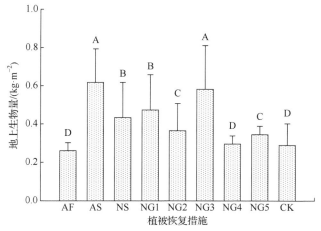

图 2.1 坊塌流域地上生物量变化特征

AF 表示人工林地(artificial forest);AS 表示人工灌丛(artificial shrub);NS 表示自然灌丛(natural shrub);NG 表示自然草地(natural grassland);CK 表示对照(control);不同大写字母表示同一小流域内不同植被类型下地上生物量差异显著($p<0.05$),后同

2. 纸坊沟流域地上生物量变化特征

纸坊沟流域地上生物量变化特征如图 2.2 所示。由图 2.2 可知,植被恢复为主的纸坊沟流域除 EF、AS 和 NS 外,其他植被恢复措施的地上生物量均低于 CK,即除经济林、人工灌丛和自然灌丛外,其他植被恢复措施的地上生物量均低于撂荒地。各植被恢复措施之间,AS 的地上生物量最高,为 $1.05 \text{kg} \cdot \text{m}^{-2}$,EF 次之,为 $0.76 \text{kg} \cdot \text{m}^{-2}$,人工混交林(AMF)最低,为 $0.20 \text{kg} \cdot \text{m}^{-2}$,即柠条林的地上生物量

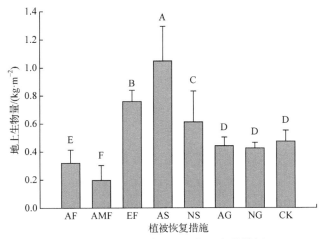

图 2.2 纸坊沟流域地上生物量变化特征

AMF 表示人工混交林(artificial mixed forestland);EF 表示经济林(economic forest);AG 表示人工草地(artificial grassland)

最高，苹果林次之，刺槐+山杏人工混交林最低。人工林地之间，EF 的地上生物量(0.76kg·m^{-2})最高，AF(人工纯林，刺槐林)(0.32kg·m^{-2})次之，AMF(0.20kg·m^{-2})最低。人工灌丛(柠条)的地上生物量(1.05kg·m^{-2})高于自然灌丛(白刺花)(0.61kg·m^{-2})。与 NG 的地上生物量(0.43kg·m^{-2})相比，AG 的地上生物量(0.44kg·m^{-2})更高。

3. 董庄沟流域地上生物量变化特征

董庄沟流域地上生物量变化特征如图 2.3 所示。自然恢复下的董庄沟流域，4 种植被恢复措施下，三穗薹草(TC)的地上生物量最高，为 2.89kg·m^{-2}，长芒草(CMC)次之，为 2.71kg·m^{-2}，中华隐子草(ZY)最低，为 0.26kg·m^{-2}。TC 的地上生物量约为 ZY 的 11.11 倍，约为铁杆蒿(TGH)的 7.81 倍；CMC 的地上生物量约为 ZY 的 10.42 倍，约为 TGH 的 7.32 倍。可见，自然小流域不同草地恢复措施下，三穗薹草和长芒草与铁杆蒿和中华隐子草地上生物量差异较大。

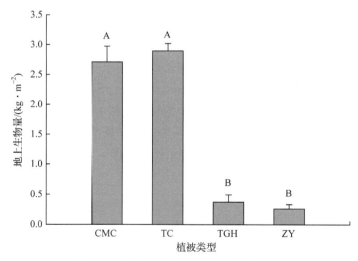

图 2.3 董庄沟流域地上生物量变化特征
CMC 表示长芒草；TC 表示三穗薹草；TGH 表示铁杆蒿；ZY 表示中华隐子草

4. 杨家沟流域地上生物量变化特征

杨家沟流域地上生物量变化特征如图 2.4 所示。人工恢复下的杨家沟流域，3 种不同植被恢复措施下，CH 的地上生物量(0.61kg·m^{-2})最高，SX(0.36kg·m^{-2})次之，YS(0.27kg·m^{-2})最低。与自然小流域相比，人工小流域各植被恢复措施下的总体地上生物量较低。

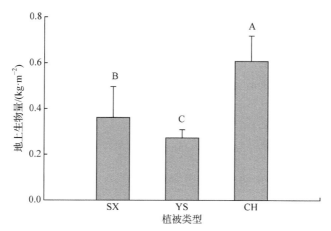

图 2.4 杨家沟流域地上生物量变化特征

SX 表示山杏；YS 表示油松；CH 表示刺槐

2.2.2 不同小流域地下生物量变化特征

1. 坊塌流域地下生物量变化特征

坊塌流域地下生物量变化特征如图 2.5 所示。由图 2.5 可知，农业种植为主恢复的坊塌流域，0～20cm 和 20～40cm 土层除 NG4 和 NG5 外，其他植被恢复措施的地下生物量均高于 CK(0.84g · m^{-2} 和 0.28g · m^{-2})，尤其是 NG3(1.87g · m^{-2} 和 0.53g · m^{-2})。不同植被恢复措施下，0～20cm 土层的地下生物量均高于 20～40cm 土层。0～20cm 土层，NG3 的地下生物量(1.87g · m^{-2})最高，NG2(1.84g · m^{-2})次

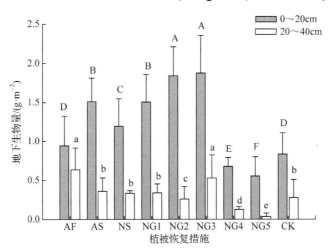

图 2.5 坊塌流域地下生物量变化特征

不同大写字母、小写字母分别表示同一小流域内不同植被类型 0～20cm 和 20～40cm 土层地下生物量的差异显著($p<0.05$)，后同

之，NG5(0.55g·m^{-2})最低；20～40cm 土层，AF 的地下生物量(0.64g·m^{-2})最高，NG3(0.53g·m^{-2})次之，NG5(0.04g·m^{-2})最低。与 NS(1.19g·m^{-2} 和 0.33g·m^{-2})相比，AS 的地下生物量(1.51g·m^{-2} 和 0.36g·m^{-2})在 0～20cm 土层和 20～40cm 土层均较高，尤其是 0～20cm 土层的地下生物量。0～20cm 和 20～40cm 土层，NG3 的地下生物量(1.87g·m^{-2} 和 0.53g·m^{-2})最高，NG2(1.84g·m^{-2} 和 0.26g·m^{-2})次之，NG5(0.55g·m^{-2} 和 0.04g·m^{-2})最低，表明铁杆蒿系列恢复措施中，40a 铁杆蒿草地的地下生物量高于 25a 铁杆蒿草地，25a 铁杆蒿草地的地下生物量高于铁杆蒿沟。

2. 纸坊沟流域地下生物量变化特征

纸坊沟流域地下生物量变化特征如图 2.6 所示。植被恢复为主的纸坊沟流域，0～20cm 和 20～40cm 土层除 EF 和 AG 外，其他植被恢复措施的地下生物量均高于 CK(1.08g·m^{-2} 和 0.33g·m^{-2})，尤其是 NS(1.70g·m^{-2} 和 0.70g·m^{-2})。不同植被恢复措施下，0～20cm 土层的地下生物量均高于 20～40cm 土层。0～20cm 土层，NS 的地下生物量(1.70g·m^{-2})最高，AS(1.30g·m^{-2})次之，AG(0.11g·m^{-2})最低；20～40cm 土层，NS 的地下生物量(0.70g·m^{-2})最高，NG(0.53g·m^{-2})次之，AG(0.04g·m^{-2})最低。人工林中，0～20cm 和 20～40cm 土层的地下生物量顺序为 AMF>AF>EF，表明人工混交林的地下生物量(1.29g·m^{-2} 和 0.41g·m^{-2})最高，人工纯林的地下生物量(1.07g·m^{-2} 和 0.30g·m^{-2})次之，经济林(0.17g·m^{-2} 和 0.04g·m^{-2})最低。与 AS(1.30g·m^{-2} 和 0.40g·m^{-2})相比，NS 的地下生物量在 0～20cm 和 20～40cm 土层均较高，尤其是 0～20cm 土层的地下生物量。0～20cm 和 20～40cm 土层，NG 的地下生物量高于 AG，表明自然草地的地下生物量高于人工草地。

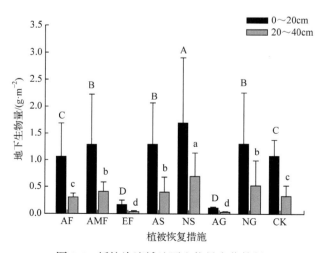

图 2.6 纸坊沟流域地下生物量变化特征

3. 董庄沟流域地下生物量变化特征

自然恢复下的董庄沟流域,0~20cm 土层 TC 的地下生物量最高,为 3.98g·m^{-2},TGH 次之,为 3.78g·m^{-2},ZY 最低,为 1.39g·m^{-2};20~40cm 土层,TC 的地下生物量最高,为 1.32g·m^{-2},ZY 次之,为 0.91g·m^{-2},CMC 最低,为 0.26g·m^{-2}。整体上,0~20cm 土层的地下生物量高于 20~40cm 土层,这表明表层的根系较为发达。0~20cm 土层,TC 和 TGH 的地下生物量较 CMC 和 ZY 更高;20~40cm 土层,TC 和 ZY 的地下生物量比 CMC 和 TGH 高(图 2.7)。

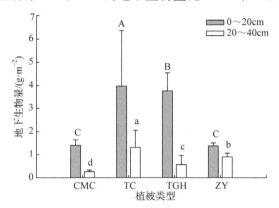

图 2.7 董庄沟流域地下生物量变化特征

4. 杨家沟流域地下生物量变化特征

人工恢复下的杨家沟流域,0~20cm 土层 SX 的地下生物量(3.59g·m^{-2})最高,CH(3.01g·m^{-2})次之,YS(2.28g·m^{-2})最低;20~40cm 土层,SX 的地下生物量(0.922g·m^{-2})最高,YS(0.920g·m^{-2})次之,CH(0.670g·m^{-2})最低。整体上,0~20cm 土层的地下生物量均显著高于 20~40cm 土层(图 2.8)。

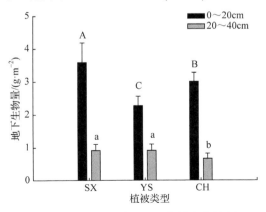

图 2.8 杨家沟流域地下生物量变化特征

2.2.3 不同小流域植物不同器官碳含量特征

1. 坊塌流域植物不同器官碳含量特征

农业种植为主恢复的坊塌流域，不同植被恢复措施之间，叶的碳含量 AF 最高，为 354.30g·kg^{-1}，NG3 次之，为 303.93g·kg^{-1}，NG5 最低，为 231.54g·kg^{-1}；枝的碳含量 AF 最高，为 334.34g·kg^{-1}，AS 次之，为 289.66g·kg^{-1}，NG5 最低，为 217.09g·kg^{-1}；根的碳含量 AF 最高，为 328.85·kg^{-1}，NG1 次之，为 294.55g·kg^{-1}，NG5 最低，为 200.07g·kg^{-1}。人工林和灌丛中，叶、枝、根的碳含量均表现为 AF>AS>NS，表明乔木(刺槐)的植物碳含量高于灌丛(柠条和白刺花)。与 NG2 叶、枝、根的碳含量(284.61g·kg^{-1}、239.46g·kg^{-1}、232.38g·kg^{-1})相比，NG3 叶、枝、根的碳含量(303.93g·kg^{-1}、266.82g·kg^{-1}、277.98g·kg^{-1})均较高，表明 40a 铁杆蒿草地的植物碳含量高于 25a 铁杆蒿草地。整体上，AF 的植物碳含量最高，NG5 的植物碳含量最低，表明人工纯林(刺槐)的植物碳含量最高，自然草地(猪毛蒿)的植物碳含量最低(图 2.9)。

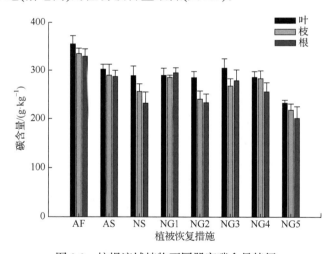

图 2.9 坊塌流域植物不同器官碳含量特征

2. 纸坊沟流域植物不同器官碳含量特征

植被恢复为主的纸坊沟流域，叶的碳含量 NS(465.56g·kg^{-1})最高，AMF(433.26g·kg^{-1})次之，NG(330.78g·kg^{-1})最低。枝的碳含量 AMF(391.57g·kg^{-1})最高，EF(382.69g·kg^{-1})次之，NG(339.94g·kg^{-1})最低；根的碳含量 AMF(399.76g·kg^{-1})最高，EF(395.94g·kg^{-1})次之，AG(285.63g·kg^{-1})最低。人工林的植物碳含量表现为 AMF>EF>AF，即人工混交林最高，经济林次之，人工纯林最低。与 AS(364.21g·kg^{-1} 和 348.99g·kg^{-1})相比，NS 叶和枝的碳含量均较

高,而根的碳含量差异不显著。AG 叶和枝的碳含量均高于 NG,而根的碳含量低于 NG(图 2.10)。

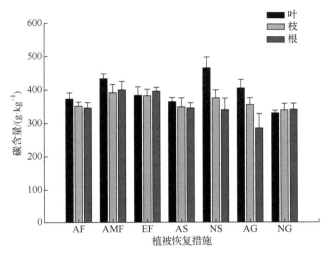

图 2.10 纸坊沟流域植物不同器官碳含量特征

3. 董庄沟流域植物不同器官碳含量特征

由图 2.11 可知,自然恢复下,TGH 叶、枝、根的碳含量(498.51g·kg^{-1}、475.37g·kg^{-1}、381.63g·kg^{-1})最高。叶的碳含量,TGH 最高(498.51g·kg^{-1}),CMC 次之(466.23g·kg^{-1}),TC 最低(457.57g·kg^{-1});枝的碳含量表现为 TGH(475.37g·kg^{-1})>CMC(434.92g·kg^{-1})>TC(425.95g·kg^{-1})>ZY(393.86g·kg^{-1});根的碳含量表现为 TGH(381.63g·kg^{-1})>TC(243.65g·kg^{-1})>ZY(213.91g·kg^{-1})>CMC(185.87g·kg^{-1})。

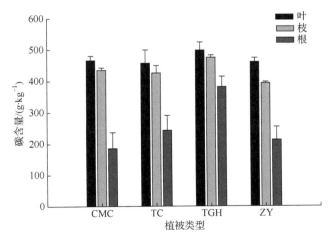

图 2.11 董庄沟流域植物不同器官碳含量特征

4. 杨家沟流域植物不同器官碳含量特征

杨家沟流域植物不同器官碳含量特征如图 2.12 所示。人工恢复下，叶的碳含量表现为 SX(493.57g·kg⁻¹)>CH(450.96g·kg⁻¹)>YS(430.95g·kg⁻¹)；枝的碳含量表现为 CH 最高，为 533.00g·kg⁻¹，YS 次之，为 509.58g·kg⁻¹，SX 最低，为 393.27g·kg⁻¹；根的碳含量表现为 CH 最高，为 508.49g·kg⁻¹，SX 次之，为 478.43g·kg⁻¹，YS 最低，为 429.63g·kg⁻¹。与自然小流域相比，人工小流域整体上植物各器官碳含量较高。

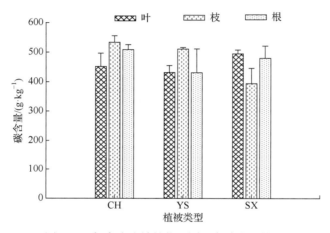

图 2.12 杨家沟流域植物不同器官碳含量特征

2.3 本章小结

植被群落的物种组成是决定植被群落性质、结构和功能的重要指标。物种多样性的恢复是退化生态系统结构趋于稳定、抵御外界胁迫能力增强和实现其生态服务功能的基本前提(彭少麟，2003，1996)。纸坊沟流域和坊塌流域物种数变化趋势较为一致(表 2.1)，退耕草地和人工灌丛物种数最多，自然灌丛次之，耕地和人工草地物种数较少；董庄沟流域和杨家沟流域退耕草地物种数较多，耕地物种数较少。耕地播种的品种单一，人工草地翻耕后弃耕使原有的物种被破坏，因此二者只有少量一年生或多年生杂草侵入，这是耕地和人工草地物种单一和多样性指数较小的主要原因。优势度指数反映了各物种种群数量的变化情况，本章不同流域优势度指数和多样性指数变化趋势相一致(表 2.1)。其中，纸坊沟流域和坊塌流域退耕草地和人工灌丛优势度指数和多样性指数最大，自然灌丛次之，耕地和人工草地最小；董庄沟流域和杨家沟流域退耕草地和人工林地优势度指数和多样性指数最大，耕地最小。耕地和人工草地为植被恢复演替的初期阶段,土壤养分含量较低,物种较为单一,大部分为一年生草本植物,优势度指数和多样性指数较小;演替到退耕草地和灌丛阶段时,传播能力强的杂草作为先锋种迅速占据整个群落,植物之间竞争较小,生长旺盛,经过前期演替过程中的激烈竞争与遴选,剩下来的物种处于各自的生态位,彼此间达成共识,达到相对稳定阶段,优势度指数和多样性指数较大,这与前人的研究结果一致(温仲明等,2007;焦菊英等,2000)。

分析群落相似性可知,纸坊沟流域和坊塌流域耕地与退耕草地的相似性显著,退耕草地与人工林地和人工灌丛的相似性显著,人工林地与人工灌丛的相似性显著,人工草地与其他土地利用类型的相似性并不显著(表2.2);董庄沟流域和杨家沟流域人工林地与退耕草地和灌丛的相似性显著,退耕草地与耕地的相似性极显著(表2.3)。说明人工草地由于人为因素群落物种替代率加快,景观异质性增大,系统稳定性下降,与其他土地利用类型群落结构有了极大的差异。董庄沟流域和杨家沟流域退耕草地与耕地群落的相似性系数最大,退耕草地与耕地在群落类型和结构方面有着较高的一致性。纸坊沟流域和坊塌流域人工林地与人工灌丛的相似性显著,说明人工林地和人工灌丛在群落类型和结构方面有着较高的相似性。

植被恢复过程中,随着物种多样性、群落组成的变化,植被生物量也在不断发生变化。有研究表明,随着植被的不断恢复,植被生物量增加(贾松伟等,2004;Haynes,2000),植物各器官碳含量与植被生物量密切相关,因此植被恢复后,植物各器官碳含量也可能会发生相应的变化。农业种植恢复为主时,除人工纯林外,其他植被恢复措施的地上生物量均高于撂荒地(图2.1);植被恢复为主时,除经济林、人工灌丛和自然灌丛外,其他植被恢复措施的地上生物量均低于撂荒地(图2.2);自然和人工恢复下,各植被恢复措施地上生物量均高于撂荒地。这说明整体上植被恢复后,植被地上生物量有所增加,且不同植被恢复措施下的增加量不同,这与薛超玉等(2016)对黄土丘陵区弃耕过程中植被恢复特征的研究结果一致。个别植被恢复措施下地上生物量低于撂荒地的现象,可能与植被恢复措施的恢复年限和撂荒地的撂荒年限有关,不同阶段地上植被的物种多样性和植被覆盖度不同,也会导致地上生物量之间存在差异。农业种植恢复为主时,不同植被恢复措施的地上生物量变化范围为 $0.26 \sim 0.62 \text{kg} \cdot \text{m}^{-2}$(图2.1);植被恢复为主时,不同植被恢复措施的地上生物量变化范围为 $0.20 \sim 1.05 \text{kg} \cdot \text{m}^{-2}$(图2.2);自然恢复下,4种植被恢复措施的地上生物量变化范围为 $0.26 \sim 2.89 \text{kg} \cdot \text{m}^{-2}$(图2.3);人工恢复下,3种植被恢复措施的地上生物量变化范围为 $0.27 \sim 0.61 \text{kg} \cdot \text{m}^{-2}$(图2.4)。总体上,自然恢复下植被地上生物量最高,植被恢复为主型次之,农业种植为主型和人工恢复下的地上生物量较为接近,说明不同小流域对植被地上生物量的影响不同,这可能与不同小流域下的植被覆盖度及研究区的环境、气候因子不同有关。

植被地下生物量是植被碳蓄积的重要基础。植物根系作为生态系统的重要碳库之一，是植被地下生物量的主要组成成分，具有贮藏营养物质、供给营养和水分并支持植物的躯体等基本功能，同时对地上生物量的形成乃至对整个植物的生长发育也起着非常重要的作用。因此，准确测定植被地下生物量是确定植被源、汇功能的基础(宇万太等，2001)。本章不同小流域下，0~20cm 土层的植被地下生物量高于 20~40cm 土层，这可能是因为 0~20cm 土层的土壤容重较 20~40cm 土层小，土壤的孔隙度较大，透气性较好，表层的根系较下层更为发达。4 个不同小流域下，农业种植为主恢复时，0~20cm 土层地下生物量变化范围为 0.55~1.87g·m^{-2}；植被恢复为主时，地下生物量变化范围为 0.11~1.70g·m^{-2}；自然恢复下，地下生物量变化范围为 1.39~3.98g·m^{-2}；人工恢复下，地下生物量变化范围为 2.28~3.59g·m^{-2}。20~40cm 土层，农业种植为主恢复时，地下生物量变化范围为 0.04~0.64g·m^{-2}；植被恢复为主时，地下生物量变化范围为 0.04~0.70g·m^{-2}；自然恢复下，地下生物量变化范围为 0.26~1.32g·m^{-2}；人工恢复下，地下生物量变化范围为 0.670~0.922g·m^{-2}。由此可知，人工恢复和自然恢复下的 0~20cm 和 20~40cm 土层地下生物量较高，植被恢复为主型居中，农业种植恢复为主的地下生物量最低，这可能与不同小流域的不同恢复措施对应的植被类型、土层深度、物种丰富度及植被覆盖度有关(贾俊姝等，2006)。

参 考 文 献

傅伯杰, 1991. 陕北黄土高原土地评价研究[J]. 水土保持学报, 5(1): 1-7.

傅伯杰, 赵文武, 张秋菊, 等, 2014. 黄土高原景观格局变化与土壤侵蚀[M]. 北京: 科学出版社.

贾俊姝, 李文忠, 高国雄, 等, 2006. 大通县退耕还林不同配置模式物种多样性的研究[J]. 西北林学院学报, 21(3): 1-6.

贾松伟, 贺秀斌, 陈云明, 2004. 黄土丘陵区退耕撂荒对土壤有机碳的积累及其活性的影响[J]. 水土保持学报, 18(3): 78-84.

焦菊英, 李靖, 2000. 黄土高原林草水土保持有效盖度分析[J]. 植物生态学报, 24(5): 608-612.

彭少麟, 1996. 恢复生态学与植被重建[J]. 生态科学, 15(2): 26-31.

彭少麟, 2003. 热带亚热带恢复生态学研究与实践[M]. 北京: 科学出版社.

任海, 彭少麟, 2001. 恢复生态学导论[M]. 北京: 科学出版社.

温仲明, 焦峰, 赫晓慧, 等, 2007. 黄土高原森林边缘区退耕地植被自然恢复及其对土壤养分变化的影响[J]. 草业学报, 16(1): 16-23.

薛超玉, 焦峰, 张海东, 等, 2016. 黄土丘陵区弃耕地恢复过程中土壤与植物恢复特征[J]. 草业科学, 33(3): 368-376.

杨利民, 周广胜, 李建东, 2002. 松嫩平原草地群落物种多样性与生产力关系的研究[J]. 植物生态学报, 26(5): 589-593.

宇万太, 于永强, 2001. 植物地下生物量研究进展[J]. 应用生态学报, 12(6): 927-932.

HAYNES R J, 2000. Labile organic matter as an indicator of organic matter quality in arable and pastoral soil in New Zealand[J]. Soil Biology and Biochemistry, 32: 211-219.

HEDLUND K, SANTA REGINA I, VANDER PUTTEN W H, et al., 2003. Plant species diversity, plant biomass and responses of the soil community on abandoned land across Europe: Idiosyncrasy or above-belowground time lags[J]. Oikos, 103(1): 45-58.

NAGARAJIA B C, SOMASHEKAR R K, RAJ M B, 2005. Tree species diversity and composition in logged and unlogged rainforest of Kudremukh National Park, South India[J]. Journal of Environmental Biology, 26(4): 627-634.

第3章 黄土高原不同土地利用植被 NDVI 和 NPP 特征

植被是陆地生态系统安全屏障的重要组成部分,对生态系统物质循环与能量交换起着重要的影响作用,被视为生态环境变化的敏感指示器。归一化植被指数(NDVI),定义为近红外和红色可见光反射率之差与其总和的比值,是植被绿度和生产力的指标(Tian et al.,2013)。NDVI 越大,绿色植被密度越大。随着科技的进步、生产力的发展,人类改造自然的能力逐渐增强,受人类活动的影响,全球气候、地表植被发生了显著变化。通过卫星遥感数据提取的植被指数可以表征大尺度上的植被覆盖度,也是准确灵敏地动态监测植被变化的重要方法。国际上主要应用 SPOT 卫星/VEGETATION 传感器、NOAA 卫星/AVHRR 传感器和 EOS 卫星/MODIS 传感器等数据源的增强植被指数(enhanced vegetation index,EVI)和归一化植被指数产品对植被覆盖进行研究(朱艺旋等,2019)。采用人工方法研究地表植被覆盖主要依靠地面观测,包括目视估测法、采样法等,用这些方法针对观测点进行调查研究,人力耗费较大,用时较长,估算精度取决于观测者的经验。对比而言,先进的遥感技术能够提供不同空间尺度的遥感信息,弥补了人工观测的不足。因此,选用 MODIS/NDVI 产品估算植被覆盖度不仅能够提高工作效率,实现研究区域面的研究,而且能提高估算精度,使研究结果更直观准确。

工业革命以来,人类对环境的影响逐步加强,直至 20 世纪 60 年代,人类对自然界的反作用影响逐渐扩大,甚至蔓延到整个地球系统。一方面人类生产生活水平不断提高,工业产生大量的二氧化碳排放到大气中,使得全球气温持续升高(IPCC,2013);另一方面,人类对自然界的一些改造活动,如森林砍伐、城市化加强等,使得陆地碳吸收能力不断降低。黄土高原处于我国气候变化的敏感地区,严重的水土流失和高强度的人类活动,加之独特的水文、气候、地貌特征,使得该区物质交换过程具有典型性和脆弱性。退耕还林还草工程实施以来,黄土高原植被覆盖度明显提高,相应的生态系统过程、结构和功能随之变化。据报道,人类活动在黄土高原的土地利用变化中发挥了重要作用,气候变化可能加速了植被生长的变化(Li et al.,2016)。1999 年退耕还林还草工程实施以来,该区植被覆盖总体状况明显好转,1999 年黄土高原的植被覆盖度为 32%,至 2013 年,黄土高原的植被覆盖度增加至 59%,几乎翻了一倍。延安市植被覆盖度增加更为显著,2017 年达到 81%,森林覆盖度达到 46%。1999 年以后,黄土高原植被覆盖度表现为归一化植被指数年度平均值增加显著，以夏、秋两季增加贡献最大；植被覆盖度在空间上呈现出明显的区域性增加趋势，其中黄土丘陵沟壑区增加趋势最为明显，植被恢复成效显著(Chen et al.，2017)。有研究表明，退耕还林还草工程实施以前，黄土高原植被覆盖以小幅波动为主，个别地区有所好转，但大部分区域无显著变化(Feng et al.，2017；Wang et al.，2011)。刘宪锋等(2013)采用2000~2009年夏季 MODIS13Q1(MODIS/Terra Vegetation Indices 16-Day L3 Global 250m SIN Grid)数据，得出了黄土高原区植被覆盖度年际变化曲线及线性趋势、植被覆盖度数量变化、植被覆盖度空间变化。黄土高原区域跨度大，东部与西部、南部与北部在气候、植被、土壤、地形等生态环境条件方面均存在较大差异性，因此其植被建设的策略和植被生长的水热条件不尽相同。何远梅等(2015)为了探究黄土高原植被覆盖度的空间分布特征、不同退耕坡度区域和不同气候带区域植被恢复程度，采用黄土高原 2000~2013 年的 MODIS/NDVI 数据进行分析。结果表明，2000~2013 年黄土高原区的归一化植被指数均值从东南向西北逐渐递减，呈 3 条带状：<0.2、0.2~0.4、≥0.4，大致对应于我国农业气候分区的干旱中温带、中温带、南温带 3 个气候区。中国科学院地理科学与资源研究所学者收集了退耕还林还草工程实施前后的遥感影像数据(20 世纪 80 年代、2001~2013 年)和相关气象、土壤、地形等数据，基于 CASA(Carnegie-Ames-Stanford Approach)模型得到 2001~2013 年黄土高原区净初级生产力数据(Chen et al.，2017)，将整个黄土高原划分成适合林地恢复区、林草或灌木恢复区、草地恢复区、旱生灌丛恢复区和自然恢复区等不同分区，由此得出植被恢复也存在许多负面效应，主要是因为植被恢复过程中选择了不合适的植物。也有研究表明：①黄土高原整体上的植被恢复应以退耕还草为主，尤其以种植禾本科和菊科植物为宜；②在少数河滨地带(如渭河)可以适当种植一些木本植物；③在黄土高原东南部可以适量种植榛子、胡桃等经济植物，以兼顾水土保持和经济发展(Jiang et al.，2013)。

陆地植被净初级生产力(NPP)，是绿色植物一定时间内光合作用产生的有机质总量减去自身呼吸和生长消耗后的剩余部分，自然因素与人为因素对其都有影响(Gao et al.，2016)。它是生态系统中组织与能量运转研究的基础，作为地表碳循环的重要组成部分，不仅直接反映植被群落在自然环境条件下的生产能力与光合作用有机物质的净创造力，表征陆地生态过程的质量状况，而且是判定区域支持能力和生态系统可持续发展的一个重要参数。20 世纪 80 年代以来，NPP 研究经历了站点实测统计回归和模型估算等阶段，随着遥感技术不断发展，特别是中分辨率成像光谱仪的应用与发展，高精度、低成本的遥感数据获取成为可能，进一步推动了 NPP 模型估算研究突飞猛进地发展，借助模型模拟进行间接估算已成为一种重要的研究方法(del Castillo et al.，2018)。计算 NPP 的模型有 20 多种，Ruimy 等(1999)将这些模型概括为三类：生态系统过程模型、气候生产力模型和光能利用率模型。借助模型估算NPP已经成为一种重要且被广泛接受的研究方法。主要的研究模型有CASA、Bio-BGC、BEPS(Boreal Ecosystem Productivity Simulator)、GLO-PEM(Global Production Efficiency Model)、PSN和TURC等。

国外研究学者对植被光能利用率的研究相对比较早，20世纪70年代初，利思(Leith)和惠特克(Whittaker)第一次估算出全球NPP(Peng et al.，2016)。蒙蒂思(Monteith)首次提出根据光能利用率原理，利用植被光合有效辐射吸收(absorded photosynthetically active radiation，APAR)和植被光能转化率(ε)估算陆地植被净初级生产力的概念，国外其他研究学者对植被光能利用率进行了广泛而深入的分析(del Castillo et al.，2018)，如基于光能利用率理论的NPP模型建立及相应的计算、不同植被类型的时间和空间差异问题、不同植被类型ε的确定、光能利用率差异产生的生物学机制和环境控制机制探讨，以及其他光能利用率相关研究分析。Roujean等(1995)提出，在假设生态系统呼吸作用恒定的前提下，植被NPP每增加2%就会净吸收1Gt的碳。我国于20世纪70年代末开始研究分析陆地生态系统生产力。陈国南(1987)借助Miami模型、Thornthwaite Memorial模型和Chikugo模型对我国自然植被NPP进行了分析。孙睿等(1999)利用先进甚高分辨率辐射仪(advanced very high resolution radiometer，AVHRR)遥感数据，结合我国长时间范围内的降水数据、温度数据、自然因素等多方面详尽的资料，对我国植被净初级生产力进行模拟估算，并对研究结果进行分析解释，指出我国植被净初级生产力分布从东南向西北逐渐递减，植被净初级生产力空间分布不均衡。2001年，朴世龙、方精云等首次引入CASA模型，收集我国全域高精度的遥感数据和翔实的气象数据，结合研究区内各种自然环境要素，对我国植被净初级生产力进行估算，并将计算结果与以往的Miami模型、Chikugo模型和Thornthwaite Memorial模型的模拟结果进行对比分析，发现CASA模型估算结果相较其他模型结果更加准确，应用范围更广，实验精确度更高，同时大大简化了实验的过程(方精云等，2007)。2018年，方精云课题组历经3年的数据整理、分析发掘、论文撰写等一系列工作，中国陆地生态系统碳收支系列重要成果暨PNAS专辑出版。该专辑全面、系统地报道了我国陆地生态系统结构和功能特征及其对气候变化、人类活动的响应，量化了我国陆地生态系统固碳能力的强度和空间分布，以及生物多样性和大尺度养分条件对生态系统生产力的影响，系列成果为我国应对气候变化的国际谈判提供重要支撑，并在推动生态文明建设、实现"美丽中国"愿景中发挥重要作用(Fang et al.，2018)。黄土高原作为水土流失、生态系统严重退化的典型区域，前人对其植被生产力和生物量进行了大量研究。郭忠升等(2003)在综合水文和生物地球化学过程模型的基础上，在黄土高原水蚀风蚀交错带建立了土壤水分植被承载力过程模型，较好预测了研究区不同植被类型坡面各层土壤水分、植物叶面积指数和净初级生产力的动态变化。傅伯杰课题组研究表明，黄土高原的水资源能够支撑植被的 NPP 阈值为 $400\text{gC}\cdot\text{m}^{-2}\cdot\text{a}^{-1}$，植被的 NPP 已经趋近这一阈值(Feng et al.，2016)。

本章基于长时间序列的遥感数据和观测数据，以 MODIS 数据为基础，在地理信息系统(geographic information system，GIS)和遥感(remote sensing，RS)技术的支撑下，采用 CASA 模型计算 1998~2018 年研究区的 NPP，并对该时期 NPP、气象因素及统计年鉴数据进行统计和分析，旨在揭示黄土高原不同典型小流域植被 NPP 对气候变化和人类活动的响应机制及时空变化特征，为该区生态恢复工程的合理实施提供重要科学依据。

3.1 土地利用变化分析

3.1.1 不同土地利用类型的面积变化

由图 3.1 和表 3.1 可知，1998 年纸坊沟流域主要的土地利用类型是灌木、梯田和林地，占比分别为 45.11%、21.53%和 25.81%，三类土地利用类型面积约占总面积的 92.45%。2008 年纸坊沟流域主要的土地利用类型是林地、草地、梯田和灌木，占比分别为 18.57%、15.12%、11.81%和 51.48%，1998~2008 年草地和灌木面积有所增加，其中草地面积增加幅度最大，而梯田面积有所减小。2018 年纸坊沟流域主要的土地利用类型是林地、草地、梯田和灌木，占比分别为 21.30%、38.01%、11.78%和 25.64%，2008~2018 年林地和草地面积有所增加，其中草地

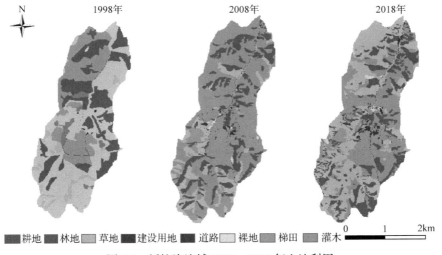

图 3.1 纸坊沟流域 1998~2018 年土地利用

面积增加最大，灌木面积有所减小，梯田面积基本维持不变。1998~2008年林地面积有所减小，2008~2018年林地面积有所增加；1998~2018年，草地面积持续增加，面积占比增加33.84%，2008~2018年增加面积大于1998~2008年；梯田面积主要在1998~2008年减小；1998~2008年灌木面积有所增加，2008~2018年灌木面积有所减小。

表3.1 纸坊沟和坊塌流域1998~2018年土地利用变化

项目		纸坊沟流域			坊塌流域		
		1998年	2008年	2018年	1998年	2008年	2018年
耕地	面积/hm²	23.0391	8.7489	0.9495	359.1144	145.4823	183.7143
	占比/%	2.87	1.09	0.12	33.88	13.73	17.33
林地	面积/hm²	206.9145	148.7997	170.7912	29.6498	314.1387	344.9781
	占比/%	25.81	18.57	21.30	27.97	29.64	32.54
草地	面积/hm²	33.2442	121.1535	304.7733	0.7983	50.5332	107.3601
	占比/%	4.17	15.12	38.01	0.08	4.77	10.13
建设用地	面积/hm²	1.1754	6.0426	9.8487	0.2448	8.3817	11.7621
	占比/%	0.15	0.75	1.23	0.02	0.79	1.11
道路	面积/hm²	1.9188	6.2019	9.3433	38.3850	10.1259	11.2041
	占比/%	0.24	0.77	1.17	3.62	0.96	1.06
裸地	面积/hm²	1.1214	3.3012	6.0000	0.1800	1.9494	2.5524
	占比/%	0.14	0.41	0.75	0.02	0.18	0.24
梯田	面积/hm²	172.6506	94.6197	94.4658	132.5277	87.0138	50.8608
	占比/%	21.53	11.81	11.78	12.50	8.21	4.80
灌木	面积/hm²	361.6758	412.5321	205.5537	232.1595	442.2825	347.4765
	占比/%	45.11	51.48	25.64	21.90	41.73	32.78

注：因数据进行过舍入修约，占比合计可能不为100%。

由图3.2和表3.1可知，1998年坊塌流域主要的土地利用类型是耕地、林地、梯田和灌木，占比分别为33.88%、27.97%、12.50%和21.90%，四类土地利用类型面积约占总面积的96.25%。2008年坊塌流域主要的土地利用类型是耕地、林地、梯田和灌木，占比分别为13.73%、29.64%、8.21%和41.73%。2018年坊塌流域主要的土地利用类型是耕地、林地、草地和灌木，占比分别为17.33%、32.54%、10.13%和32.78%。1998~2018年坊塌流域耕地面积减小，1998~2008年耕地面积减小比例大；林地面积增加，面积占比增加4.57%；草地面积增加，面积占比增加 10.05%，2008～2018 年面积增加较大；梯田面积减小，面积占比减小 7.70%；灌木面积增加，面积占比增加 10.88%。从以上变化可以看出，1998～2018 年纸坊沟和坊塌流域梯田和耕地面积减小，草地面积增加最大，说明 20 余年间纸坊沟和坊塌流域的退耕还林还草工程取得显著效果。

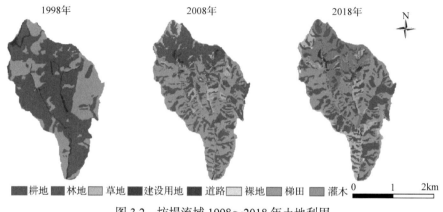

图 3.2　坊塌流域 1998～2018 年土地利用

由图 3.3 和表 3.2 可知，1998 年董庄沟流域主要的土地利用类型是耕地、林地和草地，占比分别为 25.99%、12.71% 和 60.82%，三类土地利用类型面积约占总面积的 99.52%。2008 年董庄沟流域主要的土地利用类型是耕地、林地和草地，占比分别为 8.80、18.49% 和 70.06%。2018 年董庄沟流域主要的土地利用类型是林地和草地，占比分别为 20.70% 和 76.04%。1998～2018 年，董庄沟流域耕地面积减小，面积占比减小 24.48%，其中 1998～2008 年耕地面积减小较多；林地面积增加，面积占比增加 7.99%，1998～2008 年林地面积增加较多；草地面积增加，面积占比增加 15.22%，其中 1998～2008 年增加较多。

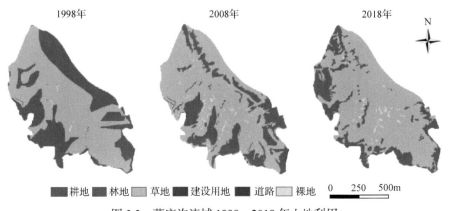

图 3.3　董庄沟流域 1998～2018 年土地利用

表 3.2 董庄沟和杨家沟流域 1998～2018 年土地利用变化

项目		董庄沟流域			杨家沟流域		
		1998年	2008年	2018年	1998年	2008年	2018年
耕地	面积/hm²	20.8125	7.0434	1.2069	2.6262	0.9234	3.3507
	占比/%	25.99	8.80	1.51	3.95	1.39	5.04
林地	面积/hm²	10.1781	14.8014	16.5735	25.9722	24.1200	50.5593
	占比/%	12.71	18.49	20.70	39.07	36.30	76.08
草地	面积/hm²	48.7017	56.0826	60.8706	36.8370	40.6044	12.2985
	占比/%	60.82	70.06	76.04	55.42	61.10	18.51
建设用地	面积/hm²	0.0459	0.1647	0.0504	0.1890	0.5013	0.1746
	占比/%	0.06	0.21	0.06	0.28	0.75	0.26
道路	面积/hm²	0.1152	0.4527	0.0153	0.1062	0.1008	0.0765
	占比/%	0.14	0.57	0.02	0.16	0.15	0.15
裸地	面积/hm²	0.2169	1.5093	1.3374	0.7371	0.2025	0.0000
	占比/%	0.27	1.88	1.67	1.11	0.30	0.00

注：因数据进行过舍入修约，占比合计可能不为 100%。

由图 3.4 和表 3.2 可知，1998 年杨家沟流域主要的土地利用类型是林地和草地，占比分别为 39.07%和 55.42%，两类土地利用类型面积约占总面积的 94.49%。2008 年杨家沟流域主要的土地利用类型是林地和草地，占比分别为 36.30%和 61.10%。2018 年杨家沟流域主要的土地利用类型是林地和草地，占比分别为 76.08%和 18.51%。1998～2018 年，杨家沟流域耕地面积基本保持不变；林地面积增加，面积占比增加 37.01%，其中 2008～2018 年林地面积增加比例较大；草

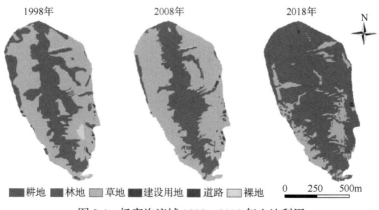

图 3.4 杨家沟流域 1998～2018 年土地利用

地面积减小,面积占比减小36.91%,其中1998～2008年草地面积有所增加,2008～2018年草地面积减小;道路和建设用地面积基本维持不变。

3.1.2 不同土地利用类型的转移

纸坊沟流域1998～2018年草地面积呈增加趋势,耕地、梯田和灌木面积呈减小趋势(图3.5);耕地面积占比由1998年的2.87%降至2018年的0.12%,梯田面积占比由1998年的21.53%降至2018年的11.78%,灌木面积占比由1998年的45.11%降至2018年的25.64%,主要转为草地,转移比例约为33.84%(草地面积占比增加33.84%);林地面积虽有减小,但减小比例较小。坊塌流域1998～2018年林地、草地和灌木面积呈增加趋势,耕地和梯田面积呈减小趋势;耕地面积占比由1998年的33.88%降至2018年的17.33%,梯田面积占比由1998年的12.50%降至2018年的4.80%,主要转为草地、灌木和林地,其中草地转移比例约为10.05%,灌木转移比例约为10.88%,林地转移比例约为4.57%。董庄沟流域1998～2018年林地和草地面积呈增加趋势,耕地面积呈减小趋势;耕地面积占比由1998年的25.99%降至2018年的1.51%,耕地主要转为林地和草地,其中林地转移比例约为7.99%,草地转移比例约为15.22%。杨家沟流域1998～2018年林地面积呈增加趋势,草地面积呈减小趋势;草地面积占比由1998年的55.42%降至2018年的18.51%,草地主要转为林地,林地转移比例约为37.01%。

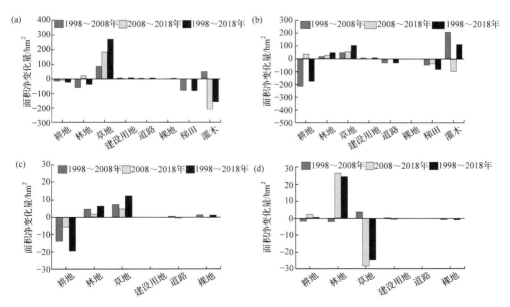

图3.5 不同典型小流域1998～2018年土地利用类型的转移
(a) 纸坊沟流域;(b) 坊塌流域;(c) 董庄沟流域;(d) 杨家沟流域

3.2 NDVI 变化分析

3.2.1 NDVI 空间变化趋势

本小节通过归一化植被指数(NDVI)刻画有关时期研究区植被生长状态及其对地表的覆盖程度，并在此基础上分别揭示两者对研究区植被覆盖的贡献。基于前期预处理的有关时期遥感影像，通过近红外波段反射值与红光波段反射值的差值及两者之和计算归一化植被指数。NDVI 取值介于−1 和+1 之间：负值表示云层、水域或冰雪等对可见光具有较高反照率的地面覆盖；取值为 0 表示覆盖类型为近红外光与红光反照率近似相等的岩石或裸土；正值表示有绿色植被覆盖；NDVI 随着植被覆盖度增大而增大。

由图 3.6 可知，1998～2018 年纸坊沟流域植被发生着波动性变化，处于轻微变化的植被位于中部,北部和南部植被变化幅度较大。1998 年，纸坊沟流域 NDVI 分布较均匀，此时 NDVI 大多在 0～0.2；2008 年，纸坊沟流域 NDVI 呈南北小、中部大的趋势，此时 NDVI 大多在 0.1～0.3；2018 年，纸坊沟流域 NDVI 分布较为均匀，此时 NDVI 大多在 0.2～0.6。

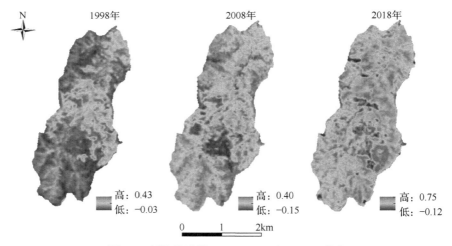

图 3.6 纸坊沟流域 1998～2018 年 NDVI 分布

由图 3.7 可知，1998～2018 年坊塌流域植被发生着波动性变化，其中处于轻微变化的植被位于中部,北部和东部植被变化幅度较大。1998 年，坊塌流域 NDVI 分布不均匀，此时 NDVI 大多在 0～0.1；2008 年，坊塌流域 NDVI 分布较为均匀，此时 NDVI 大多在 0.1～0.2；2018 年，坊塌流域 NDVI 分布较为均匀，此时 NDVI 大多在 0.2～0.6。

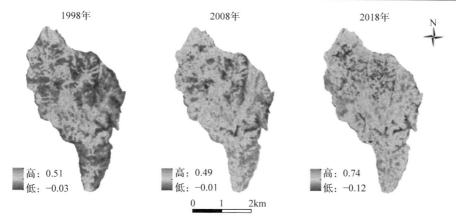

图 3.7 坊塌流域 1998～2018 年 NDVI 分布

由图 3.8 可知，1998～2018 年董庄沟流域植被发生着波动性变化，其中处于轻微变化的植被位于东南部和西北部，中部植被变化幅度较大。1998 年，董庄沟流域 NDVI 分布不均匀，此时 NDVI 大多在 0.1～0.3；2008 年，董庄沟流域 NDVI 分布不均匀，此时 NDVI 大多在 0.1～0.4；2018 年，董庄沟流域 NDVI 分布不均匀，此时 NDVI 大多在 0.1～0.4。

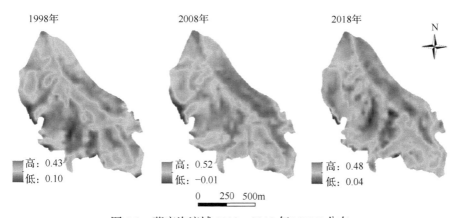

图 3.8 董庄沟流域 1998～2018 年 NDVI 分布

由图 3.9 可知，1998～2018 年杨家沟流域植被发生着波动性变化，其中处于轻微变化的植被位于中部，东南部和西北部植被变化幅度较大。1998 年，杨家沟流域 NDVI 分布不均匀，此时 NDVI 大多在 0.1～0.3；2008 年，杨家沟流域 NDVI 分布不均匀，此时 NDVI 大多在 0.1～0.4；2018 年，杨家沟流域 NDVI 分布不均匀，此时 NDVI 大多在 0.1～0.5。

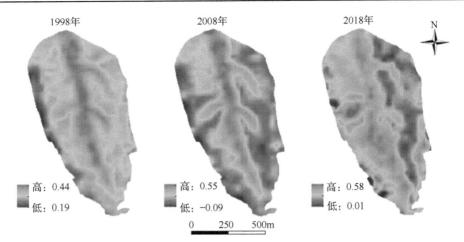

图 3.9 杨家沟流域 1998~2018 年 NDVI 分布

3.2.2 NDVI 时间变化趋势

由图 3.10 可知，纸坊沟流域 NDVI 变化范围为 0.34~0.53，1998~2008 年微弱增加，2008~2018 年 NDVI 急剧增加；坊塌流域 NDVI 变化范围为 0.34~0.51，1998~2018 年逐渐增加；董庄沟流域 NDVI 变化范围为 0.22~0.31，1998~2008 年微弱增加，2008~2018 年 NDVI 急剧增加；杨家沟流域 NDVI 变化范围为 0.28~0.34，1998~2008 年微弱增加，2008~2018 年 NDVI 增加幅度较大。

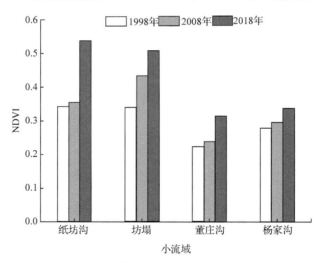

图 3.10 不同典型小流域 NDVI 随年份变化

图 3.11 为纸坊沟流域 1998~2018 年 NDVI 变化。1998 年 NDVI 变化范围为 -0.2~0.4，2008 年 NDVI 变化范围为 -0.2~0.4，2018 年 NDVI 变化范围为 -0.2~

0.8。从 1998~2018 整体来看，虽存在 NDVI 降低区域，但面积较小，NDVI 整体上呈增加趋势，平均增幅达到 0.21。

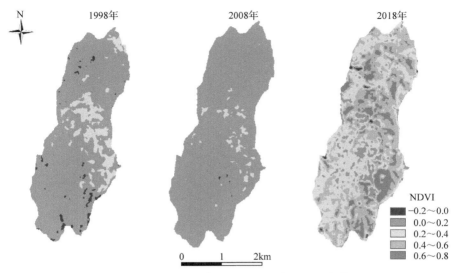

图 3.11　纸坊沟流域 1998~2018 年 NDVI 变化

图 3.12 为坊塌流域 1998~2018 年 NDVI 变化。1998 年 NDVI 变化范围为-0.2~0.4，2008 年 NDVI 变化范围为 0.0~0.4，2018 年 NDVI 变化范围为 0.0~0.6。从 1998~2018 整体来看，虽存在 NDVI 减小区域，但面积较小，NDVI 整体上呈增大趋势，平均增幅达到 0.17。

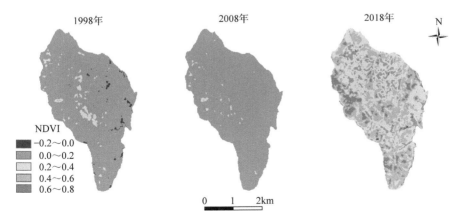

图 3.12　坊塌流域 1998~2018 年 NDVI 变化

图 3.13 为董庄沟流域 1998~2018 年 NDVI 变化。1998 年 NDVI 变化范围为-0.2~0.4，2008 年 NDVI 变化范围为 0.0~0.4，2018 年 NDVI 变化范围为 0.0~

0.6。从1998~2018整体来看，虽存在NDVI降低区域，但面积较小，NDVI整体上呈增加趋势，平均增幅达到0.09。

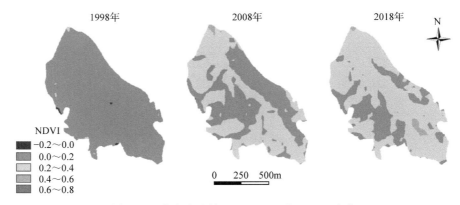

图3.13　董庄沟流域1998~2018年NDVI变化

图3.14为杨家沟流域1998~2018年NDVI变化。1998年NDVI变化范围为0.0~0.4，2008年NDVI变化范围为–0.2~0.4，2018年NDVI变化范围为–0.2~0.4。从1998~2018整体来看，虽存在NDVI减小区域，但面积较小，NDVI整体上呈增大趋势，平均增幅达到0.06。总之，区域植被覆盖在1998~2018年大幅提升，其中1998~2008年为植被恢复期，2008~2018年为植被恢复显著期。

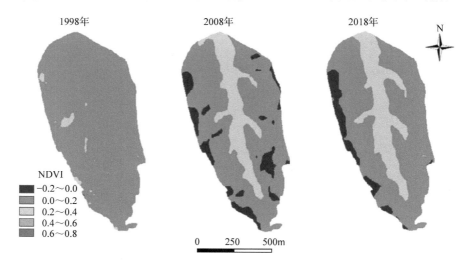

图3.14　杨家沟流域1998~2018年NDVI变化

由图3.15可知，纸坊沟流域NDVI为0.0~0.2的面积在1998~2018年呈减少趋势，减少面积达到575hm^2；NDVI为0.2~0.4的面积在1998~2018年呈增加趋势,增加面积达到245hm^2;NDVI为0.4~0.6的面积呈增加趋势,增加面积达到320hm^2;NDVI为0.6~0.8的面积呈增加趋势,增加面积达到103hm^2。坊塌沟流域NDVI为0.0~0.2的面积呈减少趋势,减少面积达到893hm^2;NDVI为0.2~0.4的面积呈增加趋势,增加面积达到407hm^2;NDVI为0.4~0.6的面积呈增加趋势,增加面积达到409hm^2;NDVI为0.6~0.8的面积在1998~2018年呈增加趋势,增加面积达到88hm^2。董庄沟流域NDVI为0.0~0.2的面积在1998~2018年呈减少趋势,减少面积达到58hm^2;NDVI为0.2~0.4的面积呈增加趋势,增加面积达到79hm^2;NDVI为0.6~0.8的面积呈增加趋势,增加面积达到104hm^2。杨家沟流域NDVI为0.0~0.2的面积在1998~2018年呈减少趋势,减少面积达到4hm^2;NDVI为0.4~0.6的面积呈减少趋势,减少面积达到14hm^2;NDVI为0.2~0.4的面积呈增加趋势,增加面积达到18hm^2;NDVI为0.6~0.8的面积呈增加趋势,增加面积达到104hm^2。

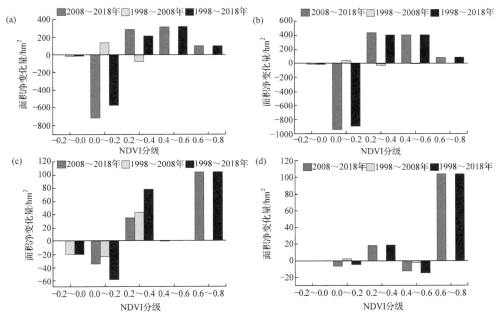

图 3.15　不同典型小流域 1998~2018 年不同等级 NDVI 面积变化
(a) 纸坊沟流域;(b) 坊塌流域;(c) 董庄沟流域;(d) 杨家沟流域

3.2.3　NDVI 影响因素

灰色关联模型是灰色系统理论中十分重要的一部分。灰色关联模型弥补了传统统计学分析手段的缺陷,对样本数据量、分布趋势并无要求,计算步骤清晰、方法简单。自然、社会系统变化往往受到很多其他因素的影响,在研究分析过程中,哪些要素对系统的发展影响较大,哪些要素对系统的发展影响较小,哪些要素对系统的发展起着推动作用,哪些要素起着阻碍作用,都是关注的内容。灰色关联模型以序列与参考序列的平均距离为基础,根据序列分布曲线几何形状的相似程度来判断该要素与系统的联系是否紧密。平均距离越小,曲线就越接近,相应序列之间的关联度就越大,反之就越小。

主要通过五个计算步骤来构建灰色关联模型。通过灰色生成或序列算子的作用来弱化系统数据的随机性,进一步挖掘数据内在的规律,继而通过灰色差分方程与灰色微分方程之间的相互转换,实现最终的连续动态微分方程的计算。进行系统中数据集的研究分析时,首先需要选择一个参考变量,即能够准确反映该系统中数据特征的序列,在灰色关联中称为"系统行为的映射量"。有了该数据列,即可对系统中数据进行分析,做出各个数据序列的图形,分析其形状相似程度与平均距离。在确定系统行为的映射量之后,还需要进一步对其有效性进行探讨。在定量化的研究中,必须对其进行处理,使之成为数量级相似的无量纲化数据,并保证所有数据与系统行为映射量呈现正相关趋势。在进行灰色关联计算前,要明确该系统的关联因素和关联算子集。

设 X_i 为系统因素,其在序号 k 上的观测数据为 $x_i(k)$,$X_0=\{x_0(1), x_0(2), \cdots, x_0(n)\}$ 为系统特征的行为序列,$X_i=\{x_i(1), x_i(2), \cdots, x_i(n)\}$,有

$$\varepsilon(X_0, X_i) = \frac{1}{n}\sum_{k=1}^{n} R(x_0(k), x_i(k))$$

对于 X_i,$X_j \in X$,$\varepsilon(X_j, X_i) \in X = \{X_i, X_j\}$,在进行系统的数据处理之后,即可对数据进行灰色关联分析。

绝对关联度计算方法如下:

$$\varepsilon_{0i} = \frac{1+|s_0|+|s_i|}{1+|s_0|+|s_i|+|s_0-s_i|}$$

$$|s_0| = \left|\sum_{k=2}^{n-1} x_0^0(k) + \frac{1}{2}x_0^0(n)\right|$$

$$|s_i| = \left|\sum_{k=2}^{n-1} x_i^0(k) + \frac{1}{2}x_i^0(n)\right|$$

相对关联度计算方法如下:

$$\varepsilon_{0i}' = \frac{1+|s_0'|+|s_i'|}{1+|s_0'|+|s_i'|+|s_0'-s_i'|}$$

$$|s_0'| = \left|\sum_{k=2}^{n-1} x_0^{0'}(k) + \frac{1}{2}x_0^{0'}(n)\right|$$

第3章 黄土高原不同土地利用植被NDVI和NPP特征

$$|s'_i| = \left| \sum_{k=2}^{n-1} x_i^{0'}(k) + \frac{1}{2} x_i^{0'}(n) \right|$$

式中，s_0是标准序列；s_i是比较序列；$x_i^{0'}(n)$是$x_i(n)$初值的始点零化像。

相对关联度仅仅是X_0与X_i相对于起始点的变化速率联系的一个表征，X_0与X_i的变化速率越接近，其相对关联度就越大，反之则越小。

将绝对关联度、相对关联度相结合，可以得到综合关联度，计算方法为

$$\theta_{0i} = \theta \varepsilon_{0i} + (1-\theta) \varepsilon_{0i}, \theta \in (0, 1)$$

灰色综合关联度既体现了X_0与X_i之间的关联程度，又考虑了X_0与X_i相对于起始点的变化速率联系的接近程度，能够较为全面地反映X_0与X_i之间的紧密程度，最后将关联度进行排序，数值越大，表示数据序列与系统内部规律关联度越大。

不同典型小流域NDVI变化的驱动因子体系如表3.3所示。对NDVI驱动因子进行皮尔逊(Pearson)相关性分析，结果显示(表3.4)：NDVI与温度和蒸发量呈极显著负相关($p<0.01$)，与降水量呈极显著正相关($p<0.01$)，与总人口呈显著负相关($p<0.05$)；温度与有机碳含量、速效磷含量和铵态氮含量呈显著正相关($p<0.05$)，与降水量呈显著负相关($p<0.05$)；降水量与土壤含水量和蒸发量呈极显著正相关($p<0.01$)，与有机碳含量和微生物生物量碳(MBC)呈显著正相关($p<0.05$)；蒸发量与土壤含水量呈显著负相关($p<0.05$)；有机碳含量与土壤含水量、全氮含量、微生物生物量碳和微生物生物量氮(MBN)呈极显著正相关($p<0.01$)，与pH呈显著负相关($p<0.05$)；土壤含水量与全氮含量、硝态氮含量和微生物生物量碳呈显著正相关($p<0.05$)；pH与全氮含量、硝态氮含量和铵态氮含量呈显著负相关($p<0.05$)；全氮含量与微生物生物量氮、硝态氮含量和铵态氮含量呈极显著正相关($p<0.01$)；铵态氮含量与硝态氮含量呈显著正相关($p<0.05$)；微生物生物量碳与微生物生物量氮呈极显著正相关($p<0.01$)。

表3.3 不同典型小流域NDVI变化的驱动因子体系

项目	指标层	指标体系
自然因素	气候因素	温度
		降水量
		蒸发量
	土壤条件	有机碳含量
		土壤含水量
		pH
		全氮含量
		全磷含量

续表

项目	指标层	指标体系
自然因素	土壤条件	速效磷含量
		铵态氮含量
		硝态氮含量
		微生物生物量碳
		微生物生物量氮
人为因素	经济因素	总人口
		人均 GDP
	土地利用	土地利用变化

注：GDP 为国内生产总值(gross domestic product)。

不同典型小流域 NDVI 驱动因子的灰色关联度分析结果显示：纸坊沟流域温度、降水量和总人口对 NDVI 综合关联度最高，综合关联度分别为 0.913、0.926 和 0.903；坊塌流域温度、降水量和总人口对 NDVI 综合关联度最高，综合关联度分别为 0.917、0.909 和 0.911；董庄沟流域和杨家沟流域温度和降水量对 NDVI 综合关联度最高，综合关联度分别为 0.916、0.942 和 0.923、0.918(表 3.5)。

3.2.4 土地利用类型面积净变化量与 NDVI 关联度分析

本小节分别统计了研究区 1998～2008 年和 2008～2018 年土地利用类型面积净变化量与 NDVI 变化量，并运用灰色关联分析的方法分别计算土地利用类型面积净变化量与 NDVI 之间的关联度。由前文可知，1998～2018 年，研究区 NDVI 呈波动增加的趋势，其间耕地面积却逐步减少，耕地变为草地和林地是 NDVI 增加的主要原因。由表 3.6 可知，1998～2008 年，纸坊沟流域林地面积净变化量与 NDVI 综合关联度最高，综合关联度达到 0.912，相对关联度为 0.772，绝对关联度为 0.789；坊塌流域林地面积净变化量与 NDVI 综合关联度最高，综合关联度达到 0.903，相对关联度为 0.698，绝对关联度为 0.749；董庄沟流域草地面积净变化量与 NDVI 综合关联度最高，综合关联度达到 0.917，相对关联度为 0.724，绝对关联度为 0.754；杨家沟流域林地面积净变化量与 NDVI 综合关联度最高，综合关联度达到 0.921，其次是草地面积净变化量，综合关联度达到 0.910。耕地面积净变化量、建设用地面积净变化量和未利用地面积净变化量与 NDVI 综合关联度较小，说明这几种土地利用类型的转化对 NDVI 的贡献率很小。

表 3.4 NDVI 驱动因子的皮尔逊相关性分析

项目	NDVI	温度	降水量	蒸发量	有机碳含量	土壤含水量	pH	全氮含量	全磷含量	速效磷含量	铵态氮含量	硝态氮含量	微生物生物量碳	微生物生物量氮	总人口
温度	-0.685**	—	—	—	—	—	—	—	—	—	—	—	—	—	—
降水量	0.703**	-0.566*	—	—	—	—	—	—	—	—	—	—	—	—	—
蒸发量	-0.689**	-0.321	0.623**	—	—	—	—	—	—	—	—	—	—	—	—
有机碳含量	0.260	0.566*	0.503*	-0.365	—	—	—	—	—	—	—	—	—	—	—
土壤含水量	0.125	0.236	0.823**	-0.526*	0.623**	—	—	—	—	—	—	—	—	—	—
pH	0.302	0.214	-0.123	0.012	-0.589**	-0.213	—	—	—	—	—	—	—	—	—
全氮含量	0.158	0.059	0.263	-0.215	0.789**	0.502*	-0.496*	—	—	—	—	—	—	—	—
全磷含量	0.068	0.187	0.147	-0.147	0.032	0.056	-0.236	0.126	—	—	—	—	—	—	—
速效磷含量	0.125	0.563*	-0.026	0.056	0.123	0.174	-0.024	0.069	0.667**	—	—	—	—	—	—
铵态氮含量	0.154	0.501*	0.158	0.032	0.354	0.326	-0.547*	0.689**	0.103	0.513*	—	—	—	—	—
硝态氮含量	0.236	0.486	0.321	0.147	0.424	0.524*	-0.569*	0.702**	0.154	0.563*	0.699*	—	—	—	—
微生物生物量碳	0.087	0.301	0.526*	0.110	0.802**	0.547*	-0.417	0.423	0.056	0.302	0.123	0.236	—	—	—
微生物生物量氮	0.152	0.215	0.401	-0.087	0.712**	0.423	-0.302	0.689**	0.247	0.102	0.058	0.201	0.689**	—	—
总人口	-0.523*	—	—	—	—	—	—	—	—	—	—	—	—	—	—
人均 GDP	-0.415	—	—	—	—	—	—	—	—	—	—	—	—	—	—

注：*表示相关性显著($p<0.05$)，**表示相关性极显著($p<0.01$)。

表 3.5 不同典型小流域 NDVI 驱动因子的灰色关联度分析

项目		温度	降水量	蒸发量	有机碳含量	土壤含水量	pH	全氮含量	全磷含量	速效磷含量	铵态氮含量	硝态氮含量	微生物生物量碳	微生物生物量氮	总人口	人均GDP
纸坊沟	绝对关联度	0.816	0.726	0.789	0.812	0.746	0.703	0.712	0.773	0.659	0.698	0.604	0.625	0.701	0.724	0.689
	相对关联度	0.703	0.628	0.613	0.598	0.721	0.617	0.703	0.714	0.750	0.651	0.623	0.647	0.655	0.703	0.617
	综合关联度	0.913	0.926	0.825	0.816	0.856	0.855	0.846	0.891	0.874	0.873	0.804	0.816	0.852	0.903	0.856
坊塌	绝对关联度	0.698	0.623	0.702	0.745	0.769	0.698	0.723	0.724	0.687	0.625	0.658	0.703	0.714	0.756	0.801
	相对关联度	0.726	0.701	0.687	0.653	0.679	0.702	0.734	0.769	0.801	0.688	0.720	0.769	0.702	0.753	0.699
	综合关联度	0.917	0.909	0.899	0.854	0.879	0.824	0.857	0.844	0.891	0.803	0.866	0.847	0.827	0.911	0.897
董庄沟	绝对关联度	0.659	0.689	0.723	0.724	0.756	0.789	0.750	0.774	0.723	0.802	0.699	0.623	0.615	0.657	0.648
	相对关联度	0.712	0.756	0.749	0.788	0.703	0.740	0.751	0.788	0.770	0.707	0.658	0.681	0.685	0.654	0.703
	综合关联度	0.916	0.942	0.814	0.826	0.863	0.897	0.845	0.823	0.816	0.847	0.881	0.802	0.817	0.816	0.789
杨家沟	绝对关联度	0.826	0.814	0.769	0.752	0.722	0.714	0.736	0.728	0.688	0.615	0.719	0.706	0.715	0.746	0.788
	相对关联度	0.707	0.699	0.802	0.814	0.756	0.654	0.702	0.811	0.653	0.670	0.713	0.756	0.789	0.687	0.625
	综合关联度	0.923	0.918	0.846	0.876	0.878	0.826	0.841	0.855	0.832	0.849	0.802	0.817	0.826	0.795	0.803

表 3.6　不同典型小流域 1998～2008 年土地利用类型面积净变化量与 NDVI 的灰色关联度分析

	项目	耕地面积净变化量	林地面积净变化量	草地面积净变化量	建设用地面积净变化量	未利用地面积净变化量
纸坊沟	绝对关联度	0.756	0.789	0.754	0.801	0.773
	相对关联度	0.749	0.772	0.699	0.702	0.734
	综合关联度	0.897	0.912	0.856	0.892	0.865
坊塌	绝对关联度	0.751	0.749	0.783	0.746	0.801
	相对关联度	0.750	0.698	0.761	0.773	0.658
	综合关联度	0.856	0.903	0.887	0.857	0.872
董庄沟	绝对关联度	0.755	0.723	0.754	0.802	0.765
	相对关联度	0.801	0.775	0.724	0.734	0.702
	综合关联度	0.892	0.873	0.917	0.894	0.877
杨家沟	绝对关联度	0.725	0.692	0.756	0.714	0.731
	相对关联度	0.815	0.869	0.885	0.804	0.816
	综合关联度	0.899	0.921	0.910	0.859	0.876

由表 3.7 可知，2008～2018 年，纸坊沟流域林地面积净变化量和耕地面积净变化量与 NDVI 综合关联度最高，综合关联度分别达到 0.927 和 0.903；坊塌流域林地面积净变化量与 NDVI 综合关联度最高，综合关联度达到 0.911，相对关联度为 0.816，绝对关联度为 0.806；董庄沟流域草地面积净变化量与 NDVI 综合关联度最高，综合关联度达到 0.927；杨家沟流域林地面积净变化量和耕地面积净变化量与 NDVI 综合关联度最高，综合关联度分别为 0.939 和 0.901。建设用地面积净变化量和未利用地面积净变化量与 NDVI 综合关联度较小，说明这几种土地利用类型的转化对 NDVI 的贡献率很小。

表 3.7　不同典型小流域 2008～2018 年土地利用类型面积净变化量与 NDVI 的灰色关联度分析

	项目	耕地面积净变化量	林地面积净变化量	草地面积净变化量	建设用地面积净变化量	未利用地面积净变化量
纸坊沟	绝对关联度	0.789	0.752	0.714	0.758	0.790
	相对关联度	0.653	0.805	0.772	0.763	0.759
	综合关联度	0.903	0.927	0.865	0.877	0.856
坊塌	绝对关联度	0.756	0.806	0.741	0.752	0.774
	相对关联度	0.802	0.816	0.775	0.716	0.752
	综合关联度	0.899	0.911	0.876	0.883	0.849

续表

项目		耕地面积净变化量	林地面积净变化量	草地面积净变化量	建设用地面积净变化量	未利用地面积净变化量
董庄沟	绝对关联度	0.726	0.789	0.705	0.746	0.716
	相对关联度	0.754	0.762	0.808	0.743	0.771
	综合关联度	0.863	0.887	0.927	0.891	0.877
杨家沟	绝对关联度	0.826	0.845	0.759	0.714	0.793
	相对关联度	0.756	0.848	0.806	0.750	0.742
	综合关联度	0.901	0.939	0.896	0.851	0.871

3.3 NPP 变化分析

3.3.1 黄土高原小流域 NPP 时间变化趋势

图 3.16 为纸坊沟流域 1998～2018 年 NPP 空间分布。纸坊沟流域 1998～2018 年植被 NPP 自中部向北部和南部递增，北部和南部植被 NPP 变化幅度较大，中部处于轻微变化区域。1998 年，纸坊沟流域植被 NPP 分布不均匀，此时 NPP 大多集中在 15～40 $gC·m^{-2}·a^{-1}$；2008 年，纸坊沟流域植被 NPP 较均匀，此时 NPP 大多在 20～80 $gC·m^{-2}·a^{-1}$；2018 年，纸坊沟流域植被 NPP 分布较为均匀，此时 NPP 大多在 50～100 $gC·m^{-2}·a^{-1}$。

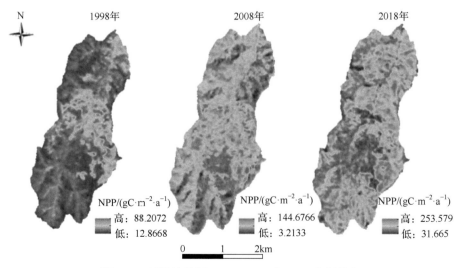

图 3.16 纸坊沟流域 1998～2018 年 NPP 空间分布

图 3.17 为坊塌流域 1998~2018 年 NPP 空间分布。坊塌流域 1998~2018 年植被 NPP 自中部向四周递增，东部和南部植被 NPP 变化幅度较大，中部处于轻微变化区域。1998 年，坊塌流域植被 NPP 分布较为均匀，此时 NPP 大多集中在 $20\sim40\text{gC}\cdot\text{m}^{-2}\cdot\text{a}^{-1}$；2008 年，坊塌流域植被 NPP 大多在 $20\sim60\text{gC}\cdot\text{m}^{-2}\cdot\text{a}^{-1}$；2018 年，坊塌流域植被 NPP 大多在 $50\sim110\text{gC}\cdot\text{m}^{-2}\cdot\text{a}^{-1}$。

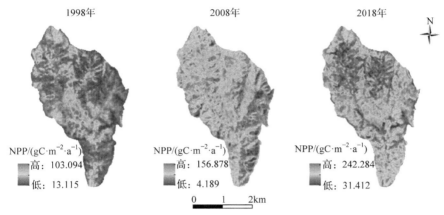

图 3.17　坊塌流域 1998~2018 年 NPP 空间分布

图 3.18 为董庄沟流域 1998~2018 年 NPP 空间分布。董庄沟流域植被 NPP 轻微变化的区域位于东南部和西北部，中部植被 NPP 变化幅度较大。1998 年，董庄沟流域植被 NPP 分布不均匀，此时 NPP 大多集中在 $10\sim40\text{gC}\cdot\text{m}^{-2}\cdot\text{a}^{-1}$；2008 年，董庄沟流域植被 NPP 较均匀，此时 NPP 大多在 $10\sim50\text{gC}\cdot\text{m}^{-2}\cdot\text{a}^{-1}$；2018 年，董庄沟流域植被 NPP 分布较为均匀，此时 NPP 大多在 $50\sim150\text{gC}\cdot\text{m}^{-2}\cdot\text{a}^{-1}$。

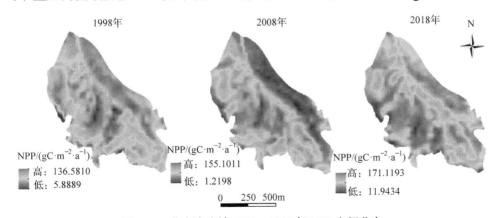

图 3.18　董庄沟流域 1998~2018 年 NPP 空间分布

图 3.19 为杨家沟流域 1998~2018 年 NPP 空间分布。杨家沟流域植被 NPP

轻微变化的区域位于东南部和西北部，中部植被 NPP 变化幅度较大。1998 年，杨家沟流域植被 NPP 分布不均匀，此时 NPP 大多集中在 $15\sim40\mathrm{gC\cdot m^{-2}\cdot a^{-1}}$；2008 年，杨家沟流域植被 NPP 较均匀，此时 NPP 大多在 $20\sim80\mathrm{gC\cdot m^{-2}\cdot a^{-1}}$；2018 年，杨家沟流域植被 NPP 分布较为均匀，此时 NPP 大多在 $50\sim100\mathrm{gC\cdot m^{-2}\cdot a^{-1}}$。

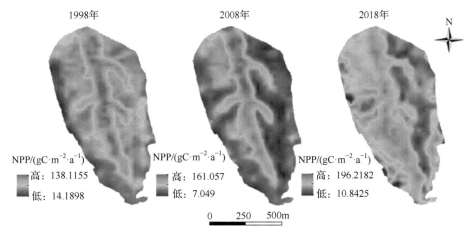

图 3.19 杨家沟流域 1998～2018 年 NPP 空间分布

由表 3.8 可知，纸坊沟流域 1998 年植被 NPP 为 $0\sim40\mathrm{gC\cdot m^{-2}\cdot a^{-1}}$ 和 $80\sim120\mathrm{gC\cdot m^{-2}\cdot a^{-1}}$ 的面积占比较大，分别为 27.16%和 23.83%；2008 年植被 NPP 为 $120\sim160\mathrm{gC\cdot m^{-2}\cdot a^{-1}}$ 和>$160\mathrm{gC\cdot m^{-2}\cdot a^{-1}}$ 的面积占比较大，分别为 23.01%和 26.78%；2018 年植被 NPP 为 $120\sim160\mathrm{gC\cdot m^{-2}\cdot a^{-1}}$ 和>$160\mathrm{gC\cdot m^{-2}\cdot a^{-1}}$ 的面积占比较大，分别为 25.18%和 36.31%。坊塌流域 1998 年植被 NPP 为 $0\sim40\mathrm{gC\cdot m^{-2}\cdot a^{-1}}$、$40\sim80\mathrm{gC\cdot m^{-2}\cdot a^{-1}}$ 和 $80\sim120\mathrm{gC\cdot m^{-2}\cdot a^{-1}}$ 的面积占比较大，分别为 21.59%、21.48%和 29.64%；2008 年植被 NPP 为 $40\sim80\mathrm{gC\cdot m^{-2}\cdot a^{-1}}$ 和>$160\mathrm{gC\cdot m^{-2}\cdot a^{-1}}$ 的面积占比较大，分别为 26.98%和 23.78%；2018 年植被 NPP 为 $40\sim80\mathrm{gC\cdot m^{-2}\cdot a^{-1}}$ 和>$160\mathrm{gC\cdot m^{-2}\cdot a^{-1}}$ 的面积占比较大，分别为 25.17%和 31.47%。总体来说，纸坊沟和坊塌流域 1998～2018 年植被 NPP 呈增加趋势，NPP 为 $120\sim160\mathrm{gC\cdot m^{-2}\cdot a^{-1}}$ 和>$160\mathrm{gC\cdot m^{-2}\cdot a^{-1}}$ 的面积增加占主要部分。

表 3.8 不同典型小流域 NPP 分级变化

小流域	年份	面积占比/%				
		$0\sim40\mathrm{gC\cdot m^{-2}\cdot a^{-1}}$	$40\sim80\mathrm{gC\cdot m^{-2}\cdot a^{-1}}$	$80\sim120\mathrm{gC\cdot m^{-2}\cdot a^{-1}}$	$120\sim160\mathrm{gC\cdot m^{-2}\cdot a^{-1}}$	>$160\mathrm{gC\cdot m^{-2}\cdot a^{-1}}$
纸坊沟	1998	27.16	14.02	23.83	19.74	15.25
	2008	21.16	9.23	19.82	23.01	26.78
	2018	15.03	8.26	15.22	25.18	36.31

续表

小流域	年份	面积占比/%				
		$0\sim40gC\cdot m^{-2}\cdot a^{-1}$	$40\sim80gC\cdot m^{-2}\cdot a^{-1}$	$80\sim120gC\cdot m^{-2}\cdot a^{-1}$	$120\sim160gC\cdot m^{-2}\cdot a^{-1}$	$>160gC\cdot m^{-2}\cdot a^{-1}$
坊塌	1998	21.59	21.48	29.64	16.03	11.26
	2008	19.54	26.98	11.46	18.24	23.78
	2018	13.02	25.17	8.19	22.15	31.47
董庄沟	1998	67.71	12.03	10.71	9.17	0.38
	2008	59.17	9.58	24.75	6.25	0.25
	2018	54.36	19.48	21.02	4.98	0.16
杨家沟	1998	17.24	29.04	23.50	16.97	13.25
	2008	19.05	27.96	33.74	10.27	8.98
	2018	24.19	26.85	35.88	8.02	5.06

注：因数据进行了舍入修约，占比合计可能不为100%。

董庄沟流域 1998 年植被 NPP 为 $0\sim40gC\cdot m^{-2}\cdot a^{-1}$ 的面积占比较大，为 67.71%；2008 年植被 NPP 为 $0\sim40gC\cdot m^{-2}\cdot a^{-1}$ 和 $80\sim120gC\cdot m^{-2}\cdot a^{-1}$ 的面积占比较大，分别为 59.17% 和 24.75%；2018 年植被 NPP 为 $0\sim40gC\cdot m^{-2}\cdot a^{-1}$ 和 $80\sim120gC\cdot m^{-2}\cdot a^{-1}$ 的面积占比较大，分别为 54.36% 和 21.02%。杨家沟流域 1998 年植被 NPP 为 $40\sim80gC\cdot m^{-2}\cdot a^{-1}$ 和 $80\sim120gC\cdot m^{-2}\cdot a^{-1}$ 的面积占比较大，分别为 29.04% 和 23.50%；2008 年植被 NPP 为 $40\sim80gC\cdot m^{-2}\cdot a^{-1}$ 和 $80\sim120gC\cdot m^{-2}\cdot a^{-1}$ 的面积占比较大，分别为 27.96% 和 33.74%；2018 年植被 NPP 为 $40\sim80gC\cdot m^{-2}\cdot a^{-1}$ 和 $80\sim120gC\cdot m^{-2}\cdot a^{-1}$ 的面积占比较大，分别为 26.85% 和 35.88%。总体来说，董庄沟和杨家沟流域 1998~2018 年植被 NPP 呈增加趋势，NPP 为 $80\sim120gC\cdot m^{-2}\cdot a^{-1}$ 的面积增加占主要部分(表 3.8)。

3.3.2 黄土高原小流域 NPP 的驱动因子

本小节对 NPP 驱动因子进行 Pearson 相关性分析，结果显示：NPP 与温度和蒸发量呈极显著负相关($p<0.01$)，与总人口和人均 GDP 呈显著相关($p<0.05$)，与降水量呈极显著正相关($p<0.01$)；温度与有机碳含量、速效磷含量和铵态氮含量呈显著正相关($p<0.05$)，与降水量呈显著负相关($p<0.05$)；降水量与土壤含水量和蒸发量呈极显著正相关($p<0.01$)，与有机碳含量和微生物生物量碳呈显著正相关($p<0.05$)；蒸发量与土壤含水量呈显著负相关($p<0.05$)；有机碳含量与土壤含水量、全氮含量、微生物生物量碳和微生物生物量氮呈极显著正相关($p<0.01$)，与 pH 呈显著负相关($p<0.05$)；土壤含水量与全氮含量、硝态氮含量和微生物生物量碳呈显著正相关($p<0.05$)；pH 与全氮含量、硝态氮含量和铵态氮含量呈显著负相关($p<0.05$)；全氮含量与微生物生物量氮、硝态氮含量和铵态氮含量呈极显著正相关($p<0.01$)；铵态氮含量与硝态氮含量呈显著正相关($p<0.05$)；微生物生物量碳与微生物生物量氮呈极显著正相关($p<0.01$)(表 3.9)。

表 3.9 NPP 驱动因子的相关性分析

项目	NPP	温度	降水量	蒸发量	有机碳含量	土壤含水量	pH	全氮含量	全磷含量	速效磷含量	铵态氮含量	硝态氮含量	微生物生物量碳	微生物生物量氮	总人口
温度	-0.726**	—	—	—	—	—	—	—	—	—	—	—	—	—	—
降水量	0.769**	-0.566*	—	—	—	—	—	—	—	—	—	—	—	—	—
蒸发量	-0.713**	-0.321	0.623**	—	—	—	—	—	—	—	—	—	—	—	—
有机碳含量	0.036	0.566*	0.503**	-0.365	—	—	—	—	—	—	—	—	—	—	—
土壤含水量	0.215	0.236	0.823**	-0.526*	0.623**	—	—	—	—	—	—	—	—	—	—
pH	0.189	0.214	-0.123	0.012	-0.589*	-0.213	—	—	—	—	—	—	—	—	—
全氮含量	0.325	0.059	0.263	-0.215	0.789**	0.502*	-0.496*	—	—	—	—	—	—	—	—
全磷含量	0.201	0.187	0.147	-0.147	0.032	0.056	-0.236	0.126	—	—	—	—	—	—	—
速效磷含量	0.157	0.563*	-0.026	0.056	0.123	0.174	-0.024	0.069	0.667**	—	—	—	—	—	—
铵态氮含量	0.025	0.501*	0.158	0.032	0.354	0.326	-0.547*	0.689**	0.103	0.513*	—	—	—	—	—
硝态氮含量	0.032	0.486	0.321	0.147	0.424	0.524*	-0.569*	0.702**	0.154	0.563*	0.699*	—	—	—	—
微生物生物量碳	0.147	0.301	0.526*	0.110	0.802**	0.547*	-0.417	0.423	0.056	0.302	0.123	0.236	—	—	—
微生物生物量氮	0.208	0.215	0.401	-0.087	0.712**	0.423	-0.302	0.689**	0.247	0.102	0.058	0.201	0.689**	—	—
总人口	-0.593*	—	—	—	—	—	—	—	—	—	—	—	—	—	—
人均 GDP	-0.532*	—	—	—	—	—	—	—	—	—	—	—	—	—	—

不同典型小流域 NPP 驱动因子的灰色关联度分析结果显示：纸坊沟流域温度、降水量和总人口对 NPP 综合关联度最高，综合关联度分别为 0.926、0.913 和 0.902；坊塌流域温度、降水量和总人口对 NPP 综合关联度最高，综合关联度分别为 0.920、0.915 和 0.947；董庄沟流域温度、降水量和有机碳含量对 NPP 综合关联度最高，综合关联度分别为 0.921、0.935 和 0.923；杨家沟流域温度和降水量对 NPP 综合关联度最大，综合关联度分别为 0.919 和 0.921(表 3.10)。

3.3.3 土地利用类型面积净变化量与 NPP 关联度分析

本小节分别统计了研究区 1998~2008 年和 2008~2018 年土地利用类型面积净变化量与 NPP 变化量，并运用灰色关联分析的方法分别计算土地利用类型面积净变化量与 NPP 之间的关联度。由前文可知，1998~2018 年，研究区 NPP 呈波动增加的趋势，期间耕地面积却逐步减少，耕地变为草地和林地是 NPP 增加的主要原因。

由表 3.11 可知，1998~2008 年，纸坊沟流域林地面积净变化量与 NPP 综合关联度最高，综合关联度达到 0.903，相对关联度为 0.698，绝对关联度为 0.702；坊塌流域林地面积净变化量与 NPP 综合关联度最高，综合关联度达到 0.911；董庄沟流域草地面积净变化量与 NPP 综合关联度最高，综合关联度达到 0.908，相对关联度为 0.752，绝对关联度为 0.713；杨家沟流域林地面积净变化量与 NPP 综合关联度最高，综合关联度达到 0.913。耕地面积净变化量、建设用地面积净变化量和未利用地面积净变化量与 NPP 综合关联度较小，说明这几种土地利用类型的转化对 NPP 的贡献率很小。

表 3.11 不同典型小流域 1998~2008 年土地利用类型面积净变化量与 NPP 的灰色关联度分析

	项目	耕地面积净变化量	林地面积净变化量	草地面积净变化量	建设用地面积净变化量	未利用地面积净变化量
纸坊沟	绝对关联度	0.756	0.702	0.719	0.718	0.723
	相对关联度	0.726	0.698	0.654	0.687	0.703
	综合关联度	0.869	0.903	0.876	0.890	0.873
坊塌	绝对关联度	0.789	0.856	0.752	0.714	0.722
	相对关联度	0.801	0.846	0.754	0.773	0.721
	综合关联度	0.856	0.911	0.879	0.869	0.892
董庄沟	绝对关联度	0.689	0.692	0.713	0.754	0.715
	相对关联度	0.658	0.703	0.752	0.741	0.716
	综合关联度	0.803	0.856	0.908	0.879	0.887
杨家沟	绝对关联度	0.745	0.758	0.795	0.699	0.741
	相对关联度	0.685	0.699	0.720	0.721	0.706
	综合关联度	0.890	0.913	0.899	0.846	0.897

表 3.10 不同典型小流域 NPP 驱动因子的灰色关联度分析

项目		温度	降水量	蒸发量	有机碳含量	土壤含水量	pH	全氮含量	全磷含量	速效磷含量	铵态氮含量	硝态氮含量	微生物生物量碳	微生物生物量氮	总人口	人均GDP
纸坊沟	绝对关联度	0.869	0.857	0.703	0.825	0.847	0.763	0.785	0.779	0.724	0.726	0.714	0.760	0.759	0.760	0.801
	相对关联度	0.780	0.814	0.714	0.716	0.755	0.723	0.730	0.745	0.773	0.746	0.719	0.742	0.720	0.715	0.697
	综合关联度	0.926	0.913	0.802	0.879	0.812	0.824	0.874	0.856	0.834	0.812	0.817	0.803	0.817	0.902	0.811
坊塌	绝对关联度	0.859	0.857	0.754	0.789	0.723	0.721	0.689	0.702	0.714	0.752	0.766	0.801	0.791	0.755	0.750
	相对关联度	0.861	0.799	0.780	0.754	0.768	0.789	0.751	0.773	0.704	0.770	0.762	0.714	0.754	0.723	0.771
	综合关联度	0.920	0.915	0.875	0.871	0.880	0.802	0.876	0.855	0.857	0.815	0.824	0.846	0.827	0.947	0.824
董庄沟	绝对关联度	0.763	0.789	0.780	0.762	0.801	0.751	0.742	0.753	0.714	0.720	0.730	0.752	0.777	0.721	0.661
	相对关联度	0.813	0.814	0.823	0.807	0.756	0.769	0.798	0.772	0.751	0.761	0.726	0.703	0.754	0.789	0.703
	综合关联度	0.921	0.935	0.827	0.923	0.817	0.802	0.827	0.853	0.897	0.824	0.822	0.865	0.846	0.832	0.714
杨家沟	绝对关联度	0.732	0.705	0.765	0.798	0.702	0.714	0.726	0.714	0.726	0.732	0.751	0.714	0.758	0.698	0.701
	相对关联度	0.759	0.802	0.714	0.726	0.718	0.766	0.752	0.706	0.773	0.762	0.789	0.716	0.725	0.741	0.770
	综合关联度	0.919	0.921	0.801	0.829	0.875	0.865	0.875	0.856	0.823	0.890	0.819	0.824	0.803	0.785	0.823

由表 3.12 可知,2008~2018 年,纸坊沟流域林地面积净变化量与 NPP 综合关联度最高,综合关联度达到 0.908,相对关联度为 0.680,绝对关联度为 0.773;坊塌流域林地面积净变化量与 NPP 综合关联度最高,综合关联度达到 0.919;董庄沟流域草地面积净变化量与 NPP 综合关联度最高,综合关联度达到 0.917,相对关联度为 0.724,绝对关联度为 0.753;杨家沟流域林地面积净变化量与 NPP 综合关联度最高,综合关联度达到 0.929。耕地面积净变化量、建设用地面积净变化量和未利用地面积净变化量对 NPP 综合关联度较小,说明这几种土地利用类型的转化对 NPP 的贡献率很小。

表 3.12 不同典型小流域 2008~2018 年土地利用类型面积净变化量与 NPP 的灰色关联度分析

项目		耕地面积净变化量	林地面积净变化量	草地面积净变化量	建设用地面积净变化量	未利用地面积净变化量
纸坊沟	绝对关联度	0.752	0.773	0.716	0.760	0.721
	相对关联度	0.699	0.680	0.657	0.657	0.711
	综合关联度	0.867	0.908	0.892	0.876	0.869
坊塌	绝对关联度	0.715	0.706	0.716	0.754	0.62
	相对关联度	0.636	0.697	0.690	0.716	0.723
	综合关联度	0.865	0.919	0.879	0.824	0.857
董庄沟	绝对关联度	0.786	0.761	0.753	0.730	0.761
	相对关联度	0.713	0.726	0.724	0.751	0.714
	综合关联度	0.849	0.882	0.917	0.892	0.863
杨家沟	绝对关联度	0.753	0.759	0.703	0.692	0.703
	相对关联度	0.781	0.756	0.762	0.771	0.762
	综合关联度	0.873	0.929	0.854	0.901	0.897

3.4 本章小结

本章采用 1998~2018 年的 MODIS/NDVI 数据、不同沙地类型数据及同期气象数据(降水量、温度、太阳辐射等数据),利用 CASA 模型分析了黄土高原 4 个典型小流域 1998~2018 年 NDVI 和 NPP 变化趋势,同时分析了该时段 NDVI、NPP 与气候因子和人为因素的相关性,并采用灰色关联分析研究了影响 NDVI、NPP 变化的自然因素和人为因素,得出如下结论。

(1) 1998~2018 年,纸坊沟流域草地面积呈增加趋势,耕地、梯田和灌木面积呈减小趋势,主要转为草地和林地;坊塌流域林地、草地和灌木面积呈增加趋势，耕地和梯田面积呈减小趋势，主要转为草地、灌木和林地；董庄沟流域林地和草地面积呈增加趋势，耕地面积呈减小趋势，耕地主要转为林地和草地；杨家沟流域林地面积呈增加趋势，草地面积呈减小趋势，草地主要转为林地。

(2) 黄土高原4个典型小流域1998~2018年NDVI和NPP均呈逐渐增加趋势。纸坊沟流域和坊塌流域植被恢复较为显著，董庄沟和杨家沟流域植被生长状况较为敏感脆弱。

(3) NDVI和NPP与温度和蒸发量呈极显著负相关，与降水量呈显著正相关，与总人口呈显著负相关。纸坊沟流域和坊塌流域温度、降水量和总人口与NDVI和NPP综合关联度最高，说明其贡献率最大；董庄沟流域和杨家沟流域温度和降水量与NDVI和NPP综合关联度最高，说明其贡献率最大。

(4) 1998~2018年，纸坊沟流域和坊塌流域林地面积净变化量对NDVI和NPP的贡献率最大，董庄沟流域草地面积净变化量对NDVI和NPP的贡献率最大，杨家沟流域林地面积净变化量对NDVI和NPP的贡献率最大，而耕地面积净变化量、建设用地面积净变化量和未利用地面积净变化量对NDVI和NPP的贡献率较小。

本章基于1998~2018年"陆地长期数据记录"(land long term data record, LTDR)计划产生的NDVI数据集，分析黄土高原4个典型小流域1998~2018年NDVI时空变化及其影响因素。总体来说，1998~2018年不同典型小流域耕地面积减小，草地、林地面积有所增加。耕地的减少增强了地表保护层的作用，土地利用结构得到了一定的调整，削弱了荒漠化发展的态势，也使荒漠化扩张势头得到遏制。随着过度放牧、过度开垦、过度开采等掠夺式的开发利用土地资源方式不断改变，加之采取退耕还林还草、保护和合理利用生态环境等一系列的生态建设政策措施，应因时制宜、因地制宜地调整土地利用结构布局。

1998~2018年，纸坊沟流域、坊塌流域、董庄沟流域和杨家沟流域NDVI和NPP变化趋势一致，均呈逐渐增加趋势，其中1998~2008年微弱增加，2008~2018年NDVI和NPP急剧增加，这一结果与前人对黄土高原NDVI和NPP时间变化的研究结果一致(Lee et al.，2016；Shao et al.，2016)。黄土高原植被覆盖改善趋势明显，这可能因为退耕还林还草工程将坡耕地退耕为林地和草地，这些区域植被类型发生了改变，耕地面积减小，转变为草地或者林地，植被覆盖度增加，NDVI和NPP也增加。此外，植被生长具有一定的周期性，耕地面积减小并不能瞬时带来NDVI和NPP的增加，因此NDVI和NPP的增加具有一定的滞后性，这说明1998~2018年退耕还林还草工程在植被恢复方面贡献较大。虽然黄土高原1998~2018年植被改善较好，但根据张宝庆等(2011)对黄土高原NDVI的分级标准：NDVI<0.4的区域植被覆盖较差，NDVI为0.4~0.6的区域植被覆盖尚可，NDVI>0.6的区域植被覆盖较好，本章纸坊沟流域和坊塌流域1998~2018年植被恢复较为显著,董庄沟和杨家沟流域植被生长状况仍较为敏感脆弱,还需要注意生态环境建设问题。总之,4个典型小流域植被覆盖在1998~2018年大幅提升,虽存在NDVI减小区域,但面积较小,NDVI整体上呈增加趋势,其中1998~2008年为植被恢复期,2008~2018年为植被恢复显著期。

本章影响NDVI和NPP变化的因素分为自然因素和人为因素。自然因素包括土壤因素和气候因素。土壤因素包含土壤有机质含量和土壤有效养分等指标,土壤养分包含土壤微生物及其分解、合成过程中的各种产物,在植物生长发育过程中起着重要作用,在一定程度上决定着NDVI和NPP的变化特征(Wen et al.,2018;Zeng et al.,2018);气候因素包括温度、降水量和蒸发量,是某一地区大气物理特征的平均状态,具有一定的稳定性,对植被分布变化具有直接影响。人为因素包括社会经济因素等,社会经济因素中总人口和人均GDP对植被变化起着重要作用,土地利用方式的变化则直接影响NDVI和NPP的变化。根据以往的研究,温度影响光合作用和呼吸作用的速率及植物对养分的利用效率,降水是植物水分需求的主要来源,因此温度、降水量等对植被的生长起着决定性作用(Lee et al.,2016;Shao et al.,2016)。大量相关研究表明,NDVI和NPP与降水量具有很强的相关性。本章不同典型小流域1998~2018年平均降水量没有出现较明显的趋势性变化,其波动与NDVI和NPP的波动具有高度的一致性,表明各种生态恢复政策对建立研究区植被恢复影响很大,这种空间分布和时间推移规律与我国长期来以来实行的退耕还林还草政策密切相关。在纸坊沟流域和坊塌流域,温度、降水量和总人口对NDVI和NPP的贡献率最大;在董庄沟流域和杨家沟流域,温度和降水量对NDVI和NPP的贡献率最大(表3.5和表3.10)。温度对黄土高原植被生长产生了明显的抑制作用,因为生长季平均气温升高可能加快植被蒸散发而导致植被可利用水量减少,从而致使干旱加剧,影响NDVI和NPP的增加。特别是在降水量相对缺乏的地区,当降水量比常年稀少时,较高的温度对植物生长的限制作用更加显著(Jia et al.,2017;Shao et al.,2016)。此外,土地利用类型面积净变化量与NDVI和NPP的灰色关联度分析显示,1998~2018年,纸坊沟流域、坊塌流域和杨家沟流域林地面积净变化量对NDVI和NPP的贡献率最大,董庄沟流域草地面积净变化量对NDVI和NPP的贡献率最大。这主要是受植被恢复模式的影响,纸坊沟流域和坊塌流域主要是林草结合的恢复模式,而杨家沟主要是造林的恢复模式,董庄沟流域主要是自然恢复模式。因此,杨家沟流域以林地为主,林地面积净变化量对NDVI和NPP的贡献率最大;董庄沟流域以草地为主,草地面积净变化量对NDVI和NPP的贡献率最大。

人口统计结果显示,1998~2018年4个典型小流域总人口增加。乡村人口的大量增长常常引起土地资源压力增大、资源的不合理利用、大规模的资源开发开采等各类经济行为。2008年后，乡村人口相对于总人口缓慢增长，使得土地利用结构的调整有利于生态恢复良性发展，这个时期荒漠化发展态势得到了遏制，局部区域开始出现逆转现象。此外，畜牧业的发展使牲畜总体数量减少，也减少了草场的承载和放牧，使植被覆盖度上升，且该区域实施了舍饲圈养、围封禁牧、退耕还林还草等工程政策，牲畜对草场的压力也有了一定程度的减弱，从而为研究区植被的恢复提供了有利前提(温仲明等，2007)。经济统计数据显示，4个典型小流域人均纯收入总体呈现飞速增长状态，工副业发展尤为迅速，成为该流域农民收入的主要来源。由此可以看出，1998年以后，黄土高原4个典型小流域的产业结构中依赖土地资源的农业和牧业等产业不再占主导地位。这种不再依赖土地资源为主的产业结构，会减轻土地资源压力，促使土地肥力提高，土地退化等一系列严重后果得到缓和。农业所占比例迅速下降，使土地利用的压力减小，这是影响植被恢复的一个重要人类活动要素。

综上，区域环境要素与人类活动相互影响，随着人类改造自然的能力不断增强，自然因素间的相互作用受人类干扰的程度逐渐加大。土地利用变化使NDVI和NPP发生变化。土地利用也是一项社会经济活动，植被恢复重建必须通过具体的土地利用转变来实现。土地生产力的提高可以有效抑制农耕地的扩张，并促进农耕地向林草用地转移。人口增加会直接导致植被破坏和农耕地扩展，恶化生态环境。因此，从宏观角度分析NDVI、NPP与气候变化的关系时，必须权衡人为作用和气候影响，构建单纯气候条件影响下的大区域尺度、不同植被类型及组合的植被生态系统，并长时间监测植被变化对气候变化的响应机制，包括响应时间(敏感性)、生长态势、植被群落演替、物质循环等，才能真正揭示黄土高原气候-植被二者间的相关作用模式。

参 考 文 献

陈国南, 1987. 用迈阿密模型测算我国生物生产量的初步尝试[J]. 自然资源学报, 2(3): 270-278.

方精云, 郭兆迪, 朴世龙, 等, 2007. 1981—2000年中国陆地植被碳汇的估算[J]. 中国科学: 地球科学, 37(6): 804-810.

郭忠升, 邵明安, 2003. 雨水资源、土壤水资源与土壤水分植被承载力[J]. 自然资源学报, 18(5): 522-528.

何远梅, 姚文俊, 张岩, 等, 2015. 黄土高原区植被恢复的空间差异性分析[J]. 中国水土保持科学, 13(2): 63-69.

刘宪锋, 杨勇, 任志远, 等, 2013. 2000—2009年黄土高原地区植被覆盖度时空变化[J]. 中国沙漠, 33(4): 1244-1249.

孙睿, 朱启疆, 1999. 陆地植被净第一性生产力的研究[J]. 应用生态学报, 10(6): 757-760.

温仲明, 焦峰, 赫晓慧, 等, 2007. 黄土高原森林边缘区退耕地植被自然恢复及其对土壤养分变化的影响[J]. 草业学报, 16(1): 16-23.

张宝庆, 吴普特, 赵西宁, 2011. 近30a黄土高原植被覆盖时空演变监测与分析[J]. 农业工程学报, 27(4): 287-293.

朱艺旋, 张扬建, 俎佳星, 等, 2019. 基于MODIS NDVI、SPOT NDVI数据的GIMMS NDVI性能评价[J]. 应用生态学报, 30(2): 536-544.

CHEN P, SHANG J, QIAN B, et al., 2017. A new regionalization scheme for effective ecological restoration on the Loess Plateau in China[J]. Remote Sensing, 9(12): 1323.

DEL CASTILLO E G, SANCHEZ-AZOFEIFA A, GAMON J A, et al., 2018. Integrating proximal broad-band vegetation indices and carbon fluxes to model gross primary productivity in a tropical dry forest[J]. Environmental Research Letters, 13: 065017.

FANG J, YU G, LIU L, et al., 2018. Climate change, human impacts, and carbon sequestration in China[J]. Proceedings of the National Academy of Sciences of the United States of America, 115(16): 4015-4020.

FENG Q, ZHAO W, FU B, et al., 2017. Ecosystem service trade-offs and their influencing factors: A case study in the Loess Plateau of China[J]. Science of the Total Environment, 607: 1250-1263.

FENG X, FU B, PIAO S, et al., 2016. Revegetation in China's Loess Plateau is approaching sustainable water resource limits[J]. Nature Climate Change, 6(11): 1019-1022.

GAO Q, GUO Y, XU H, et al., 2016. Climate change and its impacts on vegetation distribution and net primary productivity of the alpine ecosystem in the Qinghai-Tibetan Plateau[J]. Science of the Total Environment, 554: 34-41.

IPCC, 2013. Climate Change 2013: The Physical Scientific Basis. Contribution of Working Group I to the Fifth Assessment Report of the Intergovernmental[R]. Cambridge and New York: Cambridge University Press..

JIA X, SHAO M A, ZHU Y, et al., 2017. Soil moisture decline due to afforestation across the Loess Plateau, China[J]. Journal of Hydrology, 546: 113-122.

JIANG W, CHENG Y, YANG X, et al., 2013. Chinese Loess Plateau vegetation since the Last Glacial Maximum and its implications for vegetation restoration[J]. Journal of Applied Ecology, 50: 440-448.

LEE E, KASTENS J H, EGBERT S L, 2016. Investigating collection 4 versus collection 5 MODIS 250m NDVI time-series data for crop separability in Kansas, USA[J]. International Journal of Remote Sensing, 37: 341-355.

LI F, ZHANG S, YANG J, et al., 2016. The effects of population density changes on ecosystem services value: A case study in Western Jilin, China[J]. Ecological Indicators, 61: 328-337.

PENG D, WU C, ZHANG B, et al., 2016. The influences of drought and land-cover conversion on inter-annual variation of NPP in the Three-North Shelterbelt Program zone of China based on MODIS data[J]. PLoS ONE, 11(6): e0158173.

ROUJEAN J L, BREON F M, 1995. Estimating PAR absorbed by vegetation from bidirectional reflectance measurements[J]. Remote Sensing of Environment, 51(3): 375-384.

RUIMY A, KERGOAT L, BONDEAU A, et al., 1999. Comparing global models of terrestrial net primary productivity (NPP): Analysis of differences in light absorption and light-use efficiency[J]. Global Change Biology, 5(S1): 56-64.

SHAO Y, LUNETTA R S, WHEELER B, et al., 2016. An evaluation of time-series smoothing algorithms for land-cover classifications using MODIS-NDVI multi-temporal data[J]. Remote Sensing of Environment, 174: 258-265.

TIAN F, WANG Y, FENSHOLT R, et al., 2013. Mapping and evaluation of NDVI trends from synthetic time series obtained by blending Landsat and MODIS data around a coalfield on the Loess Plateau[J]. Remote Sensing, 5: 4255-4279.

WANG B, LIU G B, XUE S, et al., 2011. Changes in soil physico-chemical and microbiological properties during natural succession on abandoned farmland in the Loess Plateau[J]. Environmental Earth Sciences, 62: 915-925.

WEN X, SHU Y, HE H, 2018. Soil nutrients and microbial characteristics under different land utilization patterns in karst mountainous area[J]. Southwest China Journal of Agricultural Sciences, 31: 1227-1233.

ZENG X, CUI L, TAN Q, et al., 2018. A sustainable land utilization pattern for confirming integrity of economic and ecological objectives under uncertainties[J]. Sustainability, 10: 1307.

第 4 章　黄土高原小流域土壤特性

工业革命以后，人类干扰(工业污染、农业开发等活动)导致全球气候急剧变化，直接结果是生态系统持续退化。在气候变化加剧的背景下，黄土高原生态环境脆弱，加之气候干燥、降水稀少、过度开垦放牧等活动，更加导致该区生态环境恶化及水土流失等问题(傅伯杰，1991)。1999 年以来，为了改善生态环境恶化和水土流失的局面，我国实施了全世界规模最大的退耕还林还草工程，该工程的实施有效促进了植被的快速恢复和生态环境改善。黄土高原是退耕还林还草工程重点区域，随着工程的实施，黄土高原的植被与土壤条件有所改善。土壤为植被的生长提供了大量的营养，是植被生长的重要环境因子(彭少麟，1996)，植被与土壤之间关系密切，植被的生长离不开土壤提供的丰富资源，因此土壤可以作为植被发展和演替的动力(毛志宏等，2006)。此外，土壤中的养分库为植被的生长提供了大量的营养物质，进而决定了植被群落的发展和演替(彭少麟，2003)。尤其是黄土高原，土壤养分含量低，土质疏松，黄土母质极易受侵蚀，土壤养分往往成为该区植被建设的重要驱动因子，土壤养分效应在植被恢复过程中起着重要的作用(毛志宏等，2006)。鉴于此，本章以甘肃省庆阳市西峰区黄土高塬沟壑区和陕西省延安市黄土丘陵沟壑区的 4 个典型植被恢复小流域为研究对象，对小流域内不同土地利用类型的土壤性质、土壤微生物群落特征及植被特征进行统计描述，并探讨土壤性质、土壤微生物群落特征对植被恢复的响应，进而为黄土高原植被恢复与重建提供科学参考。

4.1　黄土高原小流域土壤物理特性

由表 4.1 可知，纸坊沟流域土壤 pH 变化范围为 6.25～7.98，自然灌丛土壤 pH 最小，人工草地土壤 pH 最大；坊塌流域土壤 pH 变化范围为 6.42～8.23，退耕草地土壤 pH 最小，人工草地土壤 pH 最大；董庄沟流域土壤 pH 变化范围为 7.16～8.23，退耕草地土壤 pH 最小，耕地土壤 pH 最大；杨家沟流域土壤 pH 变化范围为 6.56～7.89，退耕草地土壤 pH 最小，耕地土壤 pH 最大。纸坊沟流域和坊塌流域土壤含水量变化范围分别为 8.13%～11.23%和 7.03%～12.57%，退耕草地土壤含水量最高，人工草地或人工林地土壤含水量最低；董庄沟流域土壤含水量变化范围为 7.26%～9.16%，人工林地土壤含水量最低，耕地土壤含水量最高；杨家沟

第 4 章 黄土高原小流域土壤特性

表 4.1 黄土高原小流域土壤物理特性

小流域	土地利用类型	土壤 pH	土壤含水量/%	土壤容重/(g·cm^{-3})	土壤电导率/(μS·cm^{-1})	不同粒径水稳性团聚体占比/%					
						>5mm	2~5mm	1~2mm	0.5~1mm	0.25~0.5mm	<0.25mm
纸坊沟	耕地	7.86±0.25	9.02±0.65	1.23±0.26	93.26±8.69	19.26±2.03	46.12±3.26	14.23±2.16	3.25±0.69	6.03±0.69	11.11±1.69
	退耕草地	6.68±0.32	11.23±0.95	0.85±0.35	73.01±5.32	9.23±1.56	13.12±2.56	23.36±2.06	6.98±0.98	23.46±2.01	23.85±1.53
	人工草地	7.98±0.36	8.13±0.62	1.34±0.31	96.32±6.69	19.63±1.69	29.56±2.14	17.99±1.58	13.02±1.36	7.14±1.26	12.66±1.24
	人工林地	7.03±0.26	8.16±0.72	0.97±0.29	92.01±5.89	32.26±2.02	25.19±1.98	6.39±1.96	7.23±0.85	9.78±2.03	19.15±1.56
	人工灌丛	6.98±0.28	9.96±0.71	0.89±0.24	70.25±6.01	8.16±1.58	15.19±2.54	21.02±1.75	9.23±0.96	21.14±1.56	25.26±2.03
	自然灌丛	6.25±0.30	10.03±0.83	0.92±0.18	65.03±6.32	7.36±1.67	21.03±2.36	19.20±2.13	16.23±0.95	26.01±1.57	10.17±2.14
坊塌	耕地	8.01±0.24	9.03±0.35	1.26±0.32	86.32±6.47	23.69±1.03	42.03±2.98	10.24±2.17	9.85±1.02	7.23±0.98	6.96±1.57
	退耕草地	6.42±0.28	12.57±0.63	0.91±0.36	76.96±7.23	8.36±1.25	16.25±2.47	20.13±1.63	9.12±1.25	25.98±0.95	20.16±1.68
	人工草地	8.23±0.31	7.26±0.29	1.37±0.35	98.32±9.25	18.26±1.78	45.03±2.06	13.26±1.68	8.14±0.96	4.03±1.03	11.28±1.42
	人工林地	6.88±0.36	7.03±0.96	1.13±0.24	83.01±5.34	23.69±1.96	36.03±3.01	16.03±1.54	5.01±0.99	6.24±1.25	13.00±1.79
	人工灌丛	7.03±0.35	11.63±0.68	0.93±0.29	62.30±5.63	8.15±1.03	9.23±3.15	21.47±1.59	15.03±1.23	21.47±1.14	24.65±1.23
	自然灌丛	6.99±0.39	10.78±0.67	0.89±0.24	61.89±6.87	8.63±1.25	13.24±3.25	21.03±1.49	12.03±1.02	9.02±1.78	36.05±2.56
董庄沟	人工林地	7.23±0.35	7.26±0.53	1.13±0.26	83.21±7.89	19.23±3.06	35.36±1.98	16.02±1.32	9.26±0.56	3.12±0.65	17.01±2.16
	退耕草地	7.16±0.32	8.26±0.61	0.84±0.19	76.54±6.36	8.23±1.25	15.26±2.14	21.01±2.16	8.97±0.68	8.02±1.34	38.51±2.54
	耕地	8.23±0.24	9.16±0.94	1.18±0.20	88.03±6.98	15.23±1.48	49.32±2.57	15.03±2.34	6.32±1.23	5.13±1.26	8.97±1.13
	灌丛	7.32±0.28	9.05±0.82	0.97±0.15	75.01±9.21	8.46±1.03	12.03±2.61	19.65±2.59	15.02±1.24	9.13±0.98	35.71±2.25
杨家沟	人工林地	7.01±0.29	8.03±0.83	1.08±0.16	73.16±6.03	21.23±1.06	39.78±3.02	6.25±1.01	15.03±1.97	7.02±0.86	10.69±2.17
	退耕草地	6.56±0.31	12.37±0.71	0.97±0.11	63.90±5.87	12.25±1.89	9.78±3.15	18.26±1.25	16.03±1.62	8.95±0.63	34.73±3.02
	耕地	7.89±0.30	9.13±0.72	1.17±0.23	68.21±7.02	13.12±1.02	46.19±4.14	13.26±1.39	9.78±1.67	11.01±1.11	6.64±0.65
	灌丛	6.83±0.36	11.55±0.26	0.85±0.17	61.10±7.13	8.63±1.47	16.32±3.02	12.32±1.58	23.05±2.03	8.97±1.03	30.71±3.14

流域土壤含水量变化范围为 8.03%～12.37%，人工林地土壤含水量最低，退耕草地土壤含水量最高。纸坊沟流域土壤容重变化范围为 0.85～1.34g·cm^{-3}，人工草地土壤容重最大，退耕草地土壤容重最小；坊塌流域土壤容重变化范围为 0.89～1.37g·cm^{-3}，人工草地土壤容重最大，自然灌丛土壤容重最小；董庄沟流域土壤容重变化范围为 0.84～1.18g·cm^{-3}，耕地土壤容重最大，退耕草地土壤容重最小；杨家沟流域土壤容重变化范围为 0.85～1.17g·cm^{-3}，耕地土壤容重最大，灌丛土壤容重最小。纸坊沟流域和坊塌流域土壤电导率变化范围分别为 65.03～96.32μS·cm^{-1} 和 61.89～98.32μS·cm^{-1}，人工草地最大，自然灌丛最小；董庄沟流域土壤电导率变化范围为 75.01～88.03μS·cm^{-1}，耕地土壤电导率最大，灌丛土壤电导率最小；杨家沟流域土壤电导率变化范围为 61.10～73.16μS·cm^{-1}，人工林地土壤电导率最大，灌丛土壤电导率最小。

纸坊沟流域耕地和人工草地以粒径>5mm、2～5mm 和 1～2mm 的水稳性团聚体为主，粒径为 0.5～1mm、0.25～0.5mm 和<0.25mm 水稳性团聚体占比较小；人工林地以粒径>5mm 和 2～5mm 的水稳性团聚体为主，粒径<0.25mm 的水稳性团聚体次之，粒径为 1～2mm、0.5～1mm 和 0.25～0.5mm 的水稳性团聚体占比较小；退耕草地、人工灌丛以粒径为 1～2mm、0.25～0.5mm 和<0.25mm 的水稳性团聚体为主，粒径>5mm 和 0.5～1mm 的水稳性团聚体占比较小；自然灌丛以粒径为 2～5mm、1～2mm 和 0.25～0.5mm 的水稳性团聚体为主，粒径>5mm 的水稳性团聚体占比较小。坊塌流域耕地、人工草地和人工林地以粒径>5mm 和 2～5mm 的水稳性团聚体为主，粒径为 1～2mm 的水稳性团聚体次之，粒径为 0.5～1mm、0.25～0.5mm 和<0.25mm 的水稳性团聚体占比较小；退耕草地和人工灌丛以粒径为 1～2mm、0.25～0.5mm 和<0.25mm 的水稳性团聚体为主，粒径>5mm 的水稳性团聚体占比较小；自然灌丛以粒径为 1～2mm 和<0.25mm 的水稳性团聚体为主，粒径>5mm 和 0.25～0.5mm 的水稳性团聚体占比较小。董庄沟流域人工林地和耕地粒径为 2～5mm 的水稳性团聚体占比较大，分别为 35.36%和 49.32%，其次是粒径>5mm 的水稳性团聚体，占比分别为 19.23%和 15.23%，粒径为 0.5～1mm 和 0.25～0.5mm 的水稳性团聚体占比较小；退耕草地和灌丛以粒径<0.25mm 的水稳性团聚体为主，占比分别为 38.51%和 35.71%，其次是粒径为 1～2mm 的水稳性团聚体，占比分别为 21.01%和 19.65%，粒径>5mm 和 0.5～0.25mm 的水稳性团聚体占比较小。杨家沟流域人工林地粒径为 2～5mm 的水稳性团聚体占比较大，其次是粒径>5mm 的水稳性团聚体，粒径为 1～2mm 和 0.25～0.5mm 的水稳性团聚体占比较小；退耕草地和灌丛以粒径<0.25mm 的水稳性团聚体为主，粒径为 0.25～0.5mm 的水稳性团聚体占比较小；耕地粒径为 2～5mm 的水稳性团聚体占比较大，粒径<0.25mm 的水稳性团聚体占比较小(表 4.1)。

4.2 黄土高原小流域土壤持水特性

一般将毛管持水能力、非毛管持水能力和最大持水能力作为土壤的持水能力，主要由土壤的孔隙度决定，与土壤入渗有关，是评价土壤水源涵养的重要指标。通过土壤总孔隙度可以计算最大持水能力，通过毛管孔隙度和非毛管孔隙度分别可以计算毛管持水能力和非毛管持水能力。由表 4.2 可知，纸坊沟流域土壤总孔隙度变化范围为 43.26%~56.39%，耕地、人工草地和人工林地总孔隙度小于退耕草地、人工灌丛和自然灌丛；坊塌流域土壤总孔隙度变化范围为 45.63%~52.58%，耕地、人工草地和人工林地总孔隙度小于退耕草地、人工灌丛和自然灌丛；董庄沟流域和杨家沟流域土壤总孔隙度变化范围分别为 43.69%~52.67%和 46.03%~54.17%，其中人工林地和耕地小于退耕草地和灌丛。纸坊沟流域土壤毛管孔隙度变化范围为 16.98%~21.56%，耕地最小，人工草地最大；坊塌流域土壤毛管孔隙度变化范围为 16.25%~20.34%，人工草地最小，自然灌丛最大；董庄沟流域土壤毛管孔隙度大小依次为人工林地>退耕草地>耕地>灌丛；杨家沟流域土壤毛管孔隙度大小依次为耕地>灌丛>退耕草地>人工林地。不同流域土壤非毛管孔隙度与毛管孔隙度变化趋势基本相反。纸坊沟流域和坊塌流域土壤最大持水量变化范围分别为 695.87~1102.37t·hm^{-2} 和 766.13~1206.49t·hm^{-2}，耕地、人工草地和人工林地最大持水量较小，退耕草地、人工灌丛和自然灌丛最大持水量较大；董庄沟流域土壤最大持水量变化范围为 869.31~1256.78t·hm^{-2}，退耕草地最大，耕地最小；杨家沟流域土壤最大持水量变化范围为 846.32~1263.22t·hm^{-2}，人工林地最大，耕地最小。不同流域土壤有效持水量变化趋势与最大持水量变化趋势基本一致。纸坊沟流域和坊塌流域的耕地、人工草地和人工林地有效持水量较小，退耕草地、人工灌丛和自然灌丛有效持水量较大；董庄沟流域退耕草地有效持水量最大，杨家沟流域人工林地有效持水量最大，均为耕地最小。

表4.2 黄土高原小流域土壤持水特性

小流域	土地利用类型	总孔隙度 TP/%	毛管孔隙度 CP/%	非毛管孔隙度 NP/%	最大持水量 MW/(t·hm^{-2})	有效持水量 EW/(t·hm^{-2})
纸坊沟	耕地	43.26±3.26	16.98±2.03	32.15±3.15	763.02±36.02	132.57±16.59
	退耕草地	56.39±3.65	20.13±2.26	28.47±3.02	1023.56±52.31	263.69±20.31
	人工草地	46.61±4.02	21.56±2.54	30.69±3.63	756.21±42.16	103.44±29.58
	人工林地	45.23±4.13	19.78±2.98	32.58±2.59	695.87±38.96	126.58±23.34
	人工灌丛	50.78±2.56	18.54±1.65	27.02±2.45	956.68±32.25	289.34±24.17
	自然灌丛	52.12±2.89	18.99±3.03	26.89±2.14	1102.37±40.32	251.32±24.36

续表

小流域	土地利用类型	总孔隙度 TP/%	毛管孔隙度 CP/%	非毛管孔隙度 NP/%	最大持水量 MW/(t·hm⁻²)	有效持水量 EW/(t·hm⁻²)
坊塌	耕地	45.63±3.26	19.58±2.57	33.62±2.89	802.24±41.58	129.32±25.69
	退耕草地	52.58±3.54	20.13±2.67	25.64±3.01	1206.49±36.89	231.04±32.20
	人工草地	47.26±2.69	16.25±2.15	31.26±3.23	766.13±32.05	106.25±23.69
	人工林地	48.03±5.14	17.79±3.02	30.78±4.36	789.02±38.79	117.99±25.63
	人工灌丛	52.30±5.23	19.02±2.47	26.89±3.03	958.77±25.62	201.47±26.78
	自然灌丛	51.47±2.36	20.34±2.59	29.77±1.26	1026.64±31.26	229.78±26.31
董庄沟	人工林地	47.16±5.36	21.03±3.06	32.59±1.98	1052.36±35.8	271.02±25.47
	退耕草地	50.99±5.64	19.98±3.12	27.56±2.56	1256.78±40.21	286.34±32.14
	耕地	43.69±6.01	18.67±2.57	34.06±2.04	869.31±41.26	185.36±29.78
	灌丛	52.67±4.23	16.35±2.49	28.98±2.13	1103.71±36.98	198.51±26.35
杨家沟	人工林地	47.12±2.57	17.89±3.06	33.16±2.34	1263.22±36.02	302.58±26.47
	退耕草地	52.36±3.03	20.13±2.04	28.54±2.25	1187.96±48.57	289.35±32.25
	耕地	46.03±3.69	21.45±3.26	30.89±2.27	846.32±36.78	201.47±30.58
	灌丛	54.17±6.18	20.77±2.17	27.16±2.03	1123.07±52.39	274.15±24.75

4.3 黄土高原小流域土壤养分特性

黄土高原小流域土壤养分特性如表4.3所示。由表4.3可知，纸坊沟流域土壤有机碳含量变化范围为5.69~11.36g·kg⁻¹，人工草地最低，退耕草地最高；坊塌流域土壤有机碳含量变化范围为6.98~11.01g·kg⁻¹，耕地最低，退耕草地最高；董庄沟流域土壤有机碳含量大小依次为退耕草地>人工林地>灌丛>耕地；杨家沟流域土壤有机碳含量大小依次为退耕草地>人工林地>灌丛>耕地。纸坊沟流域和坊塌流域土壤全氮含量变化范围分别为1.01~1.52g·kg⁻¹和0.98~1.46g·kg⁻¹；董庄沟流域和杨家沟流域土壤全氮含量大小依次为退耕草地>灌丛>人工林地>耕地。纸坊沟流域土壤全磷含量变化范围分别为0.78~0.86g·kg⁻¹，人工草地最低，耕地最高；坊塌流域土壤全磷含量变化范围为0.77~0.82g·kg⁻¹，自然灌丛最低，人工林地最高；董庄沟流域土壤全磷含量大小依次为灌丛>退耕草地>人工林地=耕地；杨家沟流域土壤全磷含量大小依次为灌丛>人工林地>退耕草地>耕地。纸坊沟流域和坊塌流域土壤速效磷含量变化范围分别为16.25~25.36mg·kg⁻¹和13.25~23.06mg·kg⁻¹；董庄沟流域速效磷含量大小依次表现为退耕草地>灌丛>

表 4.3 黄土高原小流域土壤养分特性

小流域	土地利用类型	有机碳含量 SOC/(g·kg⁻¹)	全氮含量 STN/(g·kg⁻¹)	全磷含量 STP/(g·kg⁻¹)	速效磷含量 SAP/(mg·kg⁻¹)	铵态氮(NH_4^+-N)含量/(mg·kg⁻¹)	硝态氮(NO_3^--N)含量/(mg·kg⁻¹)	微生物量碳 SMBC/(mg·kg⁻¹)	微生物量氮 SMBN/(mg·kg⁻¹)
纸坊沟	耕地	7.52±0.95	1.01±0.13	0.86±0.05	16.25±1.69	35.67±3.46	29.54±2.16	184.56±26.35	55.26±6.32
	退耕草地	11.36±1.23	1.52±0.26	0.84±0.03	25.36±1.58	56.39±3.58	35.26±2.03	256.98±30.25	75.36±5.21
	人工草地	5.69±1.15	1.23±0.23	0.78±0.04	18.76±2.31	36.98±2.58	28.13±2.18	185.02±34.18	59.78±5.48
	人工林地	8.73±1.58	1.05±0.24	0.79±0.06	23.16±2.26	43.02±6.35	26.58±3.01	195.36±36.32	56.03±3.59
	人工灌丛	10.28±1.63	1.34±0.19	0.83±0.05	22.47±2.24	49.23±5.34	33.02±3.24	233.01±26.98	62.31±6.24
	自然灌丛	10.14±2.01	1.32±0.25	0.82±0.03	20.89±2.15	47.35±4.02	31.59±3.16	229.89±35.46	63.58±5.78
坊塌	耕地	6.98±1.69	0.98±0.26	0.81±0.04	13.25±2.58	31.58±4.89	25.14±2.58	176.23±23.57	50.23±5.31
	退耕草地	11.01±1.34	1.46±0.24	0.79±0.06	23.06±1.98	53.24±5.31	34.02±2.67	242.30±30.14	72.03±6.01
	人工草地	7.03±1.47	1.02±0.19	0.78±0.06	15.62±1.62	32.02±5.36	27.89±3.26	198.54±36.58	51.77±2.25
	人工林地	9.48±0.98	1.13±0.18	0.82±0.07	21.14±2.36	48.26±4.59	26.20±3.15	187.96±26.99	69.78±3.46
	人工灌丛	9.56±1.01	1.29±0.23	0.81±0.05	19.78±3.02	51.77±4.78	32.59±2.24	215.78±24.14	65.36±5.26
	自然灌丛	8.67±1.23	1.19±0.32	0.77±0.06	19.63±1.47	50.69±4.62	30.17±2.59	203.69±28.75	64.12±5.49
董庄沟	人工林地	11.25±1.45	1.27±0.19	0.79±0.05	19.85±2.25	52.07±4.01	34.02±2.16	210.57±30.25	69.58±3.02
	退耕草地	13.29±1.62	1.42±0.26	0.83±0.04	26.98±3.26	62.13±5.18	38.97±2.35	268.98±31.29	83.26±5.89
	耕地	6.57±1.02	1.03±0.34	0.79±0.05	16.27±3.58	40.89±4.18	28.97±2.47	186.25±34.57	59.21±6.04
	灌丛	9.78±0.98	1.38±0.35	0.85±0.08	25.24±2.78	53.47±3.69	35.12±2.58	253.47±36.99	75.03±2.35
杨家沟	人工林地	9.78±0.52	1.19±0.29	0.80±0.03	23.02±2.14	43.17±3.57	31.02±3.01	199.57±30.21	61.28±3.36
	退耕草地	10.03±1.14	1.33±0.28	0.79±0.06	25.88±2.56	56.42±3.56	36.23±3.26	256.23±28.75	79.12±5.57
	耕地	5.78±1.47	1.04±0.24	0.78±0.04	16.27±2.36	38.79±3.47	25.78±3.59	176.03±29.18	56.03±4.23
	灌丛	8.63±0.69	1.24±0.18	0.81±0.07	18.75±3.65	51.30±5.02	34.29±2.88	234.48±32.04	75.03±5.16

人工林地>耕地；杨家沟流域速效磷含量大小依次为退耕草地>人工林地>灌丛>耕地。纸坊沟流域和坊塌流域土壤铵态氮含量变化范围分别为 35.67~56.39mg·kg^{-1} 和 31.58~53.24mg·kg^{-1}，耕地最小，退耕草地最大；董庄沟流域和杨家沟流域土壤铵态氮含量大小依次为退耕草地>灌丛>人工林地>耕地。纸坊沟流域土壤硝态氮含量变化范围为 26.58~35.26mg·kg^{-1}，人工林地最小，退耕草地最大；坊塌流域土壤硝态氮含量变化范围为 25.14~34.02mg·kg^{-1}，耕地最小，退耕草地最大；董庄沟流域和杨家沟流域土壤硝态氮含量大小依次为退耕草地>灌丛>人工林地>耕地。纸坊沟流域和坊塌流域土壤微生物生物量碳变化范围分别为 184.56~256.98mg·kg^{-1} 和 176.23~242.30mg·kg^{-1}，耕地最小，退耕草地最大；董庄沟流域和杨家沟流域土壤微生物生物量碳大小依次为退耕草地>灌丛>人工林地>耕地。纸坊沟流域和坊塌流域土壤微生物生物量氮变化范围分别为 55.26~75.36mg·kg^{-1} 和 50.23~72.03mg·kg^{-1}；董庄沟流域和杨家沟流域土壤微生物生物量氮大小依次为退耕草地>灌丛>人工林地>耕地。

4.4 黄土高原小流域土壤微生物群落多样性及其与养分的关系

4.4.1 黄土高原小流域土壤微生物群落多样性

黄土高原植被恢复之后，植被和土壤属性不同使土壤微生物(细菌和真菌)群落多样性存在差异。黄土高原小流域土壤细菌序列统计及多样性指数如表 4.4 所示。由表 4.4 可知，纸坊沟流域共获取 9023~12568 条细菌序列，在 97%的相似水平下对序列进行运算分类单元(operational taxonomic unit，OTU)聚类，OTU 数目为 5714~6582，ACE 指数变化范围为 3978~4325，Chao 1 指数变化范围为 3351~4826，退耕草地最大，人工草地最小。坊塌流域共获取 8104~11589 条细菌序列，OTU 数目为 5401~6023，ACE 指数变化范围为 3711~4152，Chao 1 指数变化范围为 3204~4615，退耕草地最大，人工草地最小。董庄沟流域共获取 10253~13026 条细菌序列，OTU 数目为 6207~6621，ACE 指数变化范围为 4217~4416，Chao 1 指数变化范围为 3572~4903，退耕草地最大，耕地最小。杨家沟流域共获取 10251~13698 条细菌序列，OTU 数目为 6230~6598，ACE 指数变化范围为 4015~4302，Chao 1 指数变化范围为 3524~4702，退耕草地最大，耕地最小。纸坊沟流域和坊塌流域土壤细菌覆盖率、香农-维纳(Shannon-Wiener)指数和辛普森(Simpson)指数均表现为退耕草地>人工灌丛>自然灌丛>人工林地>人工草地，董庄沟流域和杨家沟流域土壤细菌覆盖率、香农-维纳指数和辛普森指数均表现为退耕草地>灌丛>人工林地>耕地。

表 4.4 黄土高原小流域土壤细菌序列统计及多样性指数

小流域	土地利用类型	读数	97%相似水平					
			OTU 数目	ACE 指数	Chao 1 指数	覆盖率/%	香农-维纳指数	辛普森指数
纸坊沟	耕地	10258±235	5879±93	4189±162	3652±155	95.12±1.26	9.23±0.65	0.87±0.06
	退耕草地	12568±306	6582±116	4325±136	4826±133	95.95±1.32	12.35±0.94	0.96±0.05
	人工草地	9023±259	5714±136	3978±152	3351±126	95.11±1.65	8.10±0.85	0.86±0.03
	人工林地	10574±247	6023±125	4206±147	3897±194	95.16±1.54	10.78±0.61	0.94±0.04
	人工灌丛	12054±169	6235±114	4269±152	4562±184	95.68±1.98	11.58±0.73	0.95±0.06
	自然灌丛	11395±250	6128±97	4217±136	4319±183	95.62±1.54	11.27±0.59	0.95±0.08
坊塌	耕地	8547±165	5523±125	3746±154	3571±126	95.23±1.50	8.76±0.57	0.86±0.05
	退耕草地	11589±125	6023±162	4152±156	4615±103	95.87±1.63	12.03±0.61	0.95±0.05
	人工草地	8104±139	5401±120	3711±123	3204±152	95.11±1.26	7.12±0.68	0.84±0.03
	人工林地	9265±152	5813±156	3854±147	3978±162	95.76±1.48	10.27±0.63	0.87±0.04
	人工灌丛	11230±201	6014±147	4075±159	4329±140	95.84±1.46	11.49±0.75	0.92±0.05
	自然灌丛	10247±187	5879±123	3914±158	4217±159	95.84±1.30	11.03±0.72	0.91±0.06
董庄沟	人工林地	11456±180	6491±129	4325±123	4013±130	95.34±1.52	11.04±0.94	0.91±0.06
	退耕草地	13026±163	6621±144	4416±125	4903±169	95.96±1.46	13.26±0.82	0.97±0.08
	耕地	10253±152	6207±132	4217±143	3572±146	95.21±1.38	8.77±0.61	0.86±0.04
	灌丛	12478±147	6519±156	4391±165	4579±183	95.67±1.57	12.48±0.53	0.95±0.05
杨家沟	人工林地	12410±203	6357±118	4207±195	3701±172	92.34±1.84	9.51±0.58	0.86±0.06
	退耕草地	13698±241	6598±125	4302±149	4702±153	95.91±1.30	12.78±0.95	0.95±0.06
	耕地	10251±216	6230±120	4015±163	3524±161	95.05±1.62	7.02±0.74	0.82±0.03
	灌丛	13257±259	6401±163	4218±150	4216±157	95.72±1.75	10.46±0.73	0.93±0.02

注：ACE 指数表示群落中物种组成的丰富度和均匀度；Chao1 指数表示样本中所含 OTU 的数目。

黄土高原小流域土壤真菌序列统计及多样性指数如表 4.5 所示。纸坊沟流域共获取 13023～15236 条真菌序列，在 97%的相似水平下对序列进行 OTU 聚类，OTU 数目为 8503～8956，ACE 指数变化范围为 487～563，Chao 1 指数变化范围为 553～623，退耕草地最大，人工草地最小。坊塌流域共获取 12147～14988 条真菌序列，OTU 数目为 8417～8716，ACE 指数变化范围为 463～552，Chao 1 指数变化范围为 540～611，退耕草地最大，人工草地最小。董庄沟流域共获取 15023～16203 条真菌序列，OTU 数目为 8725～9012，ACE 指数变化范围为 501～

598，Chao 1 指数变化范围为 551～635，退耕草地最大，耕地最小。杨家沟流域共获取 15247～16569 条真菌序列，OTU 数目为 8549～8913，ACE 指数变化范围为 498～576，Chao 1 指数变化范围为 540～623，退耕草地最大，耕地最小。纸坊沟流域和坊塌流域土壤真菌覆盖率、香农-维纳指数和辛普森指数均表现为退耕草地>人工灌丛>自然灌丛>人工林地>耕地>人工草地，董庄沟流域和杨家沟流域土壤真菌覆盖率、香农-维纳指数和辛普森指数均表现为退耕草地>灌丛>人工林地>耕地。

表 4.5 黄土高原小流域土壤真菌序列统计及多样性指数

小流域	土地利用类型	读数	97%相似水平				
			OTU 数目	ACE 指数	Chao 1 指数	覆盖率/%	香农-维纳指数	辛普森指数
纸坊沟	耕地	13857±236	8752±156	490±16	562±23	98.75±1.03	4.87±0.69	0.87±0.06
	退耕草地	15236±256	8956±123	563±25	623±16	99.62±1.56	6.23±0.65	0.95±0.06
	人工草地	13023±239	8503±145	487±29	553±19	98.57±1.24	4.52±0.84	0.84±0.05
	人工林地	14269±245	8746±160	519±34	587±26	99.34±1.09	5.86±0.75	0.89±0.09
	人工灌丛	15024±213	8823±169	537±16	604±27	99.53±1.48	6.02±0.91	0.94±0.04
	自然灌丛	14789±258	8814±158	521±15	598±32	99.51±1.23	5.94±0.85	0.92±0.05
坊塌	耕地	12984±169	8516±145	478±18	561±33	98.62±1.25	5.13±0.52	0.82±0.05
	退耕草地	14988±247	8716±172	552±23	611±31	99.25±1.78	6.03±0.53	0.94±0.03
	人工草地	12147±263	8417±132	463±25	540±26	98.54±1.43	4.08±0.61	0.80±0.05
	人工林地	13260±284	8543±156	509±34	582±29	98.98±1.62	5.76±0.58	0.88±0.06
	人工灌丛	14523±215	8602±158	531±28	604±34	99.13±1.39	5.98±0.61	0.91±0.07
	自然灌丛	13289±236	8594±147	524±27	593±28	99.05±1.02	5.87±0.59	0.90±0.05
董庄沟	人工林地	15247±248	8816±163	543±16	586±27	99.21±1.47	6.14±0.57	0.91±0.06
	退耕草地	16203±216	9012±129	598±25	635±19	99.78±1.55	6.98±0.65	0.95±0.04
	耕地	15023±255	8725±187	501±23	551±18	99.14±1.26	5.46±0.68	0.85±0.06
	灌丛	15987±247	8870±156	572±29	629±26	99.53±1.50	6.57±0.54	0.92±0.08
杨家沟	人工林地	15247±213	8713±142	509±24	567±24	98.67±1.79	5.68±0.91	0.87±0.07
	退耕草地	16569±205	8913±144	576±21	623±23	99.57±1.67	6.54±0.83	0.93±0.05
	耕地	15423±269	8549±165	498±19	540±25	98.05±1.42	5.32±0.82	0.82±0.06
	灌丛	16250±248	8746±183	541±18	609±27	99.24±1.36	6.27±0.75	0.91±0.07

从非度量多维尺度(non-metric multidimensional scaling, NMDS)分析图可以看出,纸坊沟流域土壤微生物群落(细菌和真菌)在不同土地利用类型之间存在差异(图 4.1)。纸坊沟流域人工林地土壤细菌群落与其他土地利用类型距离较远,产生明显的分离效应,人工灌丛和退耕草地土壤细菌群落距离较近,耕地和人工草地土壤细菌群落距离较近;耕地土壤真菌群落与其他土地利用类型距离较远,产生明显的分离效应,自然灌丛和人工灌丛土壤真菌群落距离较近,人工草地和人工林地土壤真菌群落距离较近。

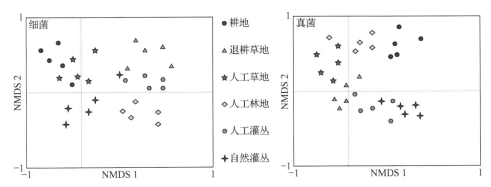

图 4.1 纸坊沟流域土壤微生物多样性变化特征

坊塌流域人工草地土壤细菌群落与其他土地利用类型距离较远,产生明显的分离效应,人工灌丛和退耕草地土壤细菌群落距离较近,自然灌丛和人工林地土壤细菌群落距离较近;耕地、退耕草地和人工灌丛土壤真菌群落与其他土地利用类型距离较远,产生明显的分离效应,人工草地和人工林地土壤真菌群落距离较近(图 4.2)。

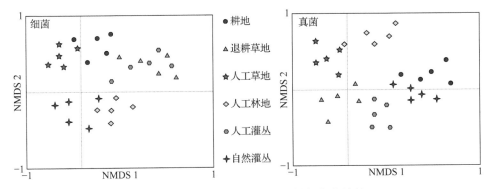

图 4.2 坊塌流域土壤微生物多样性变化特征

董庄沟流域退耕草地土壤细菌群落与其他土地利用类型距离较远,产生明显的分离效应，灌丛和人工林地土壤细菌群落距离较近，耕地和灌丛土壤细菌群落距离较近；耕地和退耕草地土壤真菌群落与其他土地利用类型距离较远，产生明显的分离效应，人工林地和灌丛土壤真菌群落距离较近(图 4.3)。

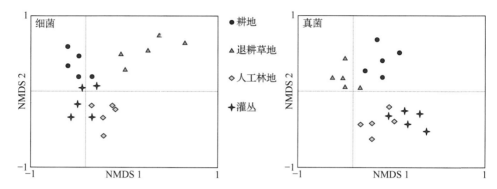

图 4.3　董庄沟流域土壤微生物多样性变化特征

杨家沟流域耕地和退耕草地土壤细菌群落与其他土地利用类型距离较远，产生明显的分离效应，人工林地和灌丛土壤细菌群落距离较近；耕地和退耕草地土壤真菌群落与其他土地利用类型距离较远，产生明显的分离效应，人工林地和灌丛土壤真菌群落距离较近(图 4.4)。

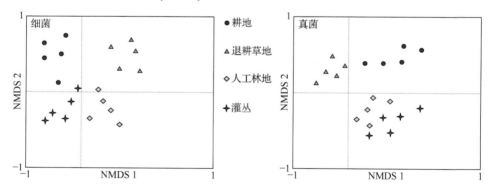

图 4.4　杨家沟流域土壤微生物多样性变化特征

4.4.2　黄土高原小流域土壤微生物群落组成

图 4.5 为纸坊沟流域不同土地利用类型土壤微生物(细菌和真菌)的群落组成变化。细菌群落主要的门类(相对丰度大于 1%)包括 Actinobacteria(放线菌门)、Proteobacteria(变形菌门)、Chloroflexi(绿弯菌门)和 Acidobacteria(酸杆菌门)，还包括 Gemmatimonadetes(芽单胞菌门)、Planctomycetes(浮霉菌门)、Cyanobacteria(蓝细菌门)、Nitrospirae(硝化螺旋菌门)、Bacteroidetes(拟杆菌门)、Verrucomicrobia(疣微菌门)、Firmicutes(厚壁菌门)等，其中 Actinobacteria、Proteobacteria、Chloroflexi

和 Acidobacteria 为主导细菌群落，相对丰度为 81.0%～91.2%。退耕草地 Actinobacteria 相对丰度最大(49.8%)，耕地 Proteobacteria 相对丰度较大(20.4%)。真菌群落主要的门类(相对丰度大于 1%)包括 Ascomycota(子囊菌门)和 Basidiomycota(担子菌门)，相对丰度为 72.0%～78.5%。退耕草地和自然灌丛 Ascomycota 相对丰度较大，耕地和人工草地 Basidiomycota 相对丰度较大，还包括 Zygomycota(接合菌门)、Glomeromycota(球囊菌门)、Chytridiomycota(壶菌门)、Neocallimastigomycota(新丽鞭毛菌门)和 Rozellomycota(罗兹菌门)。

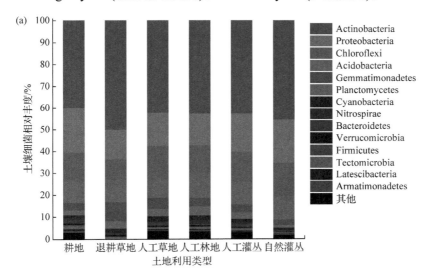

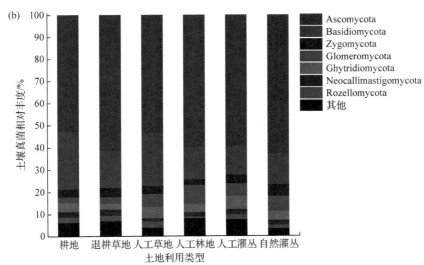

图 4.5 纸坊沟流域土壤微生物群落组成变化
(a) 土壤细菌；(b) 土壤真菌

图 4.6 为坊塌流域不同土地利用类型土壤微生物(细菌和真菌)的群落组成变化。细菌群落主要的门类(相对丰度大于 1%)包括 Actinobacteria(放线菌门)、Proteobacteria(变形菌门)、Chloroflexi(绿弯菌门)和 Acidobacteria(酸杆菌门),还包括 Gemmatimonadetes(芽单胞菌门)、Planctomycetes(浮霉菌门)、Cyanobacteria(蓝细菌门)、Nitrospirae(硝化螺旋菌门)、Bacteroidetes(拟杆菌门)、Verrucomicrobia(疣微菌门)、Firmicutes(厚壁菌门)等,其中 Actinobacteria、Proteobacteria、Chloroflexi

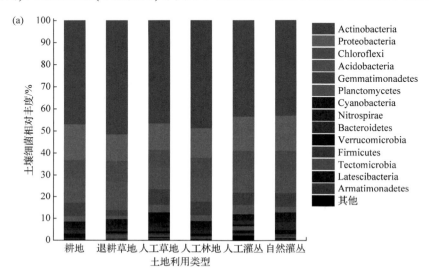

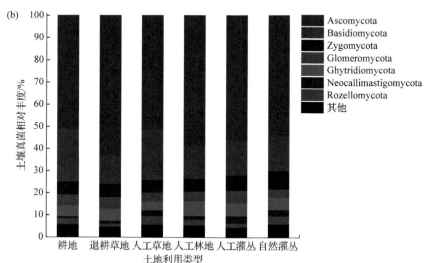

图 4.6 坊塌流域土壤微生物群落组成变化
(a) 土壤细菌;(b) 土壤真菌

和 Acidobacteria 为主导细菌群落，相对丰度为 76.3%～86.0%。退耕草地 Actinobacteria 相对丰度最大(51.3%)，耕地 Proteobacteria 相对丰度较大(16.2%)。真菌群落主要的门类(相对丰度大于 1%)包括 Ascomycota(子囊菌门)和 Basidiomycota(担子菌门)，相对丰度为 69.8%～75.6%。退耕草地和人工林地 Ascomycota 相对丰度较大，耕地和人工草地 Basidiomycota 相对丰度较大，还包括 Zygomycota(接合菌门)、Glomeromycota(球囊菌门)、Chytridiomycota(壶菌门)、Neocallimastigomycota(新丽鞭毛菌门)和 Rozellomycota(罗兹菌门)。

图 4.7 为董庄沟流域不同土地利用类型土壤微生物(细菌和真菌)的群落组成

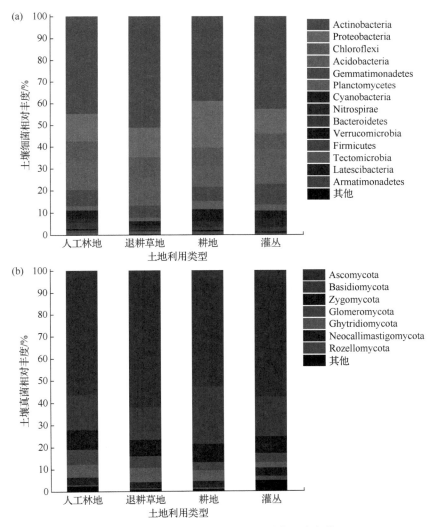

图 4.7 董庄沟流域土壤微生物群落组成变化
(a) 土壤细菌；(b) 土壤真菌

变化。细菌群落主要的门类(相对丰度大于 1%)包括 Actinobacteria(放线菌门)、Proteobacteria(变形菌门)、Chloroflexi(绿弯菌门)和 Acidobacteria(酸杆菌门),还包括 Gemmatimonadetes(芽单胞菌门)、Planctomycetes(浮霉菌门)、Cyanobacteria(蓝细菌门)、Nitrospirae(硝化螺旋菌门)、Bacteroidetes(拟杆菌门)、Verrucomicrobia(疣微菌门)、Firmicutes(厚壁菌门)等,Actinobacteria、Proteobacteria、Chloroflexi 和 Acidobacteria 为主导细菌群落,相对丰度为 77.0%~86.7%。退耕草地 Actinobacteria 相对丰度最大(50.9%),耕地 Proteobacteria 相对丰度较大(21.5%)。真菌群落主要的门类(相对丰度大于 1%)包括 Ascomycota(子囊菌门)和 Basidiomycota(担子菌门),相对丰度为 71.9%~78.5%。退耕草地和灌丛 Ascomycota 相对丰度较大,耕地和灌丛 Basidiomycota 相对丰度较大,还包括 Zygomycota(接合菌门)、Glomeromycota(球囊菌门)、Chytridiomycota(壶菌门)、Neocallimastigomycota(新丽鞭毛菌门)和 Rozellomycota(罗兹菌门)。

  图 4.8 为杨家沟流域不同土地利用类型土壤微生物(细菌和真菌)的群落组成变化。细菌群落主要的门类(相对丰度大于 1%)包括 Actinobacteria(放线菌门)、Proteobacteria(变形菌门)、Chloroflexi(绿弯菌门)和 Acidobacteria(酸杆菌门),还包括 Gemmatimonadetes(芽单胞菌门)、Planctomycetes(浮霉菌门)、Cyanobacteria(蓝细菌门)、Nitrospirae(硝化螺旋菌门)、Bacteroidetes(拟杆菌门)、Verrucomicrobia(疣微菌门)、Firmicutes(厚壁菌门)等,Actinobacteria、Proteobacteria、Chloroflexi 和 Acidobacteria 为主导细菌群落,相对丰度为 74.5%~84.6%。退耕草地 Actinobacteria 相对丰度最大(51.2%),耕地 Proteobacteria 相对丰度较大(23.7%)。真菌群落主要的门类(相对丰度大于 1%)包括 Ascomycota(子囊菌门)和 Basidiomycota(担子菌门),相对丰度为 71.4%~76.3%。退耕草地和灌丛 Ascomycota

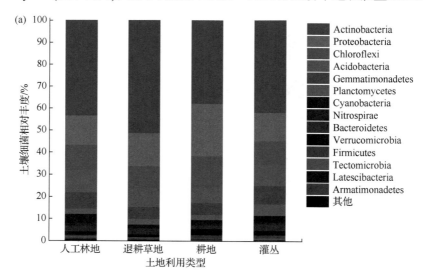

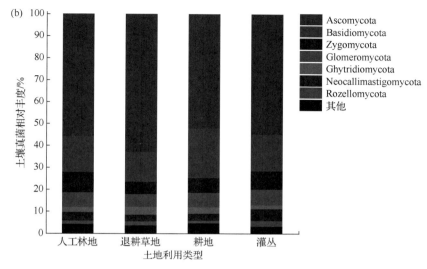

图 4.8 杨家沟流域土壤微生物群落组成变化
(a) 土壤细菌；(b) 土壤真菌

相对丰度较大，耕地和灌丛 Basidiomycota 相对丰度较大，还包括 Zygomycota(接合菌门)、Glomeromycota(球囊菌门)、Chytridiomycota(壶菌门)、Neocallimastigomycota(新丽鞭毛菌门)和 Rozellomycota(罗兹菌门)。

4.4.3 黄土高原小流域微生物群落多样性与养分的关系

应用线性回归方程，分析不同典型小流域土壤微生物主要群落多样性与土壤养分的关系，结果如图 4.9 所示。由图 4.9(a)和(b)可知，土壤有机碳含量(SOC)与细菌 Shannon-Wiener 指数呈显著的线性关系($p<0.05$)，$R^2=0.7765$；土壤有机碳含量(SOC)与真菌 Shannon-Wiener 指数呈显著的线性关系($p<0.05$)，$R^2=0.6495$。由图 4.9(c)和(d)可知，土壤全氮含量(STN)与细菌 Shannon-Wiener 指数呈显著的线性关系($p<0.05$)，$R^2=0.6612$；土壤全氮含量(STN)与真菌 Shannon-Wiener 指数呈显著的线性关系($p<0.05$)，$R^2=0.4942$。

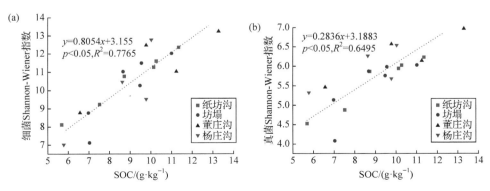

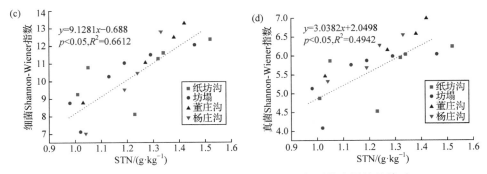

图 4.9 土壤有机碳含量和全氮含量与微生物群落多样性的关系
(a) 土壤有机碳含量与细菌 Shannon-Wiener 指数的关系；(b) 土壤有机碳含量与真菌 Shannon-Wiener 指数的关系；
(c) 土壤全氮含量与细菌 Shannon-Wiener 指数的关系；(d) 土壤全氮含量与真菌 Shannon-Wiener 指数的关系

土壤全磷含量和速效磷含量与微生物群落多样性的关系如图 4.10 所示。由图 4.10(a)和(b)可知，土壤全磷含量(STP)与细菌 Shannon-Wiener 指数没有显著的线性关系($p>0.05$)，$R^2=0.0648$；土壤全磷含量(STP)与真菌 Shannon-Wiener 指数没有显著的线性关系($p>0.05$)，$R^2=0.0024$。由图 4.10(c)和(d)可知，土壤速效磷含量(SAP)与细菌 Shannon-Wiener 指数呈显著的线性关系($p<0.05$)，$R^2=0.7073$；土壤速效磷含量(SAP)与真菌 Shannon-Wiener 指数呈显著的线性关系($p<0.05$)，$R^2=0.6055$。

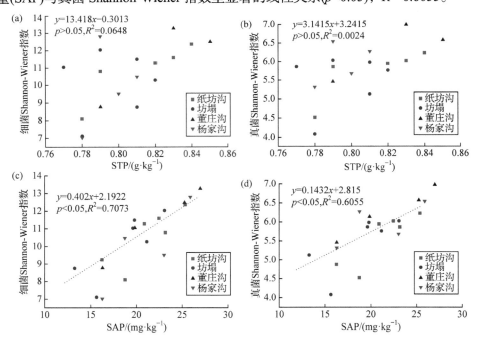

图 4.10 土壤全磷含量和速效磷含量与微生物群落多样性的关系
(a) 土壤全磷含量与细菌 Shannon-Wiener 指数的关系；(b) 土壤全磷含量与真菌 Shannon-Wiener 指数的关系；
(c) 土壤速效磷含量与细菌 Shannon-Wiener 指数的关系；(d) 土壤速效磷含量与真菌 Shannon-Wiener 指数的关系

土壤硝态氮含量和铵态氮含量与微生物群落多样性的关系如图 4.11 所示。由图 4.11(a)和(b)可知，土壤硝态氮含量与细菌 Shannon-Wiener 指数呈显著的线性关系($p<0.05$)，$R^2=0.6653$；土壤硝态氮含量与真菌 Shannon-Wiener 指数呈显著的线性关系($p<0.05$)，$R^2=0.5802$。由图 4.11(c)和(d)可知，土壤铵态氮含量与细菌 Shannon-Wiener 指数呈显著的线性关系($p<0.05$)，$R^2=0.8296$；土壤铵态氮含量与真菌 Shannon-Wiener 指数呈显著的线性关系($p<0.05$)，$R^2=0.8512$。

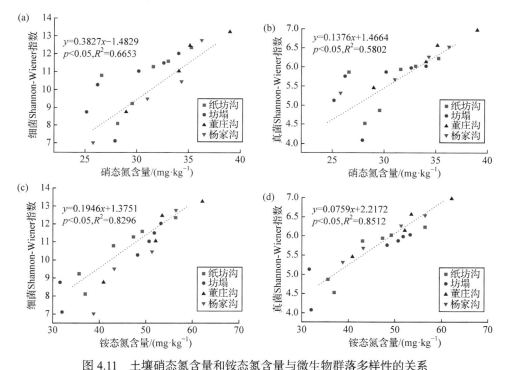

图 4.11 土壤硝态氮含量和铵态氮含量与微生物群落多样性的关系
(a) 土壤硝态氮含量与细菌 Shannon-Wiener 指数的关系；(b) 土壤硝态氮含量与真菌 Shannon-Wiener 指数的关系；
(c) 土壤铵态氮含量与细菌 Shannon-Wiener 指数的关系；(d) 土壤铵态氮含量与真菌 Shannon-Wiener 指数的关系

土壤微生物生物量碳和微生物生物量氮与微生物群落多样性的关系如图 4.12 所示。由图 4.12(a)和(b)可知，土壤微生物生物量碳与细菌 Shannon-Wiener 指数呈显著的线性关系($p<0.05$)，$R^2=0.7410$；土壤微生物生物量碳与真菌 Shannon-Wiener 指数呈显著的线性关系($p<0.05$)，$R^2=0.6071$。由图 4.12(c)和(d)可知，土壤微生物生物量氮与细菌 Shannon-Wiener 指数呈显著的线性关系($p<0.05$)，$R^2=0.6703$；土壤微生物生物量氮与真菌 Shannon-Wiener 指数呈显著的线性关系($p<0.05$)，$R^2=0.7097$。

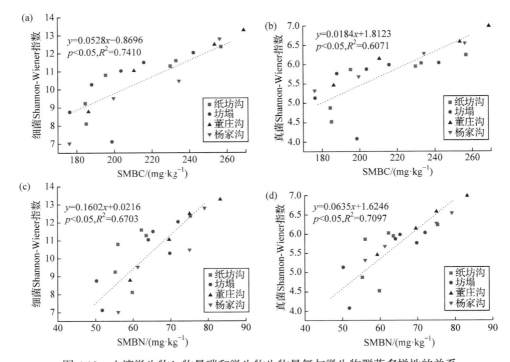

图 4.12 土壤微生物生物量碳和微生物生物量氮与微生物群落多样性的关系
(a) 土壤微生物生物量碳与细菌 Shannon-Wiener 指数的关系；(b) 土壤微生物生物量碳与真菌 Shannon-Wiener 指数的关系；(c) 土壤微生物生物量氮与细菌 Shannon-Wiener 指数的关系；(d) 土壤微生物生物量氮与真菌 Shannon-Wiener 指数的关系

4.5 本章小结

纸坊沟流域和坊塌流域的耕地、人工草地和人工林地土壤总孔隙度较小，退耕草地、人工灌丛和自然灌丛土壤总孔隙度较大；董庄沟流域和杨家沟流域人工林地和耕地土壤总孔隙度较小，退耕草地和灌丛土壤总孔隙度较大。不同流域土壤非毛管孔隙度与毛管孔隙度变化趋势基本相反，土壤有效持水量变化趋势与土壤最大持水量变化趋势基本一致。纸坊沟流域和坊塌流域退耕草地土壤有效养分(速效磷、铵态氮、硝态氮、微生物生物量碳和微生物生物量氮)含量大于人工草地；董庄沟流域和杨家沟流域土壤有效养分含量退耕草地大于耕地。纸坊沟流域和坊塌流域土壤细菌和真菌 Shannon-Wiener 指数和 Simpson 指数均表现为退耕草地>人工灌丛>自然灌丛>人工林地>耕地>人工草地，董庄沟流域和杨家沟流域土壤细菌和真菌 Shannon-Wiener 指数和 Simpson 指数均表现为退耕草地>灌丛>人工林地>耕地。细菌群落中，4 个典型小流域的主要门类包括 Proteobacteria(变形菌门)、Actinobacteria(放线菌门)、Chloroflexi(绿弯菌门)和 Acidobacteria(酸杆菌门)，退耕草地 Actinobacteria 相对丰度最大，耕地 Proteobacteria 相对丰度较大。真菌群落主要的门类包括 Basidiomycota(担子菌门)和 Ascomycota(子囊菌门)，其中退耕草地 Ascomycota 相对丰度较大，耕地 Basidiomycota 相对丰度较大。

土壤水稳性团聚体是土壤重要的物理特性之一，也是土地退化的重要指示指标。植被恢复过程中，土壤微生物活动及植被根系的穿插、有机碳和营养物质的归还，改变了土壤的孔隙度，进而引起土壤结构的变化(An et al., 2010)。纸坊沟流域和坊塌流域，人工林地、人工草地和耕地以粒径>2mm 的水稳性团聚体为主，退耕草地、人工灌丛和自然灌丛以粒径为 1~2mm、0.25~0.5mm 和<0.25mm 的水稳性团聚体为主(表 4.1)。由此可知，人工草地和耕地到退耕草地、人工灌丛和自然灌丛的恢复过程中，土壤小颗粒含量逐渐增加，而土壤大颗粒含量并没有显著的变化。植被恢复过程中，植被群落结构发生了演替，进而使土壤养分含量增加。植被根系活动增强，根底分泌物对土壤大颗粒含量起到了一定的保护作用，促进土壤小颗粒向土壤大颗粒转变，进而促进根系对养分的吸收(Cheng et al., 2015; An et al., 2008)。董庄沟流域和杨家沟流域人工林地和耕地以粒径为 2~5mm 的水稳性团聚体为主，退耕草地和灌丛以粒径<0.25mm 的水稳性团聚体为主(表 4.1)。耕地到退耕草地和灌丛转变的过程中，植被发生了正向演替，根系作用增强，枯落物层下的有机质含量逐渐增加，进而改善了土壤的结构和组成，促进了土壤大颗粒的聚集，形成了较多的大团聚体(Cheng et al., 2015; An et al., 2008)。随着植被的恢复，枯落物和生物量明显增加，促进了地下养分的输入，同时促进了土壤微生物的代谢活动等，这有利于土壤大团聚体的聚集，形成较多的有机质，土壤微生物的活动(真菌菌丝的生长)也能够促进土壤的团聚作用。有研究指出，粒径≥0.25mm 的水稳性团聚体是评价土地退化的重要指标，其含量越高，说明植被恢复程度越好(安韶山等，2008；赵世伟等，2005)。本章 4 个典型小流域植被恢复后，退耕草地和灌丛土壤粒径>0.25mm 的水稳性团聚体增加，与前人的研究结果一致，由此说明 4 个典型小流域的植被恢复对土壤质量提高起到了一定的促进作用(安韶山等，2008；赵世伟等，2005)。

黄土高原的生态环境第四纪以来一直处于旱化中，土壤水分的亏缺是该区干旱的主要原因。在植被恢复过程中，人类对土地的利用方式不同，产生了不同土地利用方式下土壤水分含量的变化(Jia et al., 2017; Yang et al., 2017; Deng et al., 2016)。本章土壤水分(表 4.2)和有机碳含量(表 4.3)呈一致的变化趋势。纸坊沟流域和坊塌流域人工草地土壤水分和有机碳含量最低，退耕草地有机碳含量最高；董庄沟流域和杨家沟流域土壤水分和有机碳含量表现为退耕草地高于灌丛，耕地土壤水分和有机碳含量最低。植被恢复的过程中，随着耕地向草地、林地和灌丛的转变，一方面植被覆盖度和根系增加，减少了土壤侵蚀；另一方面随着生物量、枯落物和根系的增加，有机质输入量不断增加，同时土壤的通气状况和物理特征

(孔隙度、容重等)有所改善,有机碳在土壤中累积(Yuan et al.,2016；Zuo et al., 2009)。水分是促进植被吸收养分的润滑剂,在土壤养分增加的同时,土壤水分也增加,二者表现出相同的变化规律。由于植物对碳、氮元素的吸收和利用具有高度相关性,因此土壤全氮与有机碳表现出相似的变化规律(表 4.3)。与之不同的是,土壤磷素在 4 个流域的不同土地利用类型之间变化并不明显,主要原因是磷在很大程度上受成土母质(黄绵土)的影响,其更新和交替变化的周期较长,变异性并不像土壤碳、氮那样明显。由此可以推测,本章植被恢复周期还并未达到土壤磷素的更新周期,因此土壤全磷含量的变化并不明显。此外,通过相关性分析,发现土壤养分等指标均与植被群落特征具有一定的相关性,而土壤磷素与植被群落并没有显著的相关性,进一步说明了土壤磷素较为稳定,其循环、更新和周转的周期较慢。因此,植物对磷素的吸收和利用较少,植被恢复过程中土壤磷素的变化并不明显,或者说植被恢复对土壤磷素的影响作用较小(Ruiz-Jaén et al.,2005)。

纸坊沟流域和坊塌流域退耕草地土壤有效养分(速效磷、铵态氮、硝态氮、微生物生物量碳和微生物生物量氮)含量大于人工草地；董庄沟流域和杨家沟流域土壤有效养分含量退耕草地大于耕地(表 4.3)。随着耕地向草地、林地和灌丛的转变,一方面生物量、枯落物和根系的增加,将大部分的养分输入土壤,经过微生物的代谢活动,转化成植物可利用的有效养分；另一方面,微生物和植物根系等残体促进了有机养分的淋溶等,从而促进了有机养分的吸收(Yuan et al.,2016；Zuo et al., 2009)。彭文英等(2005)选取了黄土丘陵沟壑区不同植被恢复阶段的样地,测定了植被恢复过程中土壤速效养分和全量养分的变化,结果发现,植被恢复增加了土壤速效养分和全量养分,土壤速效养分增加更为明显。马帅(2011)关于黄土丘陵沟壑区子午岭次生林的研究结果表明,不同类型植被恢复均有效改善了土壤养分状况。结合本章的结果,表明植被恢复与土壤养分(包括有效养分)是相互协同促进和适应的,并且这种协同促进和适应性随着植被恢复而逐渐加强。

土壤微生物主导着地下生态系统的养分循环与吸收过程,改善土壤质地结构和功能,进而影响地上植被群落动态特征。同样地,地上植被群落动态特征及演替过程也会使土壤微生物群落特征变化。因此,土壤微生物是连接土壤和植被的桥梁,在植被演替过程中起着关键作用(Walters et al.,2018；Zhang et al., 2016)。本章研究发现,纸坊沟流域和坊塌流域土壤细菌和真菌的香农-维纳指数、辛普森指数变化趋势一致,董庄沟流域和杨家沟流域土壤细菌和真菌的香农-维纳指数、辛普森指数变化趋势一致(表 4.4 和表 4.5)。耕地到林地和灌丛的转变过程中,土壤细菌和真菌多样性得到了显著的提高。一方面,耕地到林地和灌丛的转变过程中产生了多种多样的根系分泌物,对根系周围的土壤养分起到了一定的淋溶作用,可进而被微生物吸收；另一方面,植被根系活动为土壤微生物提供了有利的栖息地，增强了土壤微生物的呼吸作用，以便微生物更好地生长(Zhang et al.，2016，2011)。此外，在植被恢复过程中，伴随着土壤有机质的增加，土壤养分增加，为微生物提供了大量的营养来源(主要是碳源)，促进了土壤微生物的生长。不同土地利用类型土壤微生物对土壤有机质的分解作用不同，造成土壤微生物群落在不同土地利用类型上的分布有所差别。由于植被恢复与土壤微生物群落变化时间并不一致，二者之间存在一定的时间差异(Yang et al.，2018; Zhang et al.，2016)。

植被恢复过程中，土壤微生物群落组成也发生了一定的变化。细菌群落中，4个典型小流域土壤 Proteobacteria(变形菌门)、Actinobacteria(放线菌门)、Acidobacteria(酸杆菌门)和 Chloroflexi(绿弯菌门)对微生物群落变化的贡献较大，说明不管区域差异和土地利用的差异变化，黄土高原主要的优势细菌群落为上述4种，4个典型小流域土壤细菌群落组成具有相似性。不同土地利用使不同微生物群落的相对丰度有所差别。Proteobacteria 主要集中在碳富集的区域，是营养富集型的菌门。草地和灌丛凋落物层较厚，地下有机质含量丰富，促进了 Proteobacteria 的富集。与之相反的是 Actinobacteria，主要集中在碳贫瘠的区域，是营养贫瘠型的菌门。耕地和人工草地地下有机质含量相对贫瘠，从而促进了 Actinobacteria 的富集。对于土壤真菌群落，Basidiomycota 和 Ascomycota 作为主要的真菌门，主要参与了植物残体的代谢和分解等过程，与植被类型有关，因此二者的相对丰度在不同土地利用类型上差异明显(Yang et al.，2018；Zhang et al.，2016)。总之，不同土地利用类型造成了土壤微生物群落特征存在一定的差异，反过来，土壤微生物群落特征的变化促进了养分的吸收和植被的生长，形成了互利共生的关系(Zhang et al.，2016)。回归分析结果表明(图4.9～图4.12)：土壤养分(除全磷含量)与微生物群落 Shannon-Wiener 指数均呈显著的线性相关($p<0.05$)。由此表明，植被恢复促进了土壤养分和微生物群落多样性的变化，土壤养分促进了土壤微生物群落的生长，因此二者在植被恢复过程中表现出同增同减的协同模式。大量的研究报道了土壤微生物群落的变化特征对植被恢复的响应，然而受到技术方法的限制，大部分的研究仍然停留在植被恢复过程中微生物群落结构特征方面，还没精确到微生物的功能群及功能基因水平。因此，黄土高原植被恢复后土壤微生物群落结构的变化仍是一个"黑匣子"，还处于探索阶段，其整个微生物学过程还需要深入发掘。

参 考 文 献

安韶山, 张扬, 郑粉莉, 2008. 黄土丘陵区土壤团聚体分形特征及其对植被恢复的响应[J]. 中国水土保持科学, 6(1): 66-70.

傅伯杰, 1991. 陕北黄土高原土地评价研究[J]. 水土保持学报, 5(1): 1-7.

马帅, 2011. 黄土高原次生林区植被恢复过程中土壤结构与土壤有机碳特征研究[D]. 杨凌: 中国科学院教育部水土保持与生态环境研究中心.

毛志宏, 朱教君, 2006. 干扰对植被群落物种组成及多样性的影响[J]. 生态学报, 26(8): 2695-2701.

彭少麟, 1996. 恢复生态学与植被重建[J]. 生态科学, 15(2): 26-31.

彭少麟, 2003. 热带亚热带恢复生态学研究与实践[M]. 北京: 科学出版社.

彭文英, 张科利, 陈瑶, 等, 2005. 黄土坡耕地退耕还林后土壤性质变化研究[J]. 自然资源学报, 20(2): 272-278.

赵世伟, 苏静, 杨永辉, 等, 2005. 宁南黄土丘陵区植被恢复对土壤团聚体稳定性的影响[J]. 水土保持研究, 12(3): 27-28.

AN S, MENTLER A, MAYER H, et al., 2010. Soil aggregation, aggregate stability, organic carbon and nitrogen in different soil aggregate fractions under forest and shrub vegetation on the Loess Plateau, China[J]. Catena, 81: 226-233.

AN S, ZHENG F, ZHANG F, et al., 2008. Soil quality degradation processes along a deforestation chronosequence in the Ziwuling area, China[J]. Catena, 75: 248-256.

CHENG M, XIANG Y, XUE Z, et al., 2015. Soil aggregation and intra-aggregate carbon fractions in relation to vegetation succession on the Loess Plateau, China[J]. Catena, 124: 77-84.

DENG L, WANG K, TANG Z, et al., 2016. Soil organic carbon dynamics following natural vegetation restoration: Evidence from stable carbon isotopes ($\delta^{13}C$)[J]. Agriculture, Ecosystems & Environment, 221: 235-244.

JIA X, SHAO M A, ZHU Y, et al., 2017. Soil moisture decline due to afforestation across the Loess Plateau, China[J]. Journal of Hydrology, 546: 113-122.

RUIZ-JAÉN M C, AIDE T M, 2005. Vegetation structure, species diversity, and ecosystem processes as measures of restoration success[J]. Forest Ecology and Management, 218: 159-173.

WALTERS W A, JIN Z, YOUNGBLUT N, et al., 2018. Large-scale replicated field study of maize rhizosphere identifies heritable microbes[J]. Proceedings of the National Academy of Sciences of the United States of America, 115: 7368-7373.

YANG Y, DOU Y, AN S, 2018. Abiotic and biotic factors modulate plant biomass and root/shoot (r/s) ratios in grassland on the Loess Plateau, China[J]. Science of the Total Environment, 636: 621-631.

YANG Y, DOU Y, LIU D, et al., 2017. Spatial pattern and heterogeneity of soil moisture along a transect in a small catchment on the Loess Plateau[J]. Journal of Hydrology, 550: 466-477.

YUAN Z Q, YU K L, EPSTEIN H, et al., 2016. Effects of legume species introduction on vegetation and soil nutrient development on abandoned croplands in a semi-arid environment on the Loess Plateau, China[J]. Science of the Total Environment, 541: 692-700.

ZHANG C, LIU G, XUE S, et al., 2016. Soil bacterial community dynamics reflect changes in plant community and soil properties during the secondary succession of abandoned farmland in the Loess Plateau[J]. Soil Biology and Biochemistry, 97: 40-49.

ZHANG C, XUE S, LIU G B, et al., 2011. A comparison of soil qualities of different revegetation types in the Loess Plateau, China[J]. Plant and Soil, 347: 163-178.

ZUO X, ZHAO X, ZHAO H, et al., 2009. Spatial heterogeneity of soil properties and vegetation-soil relationships following vegetation restoration of mobile dunes in Horqin Sandy Land, Northern China[J]. Plant and Soil, 318: 153-167.

第5章 土壤有机碳稳定性特征

土壤团聚体是由砂粒、粉粒、黏粒在各种有机、无机胶结剂作用下黏结而成的基本土壤结构单元(Tisdall et al., 1982)，其稳定性显著影响土壤结构与功能。20世纪下半叶，土壤团聚体的形成机制研究得到了突破性进展，学者相继提出了Emerson土壤团粒结构模型(Emerson et al., 1990)、微团聚体形成模型(Edwards et al., 1967)、团聚体等级模型(Oades et al., 1991)。土壤团聚体根据其粒径大小可以分为大团聚体(粒径≥0.25mm)和小团聚体(粒径<0.25mm)，也可根据其抗外力作用分为稳定性团聚体和非稳性团聚体，其中水稳性团聚体是较受关注的一类稳定性团聚体(Udom et al., 2016；Xiang et al., 2015；Utomo et al., 1982)。植被恢复能够对土壤结构和性质产生影响，不同的植被恢复措施对土壤结构的影响不同，尤其是土壤团聚体稳定性(程曼等，2013)。

植被恢复可以显著增加土壤碳库的碳含量(Yang et al., 2014；Wang et al., 2010)，且从碳组分水平进一步分析可知，植被恢复中变化较快的氧化活性有机碳与轻组有机碳可作为土壤碳库变化的指示物，闭蓄态的小团聚体有机碳、惰性矿物颗粒结合碳和重组碳稳定性较高，可长期固存于土壤中(Humberto et al., 2006)。这为研究植被恢复下土壤有机碳的固存形式、过程及稳定机制提供了有效的科学手段(佟小刚等，2012)。土壤有机质具有高度异质性，单纯研究土壤活性有机碳或者惰性有机碳的单一表征指标并不能准确地反映土壤有机碳各分库在不同条件下的碳含量变化状况。因此，Parton等(1987)根据有机碳周转时间的不同，提出将有机碳库划分为活性碳库(active carbon，C_a)(0.1~4.5a)、缓效性碳库(slow carbon，C_s)(5~50a)和惰性碳库(passive carbon，C_p)(50~3000a)，这使了解土壤碳循环机制和碳库动态变化迈出了重要的一步。

5.1 不同小流域土壤水稳性团聚体粒径分布特征

5.1.1 坊塌流域土壤水稳性团聚体粒径分布特征

0~20cm土层，各植被恢复措施与撂荒地相比，除自然草地中的猪毛蒿(NG5)外，其他土壤大团聚体占比均大于撂荒地(CK)，土壤小团聚体占比则小于撂荒地。不同植被恢复措施之间，人工灌丛(AS，柠条林)土壤大团聚体占比最大，自然草地中的铁杆蒿沟(NG1)次之，猪毛蒿(NG5)占比最小；NG5 的小团聚体占比最大，AS 最小。人工乔木林(AF，刺槐林)大团聚体和小团聚体占比与自然灌丛(NS，白刺花)相近。人工灌丛的土壤大团聚体占比显著大于自然灌丛。自然草地中，铁杆蒿(NG1、NG2、NG3)的土壤大团聚体占比均大于其他 2 种草地类型(NG4、NG5)(图 5.1)。

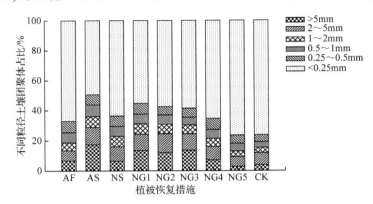

图 5.1　坊塌流域 0～20cm 土层土壤团聚体粒径分布特征

20～40cm 土层，人工林地、人工灌丛、自然灌丛及自然草地土壤大团聚体占比均大于撂荒地，小团聚体占比则小于撂荒地。不同植被恢复措施下，人工灌丛(AS)土壤大团聚体占比显著大于其他 3 种植被恢复措施(人工林地、自然灌丛、自然草地)，小团聚体占比呈现相反的趋势；人工林地(AF)土壤大团聚体占比小于其他 3 种植被恢复措施，小团聚体占比则大于其他 3 种植被恢复措施。与自然灌丛相比，人工灌丛土壤大团聚体占比更大。自然草地各植被恢复措施下，铁杆蒿系列(NG1、NG2、NG3)土壤大团聚体占比大于长芒草(NG4)和猪毛蒿(NG5)，尤其是 40a 铁杆蒿草地(NG3)的土壤大团聚体占比，NG5 的土壤大团聚体占比最小(图 5.2)。

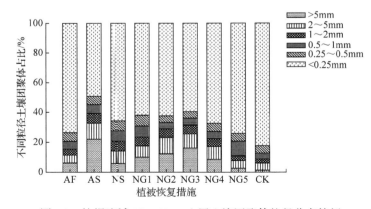

图 5.2　坊塌流域 20～40cm 土层土壤团聚体粒径分布特征

5.1.2 纸坊沟流域土壤水稳性团聚体粒径分布特征

0~20cm 土层，各植被恢复措施下土壤团聚体粒径分布特征如图 5.3 所示。整体上，土壤小团聚体占比最大。各植被恢复措施下土壤大团聚体占比均大于撂荒地，小团聚体占比均小于撂荒地。乔木林地中，混交林(AMF)的土壤大团聚体占比最大，人工纯林(AF)次之，经济林(EF)最小。与人工灌丛(AS)相比，自然灌丛(NS)土壤大团聚体占比更大，粒径>5mm 团聚体占比最为突出。草地植被恢复措施下，人工草地(AG)土壤大团聚体占比大于自然草地(NG)。

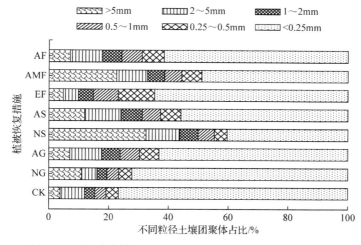

图 5.3 纸坊沟流域 0~20cm 土层土壤团聚体粒径分布特征

纸坊沟流域 20~40cm 土层土壤团聚体粒径分布特征如图 5.4 所示。整体上，

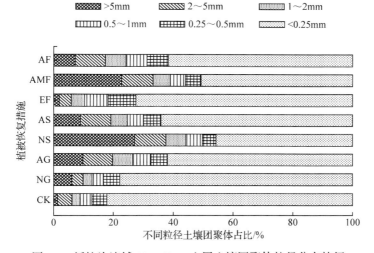

图 5.4 纸坊沟流域 20~40cm 土层土壤团聚体粒径分布特征

与撂荒地相比，土壤大团聚体占比和小团聚体占比与0~20cm土层的规律一致。不同植被恢复措施下，自然灌丛(NS)土壤大团聚体占比最大，人工混交林(AMF)次之，自然草地(NG)最小，小团聚体占比则呈现相反的趋势。人工林地中，土壤大团聚体占比大小顺序为混交林(AMF)>人工纯林(AF)>经济林(EF)；自然灌丛(NS)土壤大团聚体占比大于人工灌丛(AS)；人工草地(AG)土壤大团聚体占比大于自然草地(NG)。

5.1.3 董庄沟流域土壤水稳性团聚体粒径分布特征

董庄沟流域0~20cm和20~40cm土层土壤团聚体粒径分布特征如图5.5所示。由图5.5可知，自然恢复下的董庄沟流域，0~20cm土层除塬面(YM)外，其他植被类型的土壤大团聚体占比均大于撂荒地(CK)，尤其是粒径>5mm的大团聚体，土壤小团聚体占比均小于撂荒地。不同植被类型间，长芒草(CMC)的土壤大团聚体占比最大，铁杆蒿(TGH)次之，塬面最小；土壤小团聚体占比与之相反。粒径>5mm的土壤大团聚体占比铁杆蒿最大，三穗薹草(TC)次之，塬面(YM)最小。粒径为2~5mm的土壤大团聚体也存在类似的规律。20~40cm土层，不同植被类型的土壤大团聚体占比均大于撂荒地，土壤小团聚体占比均小于撂荒地。不同植被类型之间，铁杆蒿(TGH)的土壤大团聚体占比最大，长芒草(CMC)次之，塬面(YM)最小；粒径>5mm的土壤大团聚体占比依然是TGH最大，YM最小。

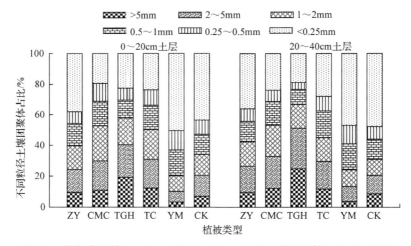

图5.5 董庄沟流域0~20cm和20~40cm土层土壤团聚体粒径分布特征

5.1.4 杨家沟流域土壤水稳性团聚体粒径分布特征

杨家沟流域0~20cm和20~40cm土层土壤团聚体粒径分布特征如图5.6所示。由图5.6可知，人工恢复下的杨家沟流域0~20cm和20~40cm土层，土壤大团聚体占比和小团聚体占比差异不大。0~20cm 土层,各植被类型的土壤大团聚体占比均大于撂荒地(CK),土壤小团聚体占比则相反。不同植被类型之间,刺槐(CH)土壤大团聚体占比最大,油松(YS)次之,塬面(YM)最小。粒径>5mm 的土壤大团聚体占比油松最大,刺槐次之,塬面最小。20~40cm 土层,不同植被类型的土壤大团聚体占比变化规律与 0~20cm 土层类似。

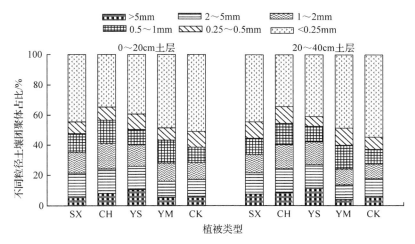

图 5.6 杨家沟流域 0~20cm 和 20~40cm 土层土壤团聚体粒径分布特征

5.2 不同小流域的土壤团聚体稳定性特征

5.2.1 坊塌流域土壤团聚体稳定性特征

农业种植为主恢复的坊塌流域,各植被恢复措施下 0~20cm 土层土壤团聚体平均重量直径(MWD)均大于 20~40cm 土层。0~20cm 土层,除 25a 铁杆蒿(NG2)外,其他植被恢复措施的 MWD 均大于撂荒地(CK);20~40cm 土层,各植被恢复措施的 MWD 均大于撂荒地。这表明农业种植为主恢复下,整体上各植被恢复措施的土壤团聚体稳定性在表层和下层土壤均大于撂荒地。不同植被恢复措施之间,人工灌丛(AS)0~20cm 和 20~40cm 土层的 MWD 均最大,自然草地(NG2,25a 铁杆蒿)最小,这说明乔木、灌丛、草地三类植被恢复措施下,人工灌丛土壤表层和下层土壤团聚体的稳定性最高,25a 铁杆蒿自然草地最低。与自然灌丛(NS)相比,人工灌丛(AS)的 MWD 在 0~20cm 和 20~40cm 土层均较大,表明人工灌丛的土壤团聚体稳定性较高(图 5.7)。

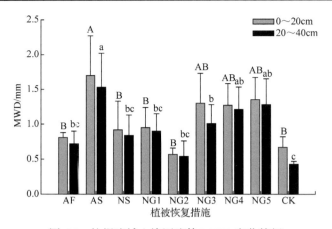

图 5.7 坊塌流域土壤团聚体 MWD 变化特征

不同大写字母和小写字母分别表示 0~20cm 和 20~40cm 土层 MWD 之间的差异性显著($p<0.05$)，后同

5.2.2 纸坊沟流域土壤团聚体稳定性特征

纸坊沟流域土壤团聚体 MWD 变化特征如图 5.8 所示。由图 5.8 可知，植被恢复为主的纸坊沟流域，各植被恢复措施 0~20cm 和 20~40cm 土层的 MWD 均大于撂荒地，这表明各植被恢复措施的土壤表层和下层团聚体稳定性均高于撂荒地。不同植被恢复措施下，自然灌丛(NS)的 MWD 在 2 个土层均为最大，人工混交林(AMF)次之，经济林(EF)最小，说明自然灌丛的土壤团聚体稳定性最高，人工混交林次之，经济林最低。乔木林地中，人工混交林(AMF)的 MWD 显著大于人工纯林(AF)和经济林(EF)($p<0.05$)，表明人工混交林的土壤团聚体稳定性显著高于人工纯林、经济林。自然灌丛(NS)的 MWD 显著大于人工灌丛(AS)($p<0.05$)，说明自然灌丛表层和下层土壤团聚体的稳定性显著高于人工灌丛，这与农业种植为主恢复的趋势相反。与人工草地(AG)的 MWD 相比，自然草地(NG)的 MWD 更大，说明自然草地的土壤团聚体稳定性高于人工草地。

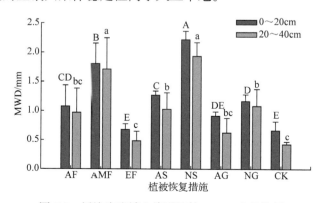

图 5.8 纸坊沟流域土壤团聚体 MWD 变化特征

5.2.3 董庄沟流域土壤团聚体稳定性特征

自然恢复下的董庄沟流域，0~20cm 和 20~40cm 土层各植被恢复措施下，除塬面(YM)外，土壤团聚体 MWD 均显著大于撂荒地(CK)($p<0.05$)。不同植被恢复措施下，0~20cm 和 20~40cm 土层铁杆蒿(TGH)的 MWD 最大，长芒草(CMC)次之，塬面(YM)最小，表明铁杆蒿的土壤团聚体稳定性在土壤表层和下层均最高，长芒草次之，塬面最低(图 5.9)。

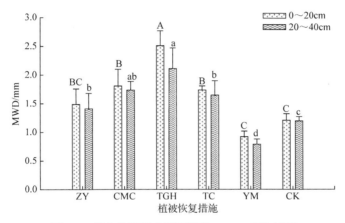

图 5.9　董庄沟流域土壤团聚体 MWD 变化特征

5.2.4 杨家沟流域土壤团聚体稳定性特征

人工恢复下的杨家沟流域土壤团聚体 MWD 变化特征如图 5.10 所示。0~20cm 和 20~40cm 土层除塬面(YM)外，各植被恢复措施下的 MWD 均大于撂荒

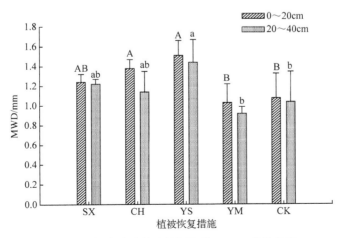

图 5.10　杨家沟流域土壤团聚体 MWD 变化特征

地(CK)，表明经过人工种植植被恢复，土壤表层和下层的团聚体稳定性均有所提高。不同植被恢复措施之间，0~20cm 和 20~40cm 土层油松(YS)的 MWD 最大，刺槐(CH)次之，塬面(YM)最小，这说明人工恢复下，油松土壤团聚体稳定性的改善效果最为明显，刺槐次之，塬面最差。

5.3 不同小流域的土壤可蚀性

5.3.1 坊塌流域土壤可蚀性

农业种植为主恢复的坊塌流域，0~20cm 土层除人工林地、自然灌丛、自然草地(铁杆蒿沟、25a 铁杆蒿)外，其他恢复措施的 K 值均小于对照，这表明人工林地、自然灌丛和自然草地(铁杆蒿沟、25a 铁杆蒿)的土壤可蚀性高于对照，人工灌丛、40a 铁杆蒿、长芒草和猪毛蒿的土壤可蚀性均低于对照。不同植被恢复措施之间，猪毛蒿土壤的 K 值最小，25a 铁杆蒿的 K 值最大，说明猪毛蒿土壤的可蚀性最低，25a 铁杆蒿土壤的可蚀性最高。20~40cm 土层，除其他恢复措施下的 K 值均小于对照，这表明除 25a 铁杆蒿外，其他恢复措施的土壤可蚀性均低于对照。不同植被恢复措施之间，长芒草土壤的 K 值最小，25a 铁杆蒿土壤的 K 值最大，说明长芒草土壤的可蚀性最低，25a 铁杆蒿土壤的可蚀性最高(表 5.1)。

表 5.1 坊塌流域土壤可蚀性变化特征

植被恢复措施	0~20cm 土层的 K 值	20~40cm 土层的 K 值
人工林地	0.0262±0.002AB	0.0260±0.005ab
人工灌丛	0.0212±0.004B	0.0198±0.004b
自然灌丛	0.0254±0.003AB	0.0260±0.004ab
自然草地 1(铁杆蒿沟)	0.0248±0.003AB	0.0221±0.002b
自然草地 2(25a 铁杆蒿)	0.0278±0.003A	0.0329±0.007a
自然草地 3(40a 铁杆蒿)	0.0220±0.003B	0.0247±0.006b
自然草地 4(长芒草)	0.0206±0.001B	0.0197±0.001b
自然草地 5(猪毛蒿)	0.0204±0.001B	0.0201±0.004b
对照	0.0241±0.004AB	0.0305±0.003ab

注：不同大写字母表示 0~20cm 土层不同植被类型下土壤可蚀性差异显著($p<0.05$)；不同小写字母表示 20~40cm 土层不同植被类型下土壤可蚀性差异显著($p<0.05$)；K 值表示土壤可蚀性。

5.3.2 纸坊沟流域土壤可蚀性

植被恢复为主的纸坊沟流域,各植被恢复措施下土壤可蚀性特征如表 5.2 所示。0~20cm 土层与对照相比,人工混交林、人工灌丛、自然灌丛和人工草地的 K 值小于对照,说明人工混交林、人工灌丛、自然灌丛和人工草地的土壤可蚀性低于撂荒地。人工林地中,经济林的 K 值最大,人工纯林次之,人工混交林的 K 值最小,这说明人工林地中经济林的土壤可蚀性最高,人工纯林次之,人工混交林最低。人工灌丛的 K 值大于自然灌丛,表明自然灌丛的土壤可蚀性低于人工灌丛。20~40cm 土层,除经济林的 K 值外,其他植被恢复措施的 K 值均小于对照,这说明除经济林外,其他植被恢复措施的土壤可蚀性均低于撂荒地。

表 5.2 纸坊沟流域土壤可蚀性变化特征

植被恢复措施	0~20cm 土层的 K 值	20~40cm 土层的 K 值
人工纯林	0.0241±0.002BC	0.0252±0.005bc
人工混交林	0.0195±0.003C	0.0190±0.003c
经济林	0.0345±0.006A	0.0384±0.004a
人工灌丛	0.0212±0.001BC	0.0225±0.004c
自然灌丛	0.0173±0.000C	0.0178±0.000c
人工草地	0.0205±0.001BC	0.0271±0.007bc
自然草地	0.0235±0.002BC	0.0223±0.004c
对照	0.0218±0.006BC	0.0305±0.003b

5.3.3 董庄沟流域土壤可蚀性

自然恢复下的董庄沟流域,0~20cm 土层除塬面外,其他植被恢复措施的 K 值均小于对照,表明除塬面外,其他植被恢复措施的土壤可蚀性均低于撂荒地。不同植被恢复措施之间,塬面的 K 值最大,长芒草的次之,铁杆蒿的最小,这说明塬面的土壤可蚀性最高,长芒草次之,铁杆蒿最低。20~40cm 土层,与对照相比,整体上土壤可蚀性变化规律与 0~20cm 土层类似。不同植被恢复措施下,土壤可蚀性顺序为塬面>三穗薹草>铁杆蒿(表 5.3)。

表 5.3 董庄沟流域土壤可蚀性变化特征

植被恢复措施	0~20cm 土层的 K 值	20~40cm 土层的 K 值
中华隐子草	0.0246±0.002B	0.0239±0.002b
长芒草	0.0251±0.003B	0.0229±0.002bc

续表

植被恢复措施	0~20cm 土层的 K 值	20~40cm 土层的 K 值
铁杆蒿	0.0213±0.004B	0.0187±0.001c
三穗薹草	0.0240±0.000B	0.0245±0.003b
塬面	0.0351±0.007A	0.0323±0.004a
对照	0.0262±0.003B	0.0252±0.003b

5.3.4 杨家沟流域土壤可蚀性

人工恢复下的杨家沟流域，0~20cm 土层与对照相比，各植被恢复措施的 K 值均小于对照，说明各植被恢复措施下的土壤可蚀性均低于撂荒地。不同植被恢复措施之间 K 值的差异性不显著，表明不同植被恢复措施之间的土壤可蚀性并无差异性。20~40cm 土层，除塬面外，其他植被恢复措施的 K 值均小于对照，各植被恢复措施之间土壤可蚀性差异不显著(表 5.4)。

表 5.4 杨家沟流域土壤可蚀性变化特征

植被恢复措施	0~20cm 土层的 K 值	20~40cm 土层的 K 值
山杏	0.1693±0.008A	0.1755±0.017a
刺槐	0.1678±0.003A	0.1723±0.006a
油松	0.1660±0.020A	0.1530±0.000a
塬面	0.1970±0.028A	0.2399±0.039a
对照	0.2016±0.047A	0.1796±0.023b

5.4 不同小流域土壤团聚体性质与基本理化性质的关系

5.4.1 坊塌流域土壤团聚体性质与基本理化性质的关系

由表 5.5 可知，农业种植为主恢复的坊塌流域，土壤含水量与土壤大团聚体占比呈负相关关系，与土壤小团聚体占比呈正相关关系，与 MWD 呈负相关关系，与 K 值呈正相关关系。土壤容重与粒径为 1~2mm、0.5~1mm、0.25~0.5mm 的土壤团聚体占比呈负相关关系，与粒径>5mm 和 2~5mm 的土壤团聚体占比、MWD、K 值呈正相关关系。土壤 pH 与各粒径土壤团聚体占比、MWD、K 值呈负相关关系。土壤有机碳含量与土壤大团聚体占比呈正相关关系，尤其是粒径>1mm 的大团聚体占比，均达到显著正相关水平($p<0.05$)，与 MWD 呈显著正相关关系($p<0.05$)。土壤全氮含量与土壤大团聚体占比呈正相关关系，尤其是粒径>5mm 的土壤大团聚体占比，达到显著正相关水平($p<0.05$)，与 MWD 呈正相关关系，与 K 值呈负相关关系。

表 5.5 坊塌流域土壤可蚀性、团聚体稳定性和不同粒径团聚体占比与土壤理化性质的相关关系

项目	土壤含水量	土壤容重	土壤 pH	土壤有机碳含量	土壤全氮含量	土壤全磷含量
$W_{>5mm}$	−0.078	0.124	−0.221	0.463*	0.481*	0.221
$W_{2\sim5mm}$	0.040	0.060	−0.383*	0.413*	0.188	0.018
$W_{1\sim2mm}$	−0.180	−0.232	−0.380	0.462*	0.301	−0.007
$W_{0.5\sim1mm}$	−0.295	−0.329	−0.194	0.114	0.194	0.078
$W_{0.25\sim0.5mm}$	−0.260	−0.238	−0.202	0.285	0.175	0.241
$W_{<0.25mm}$	0.131	0.017	0.328	−0.489**	−0.420*	−0.170
MWD	−0.158	0.161	−0.232	0.524**	0.421	0.199
K 值	0.047	0.120	−0.185	0.000	−0.054	−0.158

注：*和**分别表示 0.05 和 0.01 水平的相关性；$W_{>5mm}$ 表示粒径大于 5mm 的土壤团聚体占比；$W_{2\sim5mm}$ 表示粒径为 2～5mm 的土壤团聚体占比；$W_{1\sim2mm}$ 表示粒径为 1～2mm 的土壤团聚体占比；$W_{0.5\sim1mm}$ 表示粒径为 0.5～1mm 的土壤团聚体占比；$W_{0.25\sim0.5mm}$ 表示粒径为 0.25～0.5mm 的土壤团聚体占比；$W_{<0.25mm}$ 表示粒径小于 0.25mm 的土壤团聚体占比；MWD 表示平均重量直径；K 值表示土壤可蚀性。后同。

5.4.2 纸坊沟流域土壤团聚体性质与基本理化性质的关系

植被恢复为主的纸坊沟流域，土壤含水量与粒径>5mm 的土壤大团聚体占比呈显著负相关关系($p<0.05$)，与粒径为 2～5mm 的土壤大团聚体占比呈极显著负相关关系($p<0.01$)，与粒径为 0.5～1mm 的土壤大团聚体占比呈显著正相关关系($p<0.05$)，与 MWD 呈显著的负相关关系($p<0.05$)，与 K 值呈极显著正相关关系($p<0.01$)。土壤容重与粒径为 2～5mm 的土壤大团聚体占比呈显著负相关关系($p<0.05$)。土壤有机碳含量与粒径>0.5mm 的土壤大团聚体占比呈显著正相关关系($p<0.05$)，与土壤小团聚体占比呈极显著负相关关系($p<0.01$)，与 MWD 呈显著正相关关系($p<0.05$)。土壤全氮含量与粒径>1mm 的土壤大团聚体占比呈现显著($p<0.05$)或极显著($p<0.01$)正相关关系，与小团聚体占比呈极显著负相关关系($p<0.01$)，与 MWD 呈显著正相关关系($p<0.05$)(表 5.6)。

表 5.6 纸坊沟流域土壤可蚀性、团聚体稳定性和不同粒径团聚体占比与土壤理化性质的相关关系

项目	土壤含水量	土壤容重	土壤 pH	土壤有机碳含量	土壤全氮含量	土壤全磷含量
$W_{>5mm}$	−0.416*	−0.129	0.213	0.409*	0.433*	−0.105
$W_{2\sim5mm}$	−0.597**	−0.398*	0.257	0.480*	0.496**	−0.331
$W_{1\sim2mm}$	−0.190	−0.255	0.353	0.633**	0.549**	−0.176
$W_{0.5\sim1mm}$	0.384*	0.027	0.202	0.387*	0.327	0.056

续表

项目	土壤含水量	土壤容重	土壤pH	土壤有机碳含量	土壤全氮含量	土壤全磷含量
$W_{0.25\sim0.5mm}$	0.596**	0.117	−0.068	0.206	0.112	0.207
$W_{<0.25mm}$	0.296	0.207	−0.309	−0.664**	−0.642**	0.133
MWD	−0.425*	−0.284	0.220	0.457*	0.480*	−0.071
K值	0.505**	0.348	−0.101	−0.010	−0.133	0.259

5.4.3 董庄沟流域土壤团聚体性质与基本理化性质的关系

自然恢复下的董庄沟流域，土壤容重与粒径为 0.25~0.5mm 的土壤大团聚体占比呈显著负相关关系($p<0.05$)。土壤有机碳含量与粒径为 1~5mm 的土壤大团聚体占比呈显著正相关关系($p<0.05$)，与土壤小团聚体占比呈显著负相关关系($p<0.05$)。土壤全氮含量与粒径为 1~2mm 的土壤大团聚体占比呈显著正相关关系($p<0.05$)，与土壤小团聚体占比呈显著负相关关系($p<0.05$)。土壤全磷含量与粒径为 1~5mm 的土壤大团聚体占比呈显著负相关关系($p<0.05$)，与 K 值呈极显著正相关关系($p<0.01$)(表 5.7)。

表 5.7 董庄沟流域土壤可蚀性、团聚体稳定性和不同粒径团聚体占比与土壤理化性质的相关关系

项目	土壤含水量	土壤容重	土壤pH	土壤有机碳含量	土壤全氮含量	土壤全磷含量
$W_{>5mm}$	0.118	0.333	0.337	0.387	0.441	−0.429
$W_{2\sim5mm}$	0.148	0.198	0.437	0.502*	0.448	−0.561*
$W_{1\sim2mm}$	0.202	−0.104	0.406	0.588*	0.501*	−0.482*
$W_{0.5\sim1mm}$	0.279	−0.278	−0.131	−0.086	0.069	0.235
$W_{0.25\sim0.5mm}$	0.010	−0.430*	−0.305	0.011	−0.031	0.264
$W_{<0.25mm}$	−0.247	0.036	−0.339	−0.572*	−0.559*	0.451
MWD	0.070	0.215	0.329	0.449	0.54	−0.430
K值	−0.032	−0.318	−0.539*	−0.351	−0.332	0.660**

5.4.4 杨家沟流域土壤团聚体性质与基本理化性质的关系

人工恢复下的杨家沟流域，土壤含水量与粒径为 0.5~2mm 的土壤大团聚体占比呈显著正相关关系($p<0.05$)，与土壤小团聚体占比呈显著负相关关系($p<0.05$)。土壤 pH 与土壤小团聚体占比呈极显著正相关关系($p<0.01$)，与 MWD 呈显著负相

关关系($p<0.05$)。土壤有机碳含量与粒径为 1~5mm 的土壤大团聚体占比呈极显著正相关关系($p<0.01$)，与土壤小团聚体占比呈极显著负相关关系($p<0.01$)，与 WMD 呈极显著正相关关系($p<0.01$)。土壤全氮含量与粒径为 2~5mm 的土壤大团聚体占比呈显著正相关关系($p<0.05$)，与土壤小团聚体占比呈显著负相关关系($p<0.05$)，与 WMD 呈极显著正相关关系($p<0.01$)。土壤全磷含量与粒径为 0.5~1mm 的土壤大团聚体占比呈显著正相关关系($p<0.05$)(表 5.8)。

表 5.8 杨家沟流域土壤可蚀性、团聚体稳定性和不同粒径团聚体占比与土壤理化性质的相关关系

项目	土壤含水量	土壤容重	土壤 pH	土壤有机碳含量	土壤全氮含量	土壤全磷含量
$W_{>5mm}$	0.266	0.141	−0.418	0.497	0.506	−0.071
$W_{2~5mm}$	0.265	−0.070	−0.216	0.679**	0.588*	−0.137
$W_{1~2mm}$	0.521*	−0.398	−0.433	0.695**	0.373	0.089
$W_{0.5~1mm}$	0.604*	−0.221	−0.473	0.243	0.097	0.638*
$W_{0.25~0.5mm}$	−0.271	0.388	−0.045	−0.214	−0.183	−0.175
$W_{<0.25mm}$	−0.599*	0.109	0.652**	−0.813**	−0.581*	−0.158
MWD	0.353	−0.180	−0.548*	0.838**	0.752**	−0.128
K 值	−0.168	−0.052	−0.460	−0.208	−0.315	−0.411

5.5 土壤各碳库碳含量变化特征

5.5.1 坊塌流域土壤各碳库碳含量的变化特征

农业种植为主恢复的坊塌流域，土壤活性碳、缓效性碳和惰性碳含量及比例如表 5.9 所示。不同植被恢复措施下，0~20cm 土层的土壤活性碳、缓效性碳和惰性碳含量均高于 20~40cm 土层；人工灌丛(AS)的活性碳、缓效性碳和惰性碳含量均高于对照。0~20cm 和 20~40cm 土层各植被恢复措施的活性碳含量分别为 0.056~0.124g·kg^{-1} 和 0.034~0.061g·kg^{-1}，缓效性碳含量分别为 0.56~4.09g·kg^{-1} 和 0.49~2.72g·kg^{-1}，惰性碳含量分别为 1.77~3.97g·kg^{-1} 和 1.47~2.81g·kg^{-1}。0~20cm 和 20~40cm 土层各植被恢复措施的活性碳比例分别为 1.08%~2.11% 和 1.19%~1.58%，缓效性碳比例分别为 17.67%~68.71% 和 17.46%~63.90%，惰性碳比例分别为 29.77%~80.56% 和 34.69%~81.35%。由此可见，活性碳比例较低，且变化范围较小，缓效性碳比例与惰性碳比例变化范围较大。

表5.9 坊塌流域土壤各碳库的碳含量及比例

植被恢复措施	土层深度/cm	活性碳含量/(g·kg⁻¹)	活性碳比例(Cₐ/SOC)/%	缓效性碳含量/(g·kg⁻¹)	缓效性碳比例(Cₛ/SOC)/%	惰性碳含量/(g·kg⁻¹)	惰性碳比例(Cₚ/SOC)/%
AF	0~20	0.080±0.012B	1.86±0.23A	1.10±0.09D	25.54±1.12B	3.11±0.45B	72.60±6.89B
AS	0~20	0.096±0.004E	1.56±0.14B	3.09±0.04B	50.20±4.68B	3.97±0.30A	64.47±7.01C
NS	0~20	0.058±0.001D	1.08±0.10C	2.29±0.02C	42.60±3.90B	3.02±0.21B	56.31±5.49D
NG1	0~20	0.090±0.005E	1.52±0.21B	4.09±0.19A	68.71±6.09A	1.77±0.29D	29.77±5.78F
NG2	0~20	0.124±0.005A	2.11±0.19A	2.50±0.21C	42.69±3.21C	3.23±0.21B	55.20±4.33D
NG3	0~20	0.083±0.017B	1.56±0.17B	2.77±0.03B	52.38±3.56B	2.44±0.16C	46.06±3.39E
NG4	0~20	0.078±0.002C	1.36±0.04C	2.38±0.14C	41.55±4.01C	3.27±0.34B	57.10±2.99D
NG5	0~20	0.056±0.007D	1.77±0.15B	0.56±0.08E	17.67±2.31E	2.55±0.48C	80.56±5.01A
CK	0~20	0.078±0.001C	1.96±0.01A	0.65±0.04D	16.22±2.66E	3.26±0.27B	81.56±4.59A
AF	20~40	0.043±0.005b	1.57±0.12a	0.53±0.12e	19.55±3.41e	2.14±0.15b	78.88±6.28c
AS	20~40	0.058±0.014a	1.35±0.03a	1.98±0.03b	45.96±2.99b	2.27±0.22b	52.69±3.45e
NS	20~40	0.040±0.009b	1.19±0.14b	0.76±0.07d	22.71±1.87d	2.53±0.19a	76.10±4.19c
NG1	20~40	0.060±0.011a	1.41±0.07b	2.72±0.11a	63.90±5.04a	1.47±0.26c	34.69±7.02f
NG2	20~40	0.061±0.003a	1.58±0.03a	1.54±0.18c	39.61±3.19c	2.29±0.11b	58.81±5.26d
NG3	20~40	0.039±0.001b	1.35±0.05a	1.01±0.05d	34.77±4.38c	1.86±0.27c	63.88±4.33d
NG4	20~40	0.044±0.004b	1.21±0.26b	0.76±0.31d	20.95±2.59e	2.81±0.18a	77.84±5.35c
NG5	20~40	0.034±0.015c	1.19±0.18b	0.49±0.17e	17.46±3.67e	2.30±0.19b	81.35±6.10b
CK	20~40	0.038±0.017c	1.37±0.04a	0.28±0.02e	10.01±2.10e	2.45±0.16a	88.62±8.34a

5.5.2 纸坊沟流域土壤各碳库碳含量的变化特征

植被为主恢复的纸坊沟流域，0~20cm和20~40cm土层，各植被恢复措施的活性碳含量分别为0.044~0.125g·kg⁻¹和0.036~0.085g·kg⁻¹，缓效性碳含量分别为2.01~6.41g·kg⁻¹和1.21~4.30g·kg⁻¹，惰性碳含量分别为1.57~3.16g·kg⁻¹和0.84~2.66g·kg⁻¹。0~20cm和20~40cm土层，各植被恢复措施的活性碳比例分别为0.75%~1.87%和0.82%~2.48%，缓效性碳比例分别为39.98%~73.65%和35.55%~80.26%，惰性碳比例分别为24.91%~58.15%和18.46%~61.98%。0~20cm土层，不同恢复措施之间，自然灌丛(NS)的活性碳含量和缓效性碳含量最高，经济林(EF)的惰性碳含量最高；20~40cm土层，不同恢复措施之间，自然灌丛(NS)的活性碳含量和缓效性碳含量最高，人工林(AF)的惰性碳含量最高(表5.10)。

表 5.10 纸坊沟流域土壤各碳库的碳含量及比例

植被恢复措施	土层深度/cm	活性碳含量/(g·kg^{-1})	活性碳比例(C_a/SOC)/%	缓效性碳含量/(g·kg^{-1})	缓效性碳比例(C_s/SOC)/%	惰性碳含量/(g·kg^{-1})	惰性碳比例(C_p/SOC)/%
AF	0~20	0.092±0.002B	1.58±0.10AB	3.05±0.38E	49.96±4.29C	2.95±0.20A	48.45±4.26B
AMF	0~20	0.044±0.008AB	0.75±0.14C	4.21±0.44D	72.22±3.20A	1.57±0.11C	27.03±3.09D
EF	0~20	0.056±0.005C	0.83±0.09C	3.60±0.54E	52.60±3.54C	3.16±0.12A	46.58±3.46B
AS	0~20	0.111±0.029AB	1.32±0.36BC	5.30±0.20CF	62.48±3.57B	3.03±0.38A	35.48±3.79C
NS	0~20	0.125±0.023A	1.45±0.30B	6.41±0.26A	73.65±1.36A	2.17±0.11B	24.91±1.16D
AG	0~20	0.094±0.002B	1.87±0.12A	2.01±0.10B	39.98±2.63E	2.93±0.23A	58.15±2.70A
NG	0~20	0.074±0.018BC	0.98±0.19C	5.47±0.09F	72.91±2.73A	1.97±0.29B	26.11±2.55D
CK	0~20	0.055±0.007C	1.31±0.19BC	1.94±0.23G	46.30±4.81D	2.20±0.21B	52.40±4.94AB
AF	20~40	0.079±0.021ab	1.82±0.51ab	1.64±0.77c	36.50±12.19c	2.66±0.26a	61.67±11.86a
AMF	20~40	0.054±0.007b	1.40±0.07b	2.74±0.34bc	71.26±3.79ab	1.05±0.15c	27.34±3.86c
EF	20~40	0.036±0.012b	0.82±0.19b	2.37±0.52bc	54.25±4.65b	1.95±0.32b	44.93±4.84b
AS	20~40	0.057±0.009b	1.13±0.27b	3.19±0.28b	62.00±0.83b	1.90±0.19b	36.87±0.96bc
NS	20~40	0.085±0.005a	1.48±0.12b	4.30±0.92a	74.42±8.43ab	1.35±0.31c	24.10±8.31c
AG	20~40	0.079±0.035ab	2.48±1.31a	1.21±0.66c	35.55±16.47c	2.01±0.31b	61.98±15.19a
NG	20~40	0.058±0.008ab	1.27±0.04b	3.66±0.17ab	80.26±2.10a	0.84±0.08d	18.46±1.01c
CK	20~40	0.038±0.005b	1.15±0.23b	1.83±0.28c	55.85±3.39b	1.41±0.04c	44.55±11.27b

5.5.3 董庄沟流域土壤各碳库碳含量的变化特征

自然恢复下的董庄沟流域，0~20cm 和 20~40cm 土层各植被恢复措施的活性碳含量分别为 0.076~0.706g·kg^{-1} 和 0.053~0.110g·kg^{-1}，缓效性碳含量分别为 1.24~5.33g·kg^{-1} 和 1.15~2.62g·kg^{-1}，惰性碳含量分别为 2.43~9.16g·kg^{-1} 和 1.36~6.69g·kg^{-1}。0~20cm 和 20~40cm 土层各植被恢复措施的活性碳比例分别为 0.71%~6.11%和 0.81%~1.98%，缓效性碳比例分别为 18.25%~48.52%和 16.12%~53.97%，惰性碳比例分别为 45.50%~80.34%和 44.05%~83.03%。0~20cm 土层，长芒草(CMC)的活性碳含量最高，三穗薹草(TC)的缓效性碳和惰性碳含量最高；20~40cm 土层，三穗薹草(TC)的活性碳含量最高，塬面(YM)的缓效性碳含量最高，长芒草(CMC)的惰性碳含量最高(表 5.11)。

表 5.11 董庄沟流域土壤各碳库的碳含量及比例

植被恢复措施	土层深度/cm	活性碳含量/(g·kg⁻¹)	活性碳比例(Cₐ/SOC)/%	缓效性碳含量/(g·kg⁻¹)	缓效性碳比例(Cₛ/SOC)/%	惰性碳含量/(g·kg⁻¹)	惰性碳比例(Cₚ/SOC)/%
CMC	0~20	0.706±0.018A	6.11±0.21B	2.24±0.08D	19.35±0.75C	8.61±0.30B	74.54±4.01A
TC	0~20	0.127±0.005C	0.87±0.03D	5.33±0.13A	36.46±1.02B	9.16±1.06A	62.67±2.39B
ZY	0~20	0.320±0.011B	5.98±0.14B	2.60±0.02C	48.52±0.69A	2.43±0.24D	45.50±3.34D
TGH	0~20	0.076±0.003C	0.71±0.19D	2.39±0.10D	22.31±0.20C	8.25±0.36B	76.98±2.10A
YM	0~20	0.096±0.010C	1.41±0.20C	1.24±0.05E	18.25±0.18D	5.45±0.01C	80.34±2.79A
CK	0~20	0.832±0.024A	9.21±0.14A	3.16±0.12B	34.96±0.65B	5.05±0.15C	55.84±2.35C
CMC	20~40	0.077±0.010b	0.90±0.18c	1.74±0.02c	20.49±0.34d	6.69±0.27a	78.61±4.19a
TC	20~40	0.110±0.001a	1.34±0.25b	1.71±0.09c	20.93±0.29d	6.37±0.21ab	77.73±4.00a
ZY	20~40	0.061±0.002c	1.98±0.11a	1.66±0.16c	53.97±0.13a	1.36±0.33d	44.05±2.78c
TGH	20~40	0.061±0.004c	0.86±0.07c	1.15±0.01c	16.12±0.19d	5.91±0.12b	83.03±2.75a
YM	20~40	0.053±0.009c	0.81±0.02c	2.62±0.22b	40.40±0.27c	3.81±0.28c	58.78±3.46c
CK	20~40	0.061±0.002c	0.92±0.15c	3.30±0.17a	49.70±0.50b	3.28±0.09c	49.38±3.24c

5.5.4 杨家沟流域土壤各碳库碳含量的变化特征

人工恢复下的杨家沟流域,0~20cm 和 20~40cm 土层各植被恢复措施的活性碳含量分别为 0.084~0.135g·kg⁻¹ 和 0.065~0.099g·kg⁻¹,缓效性碳含量分别为 2.11~4.57g·kg⁻¹ 和 1.01~4.15g·kg⁻¹,惰性碳含量分别为 4.59~9.13g·kg⁻¹ 和 3.84~6.30g·kg⁻¹。0~20cm 和 20~40cm 土层各植被恢复措施的活性碳比例分别为 1.00%~1.19%和 0.87%~1.26%,缓效性碳比例分别为 18.57%~43.36%和 13.64%~43.06%,惰性碳比例分别为 55.62%~80.25%和 55.82%~85.48%。0~20cm 土层,油松(YS)的活性碳和惰性碳含量最高,刺槐(CH)的缓效性碳含量最高;20~40cm 土层,山杏(SX)的活性碳含量最高,刺槐(CH)的缓效性碳含量最高,油松(YS)的惰性碳含量最高(表 5.12)。

表 5.12 杨家沟流域土壤各碳库的碳含量及比例

植被恢复措施	土层深度/cm	活性碳含量/(g·kg⁻¹)	活性碳比例(Cₐ/SOC)/%	缓效性碳含量/(g·kg⁻¹)	缓效性碳比例(Cₛ/SOC)/%	惰性碳含量/(g·kg⁻¹)	惰性碳比例(Cₚ/SOC)/%
SX	0~20	0.116±0.02B	1.08±0.06B	3.01±0.05B	28.14±2.01B	7.56±0.82B	70.78±3.48B
YS	0~20	0.135±0.007A	1.18±0.03A	2.11±0.13C	18.57±1.56C	9.13±0.27A	80.25±2.45A
CH	0~20	0.116±0.010B	1.00±0.14B	4.57±0.04A	39.51±2.66A	6.88±0.50C	59.48±6.01C

续表

植被恢复措施	土层深度/cm	活性碳含量/(g·kg⁻¹)	活性碳比例(Cₐ/SOC)/%	缓效性碳含量/(g·kg⁻¹)	缓效性碳比例(Cₛ/SOC)/%	惰性碳含量/(g·kg⁻¹)	惰性碳比例(Cₚ/SOC)/%
YM	0~20	0.084±0.021C	1.02±0.06B	3.58±0.09B	43.36±1.59A	4.59±0.19D	55.62±4.25C
CK	0~20	0.085±0.004C	1.19±0.01A	1.58±0.10D	22.04±1.08B	5.52±0.33E	76.78±5.31A
SX	20~40	0.099±0.009a	1.26±0.04a	2.10±0.03b	26.90±1.19b	5.61±0.48b	71.84±6.00b
YS	20~40	0.065±0.013b	0.88±0.01b	1.01±0.07c	13.64±2.03c	6.30±0.10a	85.48±5.69a
CH	20~40	0.090±0.011a	0.87±0.02b	4.15±0.01a	40.28±2.75a	6.06±0.32a	58.85±3.48c
YM	20~40	0.077±0.005b	1.12±0.07a	2.96±0.15b	43.06±3.04a	3.84±0.18c	55.82±2.36c
CK	20~40	0.079±0.002b	1.22±0.14a	1.65±0.14c	25.55±2.40b	4.72±0.21c	73.23±4.19b

5.6 本章小结

农业种植恢复为主和植被恢复为主时，各植被恢复措施的土壤团聚体组成均以小团聚体为主，自然恢复和人工恢复下则以大团聚体为主。农业种植为主和植被恢复为主时，与其他植被恢复措施相比，人工灌丛的土壤大团聚体占比较大；与人工恢复相比，自然恢复下土壤大团聚体占比更大。4个小流域各植被恢复措施下的土壤团聚体水稳定性在0~20cm和20~40cm土层均有所提高，其中自然恢复和人工恢复下的提高效果较为显著。4个小流域各植被恢复措施下的土壤可蚀性变化规律不同。整体上看，人工恢复下土壤的可蚀性最低。农业种植为主恢复时，人工灌丛的土壤可蚀性低于自然灌丛；植被恢复为主时，人工灌丛的土壤可蚀性高于自然灌丛。4个小流域的土壤基本理化性质中，土壤含水量、土壤容重、土壤pH、土壤全磷含量对不同粒径土壤团聚体占比、MWD和K值的影响不同，土壤有机碳含量、土壤全氮含量对不同粒径土壤团聚体占比、MWD和K值的影响大致相同。农业种植为主的坊塌流域，0~20cm土层活性碳比例基本大于20~40cm土层，且0~20cm土层除25a铁杆蒿(NG2)外，其他植被恢复措施的活性碳比例均小于撂荒地；0~20cm土层缓效性碳比例也大于20~40cm土层，且0~20cm和20~40cm土层缓效性碳比例均大于撂荒地；惰性碳含量下层均小于表层，且各植被恢复措施下的惰性碳比例均小于撂荒地。植被恢复为主的纸坊沟流域，活性碳比例整体上0~20cm土层小于20~40cm土层，且0~20cm土层除人工混交林、经济林和自然草地外，其他植被恢复措施的活性碳比例均大于撂荒地，20~40cm土层各植被恢复措施的活性碳比例基本大于撂荒地；0~20cm土层除人工草地外，其他植被恢复措施缓效性碳比例均大于撂荒地，20~40cm土层除人工纯林、经济林和人工草地外，其他植被恢复措施缓效性碳比例均大于撂荒地；0~20cm

土层除人工草地外，其他植被恢复措施的惰性碳比例均小于撂荒地。自然恢复下的董庄沟流域，各植被恢复措施 0~20cm 土层活性碳比例均小于撂荒地，20~40cm 土层活性碳比例基本大于撂荒地；0~20cm 和 20~40cm 土层的缓效性碳比例中，除中华隐子草外均小于撂荒地；0~20cm 和 20~40cm 土层的惰性碳比例中，除中华隐子草外均大于撂荒地。人工恢复下的杨家沟流域，除山杏外，0~20cm 和 20~40cm 土层的土壤活性碳比例均小于撂荒地；除油松外，0~20cm 和 20~40cm 土层的缓效性碳比例均大于撂荒地；除油松外，0~20cm 和 20~40cm 土层的惰性碳比例均小于撂荒地。不同小流域之间，自然恢复下的董庄沟流域土壤惰性碳含量和比例整体最大，其土壤有机碳的稳定性较其他3个小流域更强。

土壤水稳性团聚体是通过湿筛法获得的不同粒径的土壤团聚体，其含量和分布特征与土壤结构的稳定性、抗蚀性紧密相关(罗珠珠等，2016)。本章4个小流域除自然恢复下的塬面外，其他植被恢复措施下的土壤大团聚体占比均大于撂荒地，这表明植被恢复后，不同模式下土壤的物理结构均有所改善。4个小流域总体上自然恢复下 0~20cm 和 20~40cm 土层土壤大团聚体占比最大，人工恢复下次之，农业种植为主恢复最小，表明农业种植为主恢复的土壤团聚体最容易在水的作用下泡散，进而崩解为小团聚体或者是更小的土壤颗粒。与自然恢复相比，农业种植为主恢复的小流域与人工小流域的人类活动较多，对土壤的干扰较大。本章小流域的经济林、自然恢复下的塬面及人工恢复下的塬面所种植被是苹果树，属于经济作物，为了达到一定的经济效益，人为和机械的干扰较多，导致大团聚体破坏，有机碳分解、矿化(Six et al., 1998)。因此，塬面土壤大团聚体占比较小，甚至小于撂荒地，这更加证实了人为干扰活动对土壤结构的影响较大。

土壤团聚体稳定性是土壤物理质量的综合体现(Bronick et al., 2005)，MWD 越大，土壤团聚体的平均粒径团聚度越高，稳定性越好。尤其是通过湿筛法测得的 MWD，是评价土壤结构稳定性的重要指标，其值越大，土壤结构稳定性越好(Piccolo et al., 1997)。本章4个小流域总体上自然恢复和人工恢复下的 MWD 大于农业种植为主和植被恢复为主的 MWD，表明自然恢复和人工恢复下的土壤团聚体稳定性高于农业种植为主型和植被恢复为主型，这可能与不同小流域下的土壤有机碳含量有关。自然恢复和人工恢复下，0~20cm 和 20~40cm 土层的土壤有机碳含量均大于农业种植为主型和植被恢复为主型。土壤有机碳是团聚体形成的重要黏合剂，与团聚体的聚合度紧密相关，土壤有机碳含量越大，各粒径团聚体间的聚合度越高，稳定性也就较好(Six et al., 2000a, 2000b; Beare et al., 1994; Elliott, 1986)。植被恢复为主时，团聚体 MWD 与土壤含水量呈显著负相关关系($p<0.05$)，表明土壤含水量的提高不利于团聚体的稳定性，这可能是因为随着土壤含水量的增加，土壤中较大的团聚体受水分的浸泡而崩解成为较小的团聚体或者土壤颗粒，从而降低了团聚体的稳定性。

K 值即土壤可蚀性因子，能够反映土壤物理结构的稳定性，与土壤团聚体稳定性有着紧密的联系(Barthès et al., 2002)。更具体地说，土壤 K 值是土壤抵抗水蚀能力大小的一个综合性指标，K 值越大，表示土壤抗侵蚀能力越弱，相反 K 值越小，则土壤抗侵蚀能力越强(Zeng et al., 2018)。本章 4 个小流域，人工恢复下 0~20cm 和 20~40cm 土层的 K 值最小，表明与其他 3 个小流域相比，人工恢复下土壤的抗侵蚀能力最强，这可能与人工恢复下植被的覆盖结构有关。

土壤有机碳库的变化受多种因素的影响，已有的研究表明，土壤有机碳库的分布受海拔、植被类型、土壤类型及土地利用方式等的影响(宋媛等，2013；朱凌宇等，2013；孟静娟等，2009；史学军等，2008)。Wang 等(2017)的研究表明，我国东部和南部地区土壤活性碳库和缓效性碳库较大，而北方地区土壤惰性碳库较大。本章的小流域均属于北方地区，其惰性碳含量相比活性碳含量和缓效性碳含量较高。微生物群落的生命活动与土壤有机碳库密切相关，微团聚体对 SOC 的物理保护作用，可促进缓效性碳库增加(Qin et al., 2019)。自然恢复和人工恢复下的土壤小团聚体占比均小于农业种植为主型和植被恢复为主型土壤，其缓效性碳含量和比例也较大，这是因为小团聚体可将一些有机化合物团聚起来，使得有机化合物与土壤酶无法直接接触，减缓其分解进程，这在一定程度上可以反映土壤有机碳分解动态特征对气候变暖的响应机制(Qin et al., 2019)。

农业种植为主恢复时，0~20cm 土层惰性碳比例变化范围比活性碳比例和惰性碳比例变化范围大，20~40cm 土层则相反；植被恢复为主时，土壤缓效性碳比例变化范围最大；人工恢复下，惰性碳比例变化范围最大；自然恢复下，惰性碳比例变化范围也是最大的，且相比其他 3 个小流域，活性碳比例变化范围最大。这说明不同小流域土壤有机碳的分配比例不同，农业种植为主时，0~20cm 土层土壤的有机碳较 20~40cm 土层的固碳能力强；植被恢复为主时，土壤有机碳的活性比农业种植为主时高，自然恢复下的土壤有机碳活性最高，人工恢复下的次之；自然恢复下的土壤固碳能力最高，人工恢复下的土壤固碳能力次之，这可能与不同小流域的植被和土壤性质不同有关。朱凌宇等(2013)关于不同海拔土壤有机碳库的研究表明，温度、水分、植被、土壤性质等因子的交互作用对土壤有机碳库的影响较为明显，这可能也是本章不同小流域土壤有机碳库三个分库碳含量及比例不同的主要原因。蒋小董等(2019)的研究表明，陕北毛乌素固沙林土壤中有机碳增量以惰性碳为主；董扬红等(2015)的研究显示，不同植被类型恢复下土壤碳库以惰性碳组分为主；马建业等(2016)也发现，沙漠化逆转过程中，土壤中结合态的惰性碳贡献较大。本章 4 个不同小流域中，土壤有机碳总体以惰性碳为主，这与上述研究结果一致，且自然恢复下，土壤惰性碳比例整体最高，植被恢复为主时最低。惰性碳库比例可反映土壤有机碳的稳定性，比例越大，有机碳稳定性越好，越有利于有机碳的累积(严毅萍等，2012；孟静娟等，2009)。由此可知,4个小流域的土壤有机碳转化为以惰性碳为主要形式后不易被微生物利用,土壤碳库活性相对稳定。自然恢复下有机碳稳定性最好,有利于土壤有机碳的累积;植被恢复为主时土壤有机碳稳定性较差,有利于土壤有机碳的更新。

参 考 文 献

程曼, 朱秋莲, 刘雷, 等, 2013. 宁南山区植被恢复对土壤团聚体水稳定及有机碳粒径分布的影响[J]. 生态学报, 33(9): 2835-2844.

董扬红, 曾全超, 李娅芸, 等, 2015. 黄土高原不同植被类型土壤活性有机碳组分分布特征[J]. 草地学报, 23(2): 277-284.

蒋小董, 郑嗣蕊, 杨咪咪, 等, 2019. 毛乌素沙地固沙林发育过程中土壤有机碳库稳定性特征[J]. 应用生态学报, 30(8): 2567-2574.

罗珠珠, 李玲玲, 牛伊宁, 等, 2016. 土壤团聚体稳定性及有机碳组分对苜蓿种植年限的响应[J]. 草业学报, 25(10): 40-47.

马建业, 佟小刚, 李占斌, 等, 2016. 毛乌素沙地沙漠化逆转过程土壤颗粒固碳效应[J]. 应用生态学报, 27(11): 3487-3494.

孟静娟, 史学军, 潘剑君, 等, 2009. 农业利用方式对土壤有机碳库大小及周转的影响研究[J]. 水土保持学报, 23(6): 144-148.

史学军, 陈锦盈, 潘剑君, 等, 2008. 几种不同类型土壤有机碳含量大小及周转研究[J]. 水土保持学报, 22(6): 123-127.

宋媛, 赵溪竹, 毛子军, 等, 2013. 小兴安岭4种典型阔叶红松林土壤有机碳分解特性[J]. 生态学报, 33(2): 443-453.

佟小刚, 韩新辉, 吴发启, 等, 2012. 黄土丘陵区三种典型退耕还林地土壤固碳效应差异[J]. 生态学报, 32(20): 6397-6403.

严毅萍, 曹建华, 杨慧, 2012. 岩溶地区不同土地利用方式对土壤有机碳碳库及周转时间的影响[J]. 水土保持学报, 26(2): 144-149.

朱凌宇, 潘剑君, 张威, 2013. 祁连山不同海拔土壤有机碳库及分解特征研究[J]. 环境科学, 34(2): 668-675.

BARTHÈS B, ROOSE E, 2002. Aggregate stability as an indicator of soil susceptibility to runoff and erosion; validation at several levels[J]. Catena, 47(2): 133-149.

BEARE M H, HENDRIX P F, COLEMAN D C, 1994. Water-stable aggregates and organic matter fractions in conventional-and no-tillage soils[J]. Soil Science Society of America Journal, 58(3): 777-786.

BRONICK C J, LAL R, 2005. Soil structure and management: A review[J]. Geoderma, 124(1/2): 3-22.

EDWARDS A P, BREMNER J M, 1967. Microaggregates in soils[J]. European Journal of Soil Science, 18(1): 64-73.

ELLIOTT E T, 1986. Aggregate structure and carbon, nitrogen, and phosphorus in native and cultivated soils[J]. Soil Science Society of America Journal, 50: 627-633.

EMERSON W W, GREENLAND D J, 1990. Soil aggregates-formation and stability. Soil colloids and their associations in aggregates[M]. New York: Springer.

HUMBERTO B C, LAL R, POST W M, et al., 2006. Organic carbon influences on soil particle density and rheological properties[J]. Soil Science Society of America Journal, 70: 1407-1414.

OADES J M, WATERS A G, 1991. Aggregate hierarchy in soils[J]. Australian Journal of Soil Researchearch, 29(6):

815-828.

PARTON W J, SCHMIEL D S, COLE C V, et al., 1987. Analysis of factors controlling soil organic matter levels in Great Plains grasslands[J]. Soil Science Society of America Journal, 51: 1173-1179.

PICCOLO A, PIETTRAMELLARA G, MBAGWU J S C, 1997. Use of humic substances as soil conditioners to increase aggregate stability[J]. Geodem, 75: 265-277.

QIN S Q, CHEN L Y, FANG K, et al., 2019. Temperature sensitivity of SOM decomposition governed by aggregate protection and microbial communities[J]. Science Advances, 5(7): eaau1218.

SIX J, ELLIOTT E T, PAUSTIAN K, et al., 1998. Aggregation and soil organic matter accumulation in cultivated and native grassland soils[J]. Soil Science Society of America Journal, 62: 1367-1377.

SIX J, ELLIOTT E T, PAUSTIAN K, 2000a. Soil macro-aggregate turnover and micro-aggregate formation: A mechanism for C sequestration under no-tillage agriculture[J]. Soil Biology and Biochemistry, 32: 2099-2103.

SIX J, PAUSTIAN K, ELLIOTT E T, et al., 2000b. Soil structure and organic matter: Ⅰ. Distribution of aggregate-size classes and aggregate-associated carbon[J]. Soil Science Society of America Journal, 64(2): 681-689.

TISDALL J M, OADES J M, 1982. Organic-matter and water-stable aggregates in soils[J]. European Journal of Soil Science, 33(2): 141-163.

UDOM B E, NUGA B O, ADESODUN J K, 2016. Water-stable aggregates and aggregate-associated organic carbon andnitrogen after three annual applications of poultry manure and spent mushroom wastes[J]. Applied Soil Ecology, 101: 5-10.

UTOMO W H, DEXTER A R, 1982. Changes in soil aggregate water stability induced by wetting and drying cycles in non-saturated soil[J]. European Journal of Soil Science, 33: 623-637.

WANG X Y, YU D S, XU Z C, et al., 2017. Regional patterns and controls of soil organic carbon pools of croplands in China[J]. Plant and Soil, 421(1-2): 525-539.

WANG Y G, LI Y, YE X H, et al., 2010. Profile storage of organic/inorganic carbon in soil: From forest to desert[J]. Science of the Total Environment, 408: 1925-1931.

XIANG H M, ZHANG L L, WEN D Z, 2015. Change of soil carbon fractions and water-stable aggregates in a forest ecosystem succession in South China[J]. Forests, 6(8): 2703-2718.

YANG H T, LI X R, WANG Z R, et al., 2014. Carbon sequestration capacity of shifting sand dune after establishing new vegetation in the Tengger Desert, Northern China[J]. Science of the Total Environment, 478: 1-10.

ZENG Q C, FRÉDÉRIC D, CHENG M, et al., 2018. Soil aggregate stability under different rain conditions for three vegetation types on the Loess Plateau (China)[J]. Catena, 167: 276-283.

第6章 不同小流域土壤有机碳库特征及稳定性

土壤有机碳(SOC)由不同分解阶段和不同周转速率的有机物组成。多数研究采用物理分组法分离出分布在团聚体间和团聚体内的有机质，来解释土壤有机质稳定性和分解过程(Kantola et al., 2017; Zimmerman et al., 2012; Rovira et al., 2010); 或者采用化学分析法，通过分析测定组成 SOC 的官能团种类及数量来判断 SOC 的稳定性。按照粒径大小，可将土壤有机质(SOM)分为颗粒态有机质(particulate organic matter, POM, 粒径≥53μm)和矿质结合态有机质(mineral-associated organic matter, MAOM, 粒径<53μm)(Cambardella et al., 1992)。颗粒态有机碳(POC)通常由新近的未分解或半分解的动植物残体组成，是介于土壤活性碳库与惰性碳库之间有机质的"慢库"，对环境条件变化敏感(Brandani et al., 2017)。矿质结合态有机碳(MAOC)是与黏粒和粉粒结合形成的，其周转时间长且稳定性较好(Brandani et al., 2017; Lopez-Sangil et al., 2013)。通常利用 POC 与 MAOC 含量之比来反映土壤有机碳的质量和稳定程度(吕茂奎等, 2014; 姬强等, 2012; Cheng et al., 2010)。高菲等(2015)研究表明，土壤有机碳分解动态特征及有机碳分库(土壤活性碳库、土壤缓效性碳库和惰性碳库)的碳周转时间可作为评价土壤有机碳稳定性的指标，且按照土壤分库的稳定性来解释土壤有机碳库的稳定性更加全面。本章采用土壤有机碳分解动态特征及分库的碳周转时间来辨析不同小流域土壤有机碳的稳定性，旨在更好地了解土壤有机碳的积累和释放过程。

土壤有机碳在陆地生态系统碳循环中起着极为重要的作用，其含量及周转时间能够反映土壤有机碳的积累现状和稳定性。提高有机碳的输入和减少有机碳周转速率是提高土壤碳库碳含量的两个途径(Dungait et al., 2012; Jastrow et al., 2007)。持续的有机碳输入并非完全被土壤吸存，受环境因素和管理措施的影响，不同土壤类型均存在碳饱和问题(Six et al., 2002)。过度的碳输入可能造成大量的碳释放，因此稳定的有机碳才是决定土壤固碳潜力的关键(Jastrow et al., 2007)。土壤稳定有机碳在土壤中不受土地利用和气候变化的影响，能够被长期地固存在土壤中(Jandl et al., 2007)。黄土丘陵沟壑区实施植被恢复措施以来，土壤有机碳库一直持续变化，不同的小流域对土壤性质的影响可能不同，可能会使土壤有机碳含量和稳定性产生差异。了解不同小流域土壤有机碳含量及稳定性的差异并探究造成这种差异的影响因素，能够为黄土丘陵沟壑区植被恢复效应的准确评估提供参考。

6.1 坊塌流域土壤有机碳分解动态特征及稳定性

6.1.1 坊塌流域土壤有机碳分解动态

农业种植为主恢复的坊塌流域，0～20cm 土层各植被恢复措施的土壤有机碳分解速率不同，但分解动态变化规律基本相似，即先迅速分解，然后缓慢分解，最终趋于基本稳定的状态。具体表现：培养的第 5 天左右分解速率达到最大，随后呈波浪式滚动下降，直到最后趋于稳定。20～40cm 土层各植被恢复措施的土壤有机碳分解速率不同，但分解动态呈现相似的变化规律，即培养前期分解迅速，之后缓慢下降并基本趋于稳定状态。具体表现：培养的第 2～5 天分解速率达到最大，随后呈波浪式滚动下降，直到最后趋于稳定。整体来看，0～20cm 土层土壤有机碳分解速率大于 20～40cm 土层(图 6.1)。

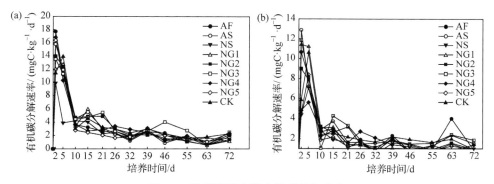

图 6.1 坊塌流域土壤有机碳分解速率
(a) 0～20cm 土层；(b) 20～40cm 土层

6.1.2 坊塌流域活性碳、缓效性碳和惰性碳周转时间

由表 6.1 可知，农业种植为主恢复的坊塌流域，除 NG4 和 NG5 外，其他植被恢复措施 0～20cm 土层活性碳周转时间均大于 20～40cm 土层，表明表层土壤活性碳周转时间较长；缓效性碳周转时间除 NG5 外，0～20cm 土层均大于 20～40cm 土层；根据年平均气温可以得出，惰性碳周转时间约为 325.34a。0～20cm 土层除 AF、NG4 和 NG5 外，其他植被恢复措施的活性碳周转时间大于 CK；20～40cm 土层除 AF 和 NG3 外，其他植被恢复措施的活性碳周转时间大于 CK。表明除 AF、NG3、NG4 和 NG5 外，其他植被恢复措施表层土壤的活性碳活性在植被恢复后均有所提高。0～20cm 土层除 NG5 外，其他植被恢复措施的缓效性碳周转时间均大于 CK；20～40cm 土层除 NG2 外，其他植被恢复措施的缓效性碳周转时间均大于 CK。

表 6.1 坊塌流域土壤有机碳周转时间

植被恢复措施	土层深度/cm	活性碳周转时间 MRT_{C_a}/d	缓效性碳周转时间 MRT_{C_s}/a	惰性碳周转时间 MRT_{C_p}/a
AF	0~20	3.98±0.17E	1.63±0.05E	325.34
AS	0~20	5.71±0.25D	4.95±0.05B	325.34
NS	0~20	8.40±0.09B	4.24±0.26C	325.34
NG1	0~20	6.61±0.04C	6.85±0.24A	325.34
NG2	0~20	9.57±0.16A	5.23±0.12B	325.34
NG3	0~20	6.59±0.20C	3.14±0.18D	325.34
NG4	0~20	4.61±0.17E	3.57±0.09C	325.34
NG5	0~20	2.24±0.10F	0.66±0.05E	325.34
CK	0~20	5.94±0.35D	0.80±0.08E	325.34
AF	20~40	2.99±0.26e	0.84±0.07d	325.34
AS	20~40	4.22±0.17d	3.98±0.36b	325.34
NS	20~40	6.42±0.22b	1.92±0.07c	325.34
NG1	20~40	5.23±0.14c	6.70±0.30a	325.34
NG2	20~40	6.73±0.22b	0.34±0.11e	325.34
NG3	20~40	2.49±0.03e	1.36±0.03c	325.34
NG4	20~40	9.66±0.28a	1.80±0.14c	325.34
NG5	20~40	4.39±0.19d	1.01±0.06d	325.34
CK	20~40	4.01±0.15d	0.35±0.04e	325.34

6.2 纸坊沟流域土壤有机碳分解动态特征及稳定性

6.2.1 纸坊沟流域土壤有机碳分解动态

植被恢复为主的纸坊沟流域，0~20cm 土层各植被恢复措施的土壤有机碳分解速率不同，但分解动态变化规律基本相似，即先迅速分解，然后缓慢分解，最终趋于基本稳定的状态。具体表现：培养的第 2~5 天分解速率均达到最大，随后呈波浪式滚动下降，直到最后趋于稳定。20~40cm 土层各植被恢复措施的土壤有机碳分解速率不同，但分解动态呈现相似的变化规律，即培养前期分解迅速，之后缓慢下降并基本趋于稳定状态。具体表现：培养的第 2~5 天分解速率均达到最大，随后呈波浪式滚动下降，直到最后趋于稳定。其中，0~20cm 土层和 20~40cm 土层 AF 的土壤有机碳分解速率在 2 天达到最大，分别为 25.65mgC·kg^{-1}·d^{-1} 和

22.20mgC·kg^{-1}·d^{-1}。整体来看,0~20cm 土层土壤有机碳分解速率大于 20~40cm 土层(图 6.2)。

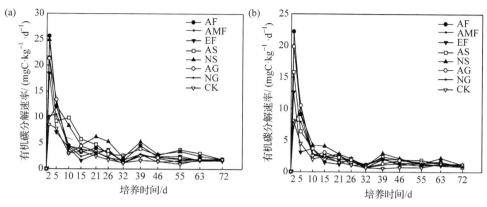

图 6.2 纸坊沟流域土壤有机碳分解速率
(a) 0~20cm 土层;(b) 20~40cm 土层

6.2.2 纸坊沟流域活性碳、缓效性碳和惰性碳周转时间

由表 6.2 可知,植被恢复为主的纸坊沟流域,除 NG 外,其他植被恢复措施 0~20cm 土层活性碳周转时间均大于 20~40cm 土层,表明除自然草地外,其他植被恢复措施的表层土壤活性碳周转时间较长;除 EF 和 AG 外,0~20cm 土层缓效性碳周转时间小于 20~40cm 土层;根据年平均气温可以得出,惰性碳周转时间约为 325.34a。0~20cm 土层除 AF、EF、AS 和 AG 外,其他植被恢复措施的活性碳周转时间大于 CK;20~40cm 土层除 AMF 和 NG 外,其他植被恢复措施的活性碳周转时间均小于 CK。0~20cm 土层除 AF 外,其他植被恢复措施的缓效性碳周转时间均大于 CK;20~40cm 土层除 AMF、NS 和 NG 外,其他植被恢复措施下缓效性碳周转时间均小于 CK。

表 6.2 纸坊沟流域土壤有机碳周转时间

植被恢复措施	土层深度/cm	活性碳周转时间 MRT$_{C_a}$/d	缓效性碳周转时间 MRT$_{C_s}$/a	惰性碳周转时间 MRT$_{C_p}$/a
AF	0~20	3.39±0.19D	0.36±0.03E	325.34
AMF	0~20	10.57±3.08A	0.68±0.04E	325.34
EF	0~20	2.48±0.71E	4.62±0.60C	325.34
AS	0~20	5.95±0.35C	5.06±0.88B	325.34
NS	0~20	6.23±1.81B	5.78±0.75B	325.34

续表

植被恢复措施	土层深度/cm	活性碳周转时间 MRT$_{C_a}$/d	缓效性碳周转时间 MRT$_{C_s}$/a	惰性碳周转时间 MRT$_{C_p}$/a
AG	0~20	3.83±0.42D	2.66±0.06D	325.34
NG	0~20	6.43±0.19B	8.67±0.70A	325.34
CK	0~20	5.98±0.21C	0.38±0.05E	325.34
AF	20~40	2.83±0.20c	3.42±0.11e	325.34
AMF	20~40	4.75±0.14b	6.67±0.61b	325.34
EF	20~40	2.42±0.60d	4.45±0.82d	325.34
AS	20~40	3.27±0.20c	5.22±0.69c	325.34
NS	20~40	4.21±0.39b	6.73±0.45b	325.34
AG	20~40	3.32±0.68c	2.38±0.08f	325.34
NG	20~40	6.79±2.61a	8.90±0.52a	325.34
CK	20~40	4.74±0.73b	5.66±0.95c	325.34

6.3 董庄沟流域土壤有机碳分解动态特征及稳定性

6.3.1 董庄沟流域土壤有机碳分解动态

自然恢复下的董庄沟流域，0~20cm 土层各植被恢复措施的土壤有机碳分解速率不同，但分解动态变化规律基本相似，即先迅速分解，然后缓慢分解，最终趋于基本稳定的状态。具体表现：培养的第 2 天左右分解速率达到最大，随后呈波浪式滚动下降，直到最后趋于稳定。20~40cm 土层各植被恢复措施的土壤有机碳分解速率的变化规律与 0~20cm 土层相似。与 CK 相比，两个土层各植被恢复措施的土壤有机碳分解速率峰值较快出现，即各植被恢复措施下的土壤有机碳在培养的第 2 天分解速率达到最大，而 CK 则在第 5 天之后出现峰值，这表明自然恢复下各植被恢复措施的土壤有机碳分解速率均大于撂荒地。不同植被恢复措施之间，0~20cm 土层，CMC 的土壤有机碳分解速率峰值最大，为 29.80mgC·kg^{-1}·d^{-1}；20~40cm 土层，TC 的土壤有机碳分解速率峰值最大，为 20.94mgC·kg^{-1}·d^{-1}。整体上，0~20cm 土层土壤有机碳分解速率大于 20~40cm 土层(图 6.3)。

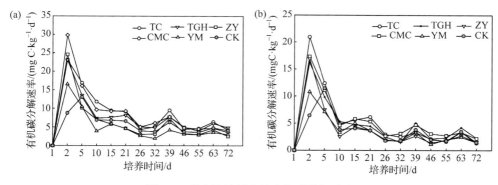

图 6.3 董庄沟流域土壤有机碳分解速率
(a) 0~20cm 土层；(b) 20~40cm 土层

6.3.2 董庄沟流域活性碳、缓效性碳和惰性碳周转时间

由表 6.3 可以看出，自然恢复下的董庄沟流域，各植被恢复措施 0~20cm 土层活性碳周转时间基本大于 20~40cm 土层，表明表层土壤活性碳周转时间较长；除 TC 和 TGH 外，0~20cm 土层的缓效性碳周转时间均小于 20~40cm 土层；根据年平均气温可以得出，惰性碳周转时间约为 336.81a。不同植被恢复措施之间，0~20cm 土层，CMC 的土壤活性碳周转时间(20.16d)最长，TGH 的活性碳周转时间(3.47d)最短；20~40cm 土层，TC 的活性碳周转时间(6.16d)最长，TGH 的活性碳周转时间(3.58d)最短。0~20cm 土层，TC 的缓效性碳周转时间(2.66a)最长，YM 的活性碳周转时间(0.19a)最短；20~40cm 土层，YM 的缓效性碳周转时间(3.33a)最长，TGH 的缓效性碳周转时间(0.98a)最短。0~20cm 和 20~40cm 土层，各植被恢复措施的活性碳周转时间均小于 CK，表明表层和下层土壤各植被恢复措施的活性碳周转比撂荒地快。0~20cm 土层除 TC 外，其他植被恢复措施的缓效性碳周转时间均小于 CK；20~40cm 土层，各植被恢复措施的缓效性碳周转时间均大于 CK。

表 6.3 董庄沟流域土壤有机碳周转时间

植被恢复措施	土层深度/cm	活性碳周转时间 MRT_{C_a} /d	缓效性碳周转时间 MRT_{C_s} /a	惰性碳周转时间 MRT_{C_p} /a
CMC	0~20	20.16±4.31B	0.36±0.04C	336.81
TC	0~20	6.08±2.30C	2.66±0.10A	336.81
ZY	0~20	10.65±3.19C	0.52±0.13C	336.81
TGH	0~20	3.47±1.11D	1.15±0.09B	336.81
YM	0~20	5.89±0.56D	0.19±0.01D	336.81
CK	0~20	42.02±5.89A	1.17±0.20B	336.81

续表

植被恢复措施	土层深度/cm	活性碳周转时间 MRT$_{C_a}$/d	缓效性碳周转时间 MRT$_{C_s}$/a	惰性碳周转时间 MRT$_{C_p}$/a
CMC	20~40	4.96±0.79d	1.51±0.18c	336.81
TC	20~40	6.16±1.10b	1.94±0.13b	336.81
ZY	20~40	3.68±0.27e	2.19±0.25b	336.81
TGH	20~40	3.58±0.52e	0.98±0.06d	336.81
YM	20~40	5.56±0.40c	3.33±0.24a	336.81
CK	20~40	6.87±0.25a	0.43±0.06e	336.81

6.4 杨家沟流域土壤有机碳分解动态特征及稳定性

6.4.1 杨家沟流域土壤有机碳分解动态

人工恢复下的杨家沟流域，0~20cm 土层各植被恢复措施的土壤有机碳分解速率不同，但分解动态变化规律基本相似，即先迅速分解，然后缓慢分解，最终趋于基本稳定的状态。具体表现：培养的第 2 天左右分解速率达到最大，随后呈波浪式滚动下降，直到最后趋于稳定。20~40cm 土层各植被恢复措施的土壤有机碳分解速率变化规律与 0~20cm 土层相似。两个土层各植被恢复措施的土壤有机碳分解速率峰值出现时间与 CK 接近。0~20cm 土层除 YM 外，其他植被恢复措施的土壤有机碳分解速率峰值均大于 CK；20~40cm 土层，各植被恢复措施的土壤有机碳分解速率峰值均大于 CK，这表明整体上植被恢复措施的土壤有机碳分解速率大于撂荒地。不同植被恢复措施之间，0~20cm 土层，YS 的土壤有机碳分解速率峰值最大，为 36.05mgC·kg^{-1}·d^{-1}；20~40cm 土层，SX 的土壤有机碳分解速率峰值最大，为 24.75mgC·kg^{-1}·d^{-1}。整体上，0~20cm 土层土壤有机碳分解速率大于 20~40cm 土层(图 6.4)。

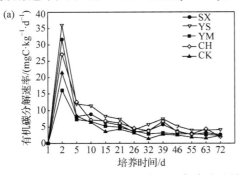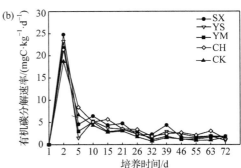

图 6.4 杨家沟流域土壤有机碳分解速率
(a) 0~20cm 土层；(b) 20~40cm 土层

6.4.2 杨家沟流域活性碳、缓效性碳和惰性碳周转时间

人工恢复下的杨家沟流域,除 SX 和 CK 外,其他植被恢复措施 0~20cm 土层活性碳周转时间均大于 20~40cm 土层,表明除油松和对照外,表层活性碳的周转时间相比下层更快;0~20cm 土层的缓效性碳周转时间均小于 20~40cm 土层;根据年平均气温可以得出,惰性碳周转时间约为 336.81a。不同植被恢复措施之间,0~20cm 土层,YM 的土壤活性碳周转时间(7.19d)最长,YS 的活性碳周转时间(4.55d)最短;20~40cm 土层,SX 的活性碳周转时间(5.94d)最长,YS 的活性碳周转时间(3.42d)最短。0~20cm 和 20~40cm 土层,YM 的缓效性碳周转时间(3.60a 和 5.34a)最长,YS 的缓效性碳周转时间(1.13a 和 1.28a)最短。0~20cm 和 20~40cm 土层,除 YS 外,其他植被恢复措施的活性碳周转时间均大于 CK。0~20cm 土层除 YS 外,其他植被恢复措施的缓效性碳周转时间均大于 CK;20~40m 土层 CH 和 YM 的缓效性碳周转时间大于 CK(表 6.4)。

表 6.4 杨家沟流域土壤有机碳周转时间

植被恢复措施	土层深度/cm	活性碳周转时间 MRT_{C_a}/d	缓效性碳周转时间 MRT_{C_s}/a	惰性碳周转时间 MRT_{C_p}/a
SX	0~20	4.60±0.49C	2.30±0.09B	336.81
YS	0~20	4.55±0.33C	1.13±0.11D	336.81
CH	0~20	5.29±0.30B	3.33±0.17A	336.81
YM	0~20	7.19±0.26A	3.60±0.20A	336.81
CK	0~20	4.18±0.19C	1.83±0.15C	336.81
SX	20~40	5.94±0.31a	2.76±0.07a	336.81
YS	20~40	3.42±0.25c	1.28±0.03c	336.81
CH	20~40	4.94±0.14b	4.95±0.15b	336.81
YM	20~40	4.74±0.35b	5.34±0.21b	336.81
CK	20~40	4.46±0.13b	3.56±0.19b	336.81

6.5 土壤有机碳库稳定性及其影响因素的耦合分析

6.5.1 土壤理化性质对土壤碳库碳含量及稳定性的影响

不同小流域土壤理化性质与土壤各碳库碳含量及周转时间的相关关系如表 6.5 所示。农业种植为主恢复下(坊塌流域),土壤有机碳含量与 C_a 含量达到极显著正相关关系($p<0.01$),土壤全氮含量与 C_a 含量呈现显著正相关关系($p<0.05$),土壤含水量、土壤容重、土壤 pH 与 C_a 含量呈负相关关系,但未到达显著水平;C_s 含量

与各土壤理化性质的相关关系与 C_a 含量相同；C_p 含量仅与土壤有机碳含量的正相关关系达到显著水平($p<0.05$)；MRT_{C_s} 与土壤有机碳含量呈现极显著正相关关系($p<0.01$)。植被恢复为主时(纸坊沟流域)，土壤有机碳含量和土壤全氮含量均与 C_a 含量呈极显著正相关关系($p<0.01$)，土壤含水量与 C_a 含量呈显著负相关关系($p<0.05$)；土壤有机碳含量和土壤全氮含量均与 C_s 含量呈极显著正相关关系($p<0.01$)，土壤 pH 与 C_s 含量呈现显著正相关关系($p<0.05$)，土壤容重与 C_s 含量呈现极显著负相关关系($p<0.01$)。人工恢复下(杨家沟流域)，土壤容重与 C_s 含量呈现显著负相关关系($p<0.05$)，土壤有机碳含量和土壤全磷含量与 C_s 含量呈现显著正相关关系($P<0.05$)；土壤有机碳含量和土壤全氮含量分别与 C_p 含量呈现极显著($p<0.01$)、显著($p<0.05$)正相关关系。自然恢复下(董庄沟流域)，土壤有机碳含量与 C_a 含量、C_s 含量呈现极显著正相关关系($p<0.01$)；土壤全氮含量与 C_a 含量呈现显著正相关关系($p<0.05$)；土壤全磷含量与 C_s 含量呈现显著正相关关系($p<0.05$)；土壤有机碳含量和土壤全氮含量均与 C_p 含量达到极显著正相关关系($p<0.01$)。由此可知，4 个不同小流域下，土壤理化性质对土壤有机碳库碳含量及周转时间的影响规律大致相同，即土壤有机碳含量、全氮含量与土壤有机碳库各分库的碳含量具有显著正相关关系，就土壤活性碳和缓效性碳的平均周转时间而言，土壤理化性质与之的相关关系并不显著。

表 6.5 不同小流域土壤理化性质与土壤各碳库碳含量及周转时间的相关关系

小流域	土壤理化性质	C_a 含量	C_s 含量	C_p 含量	MRT_{C_a}	MRT_{C_s}
坊塌流域	土壤含水量	−0.006	−0.256	0.056	0.096	−0.410
	土壤容重	−0.226	−0.300	−0.199	−0.051	−0.285
	土壤 pH	−0.005	−0.219	0.008	−0.046	−0.159
	土壤有机碳含量	0.788**	0.820**	0.499*	0.378	0.726**
	土壤全氮含量	0.498*	0.487*	0.432	0.069	0.428
	土壤全磷含量	0.235	0.288	0.091	−0.059	0.122
纸坊沟流域	土壤含水量	−0.599*	−0.378	−0.111	−0.013	−0.066
	土壤容重	−0.324	−0.660**	0.062	−0.407	−0.217
	土壤 pH	0.471	0.589*	−0.081	0.331	0.333
	土壤有机碳含量	0.650**	0.902**	0.436	0.283	0.185
	土壤全氮含量	0.710**	0.850**	0.339	0.176	0.167
	土壤全磷含量	0.337	0.430	0.493	0.267	−0.267
杨家沟流域	土壤含水量	−0.012	0.064	0.068	−0.050	0.123
	土壤容重	−0.530	−0.607*	−0.471	−0.521	0.274

续表

小流域	土壤理化性质	C_a含量	C_s含量	C_p含量	MRT_{C_a}	MRT_{C_s}
杨家沟流域	土壤pH	−0.011	0.189	−0.316	−0.121	−0.122
	土壤有机碳含量	0.297	0.624*	0.905**	0.211	0.060
	土壤全氮含量	−0.039	0.369	0.686*	−0.239	0.161
	土壤全磷含量	0.084	0.592*	0.426	0.081	0.319
董庄沟流域	土壤含水量	−0.129	0.511	−0.209	0.172	0.554
	土壤容重	−0.092	−0.216	−0.089	0.440	−0.347
	土壤pH	−0.236	−0.426	−0.203	−0.284	−0.121
	土壤有机碳含量	0.878**	0.652**	0.753**	0.182	−0.080
	土壤全氮含量	0.687*	0.247	0.744**	0.074	−0.411
	土壤全磷含量	−0.088	0.681*	−0.354	0.567	0.554

6.5.2 地上、地下生物量和植物碳对土壤碳库碳含量及稳定性的影响

不同小流域下地上、地下生物量和植物碳与土壤碳库碳含量及周转时间的相关关系如表6.6所示。由表6.6可知，农业种植为主恢复的小流域(坊塌流域)，地下生物量与C_a含量、C_s含量呈极显著正相关关系($p<0.01$)。此外，地下生物量与MRT_{C_s}呈显著正相关关系($p<0.05$)。

表6.6 不同小流域下地上、地下生物量和植物碳与土壤碳库碳含量及周转时间的相关关系

小流域	项目	C_a含量	C_s含量	C_p含量	MRT_{C_a}	MRT_{C_s}
坊塌流域	地上生物量	0.133	0.497	−0.111	−0.036	0.432
	地下生物量	0.833**	0.688**	0.386	0.337	0.529*
	叶片碳含量	0.152	0.078	0.064	−0.089	0.038
	枝碳含量	0.090	0.132	0.036	−0.177	0.165
	根碳含量	0.170	0.269	−0.136	−0.238	0.264
纸坊沟流域	地上生物量	0.135	0.252	0.307	−0.311	0.219
	地下生物量	0.552*	0.813**	0.070	0.648*	−0.069
	叶片碳含量	0.220	0.124	−0.178	0.126	−0.222
	枝碳含量	−0.341	0.030	−0.193	0.108	−0.207
	根碳含量	−0.591*	0.196	−0.207	0.188	0.066

续表

小流域	项目	C_a 含量	C_s 含量	C_p 含量	MRT_{C_a}	MRT_{C_s}
董庄沟流域	地上生物量	0.281	0.360	0.583	0.360	0.304
	地下生物量	0.205	0.803*	0.091	0.223	0.063
	叶片碳含量	0.085	−0.187	−0.897**	0.065	−0.162
	枝碳含量	0.232	0.032	−0.728*	0.259	0.045
	根碳含量	−0.128	0.021	−0.873**	−0.133	0.132
杨家沟流域	地上生物量	0.020	0.933**	−0.367	0.464	0.906*
	地下生物量	0.699	0.338	0.611	0.033	−0.229
	叶片碳含量	0.028	0.937**	−0.385	0.498	0.916*
	枝碳含量	0.037	−0.816*	0.210	−0.191	−0.750
	根碳含量	0.134	0.445	−0.430	0.713	0.527

植被恢复为主的小流域(纸坊沟流域)，地下生物量与 C_a 含量、C_s 含量分别呈显著($p<0.05$)、极显著($p<0.01$)正相关关系，与 MRT_{C_a} 呈显著正相关关系($p<0.05$)；根碳含量与 C_a 含量呈显著负相关关系($p<0.05$)。自然恢复的小流域(董庄沟流域)，地下生物量与 C_s 含量呈显著正相关关系($p<0.05$)；叶片碳含量、枝碳含量和根碳含量与 C_p 含量的负相关关系均达到显著或极显著水平。人工恢复的小流域(杨家沟流域)，叶片碳含量、地上生物量与 C_s 含量、MRT_{C_s} 的正相关关系均达到显著或极显著水平，枝碳含量与 C_s 含量呈显著负相关关系($p<0.05$)。

6.5.3 土壤微生物多样性对土壤碳库碳含量及稳定性的影响

不同小流域细菌多样性与土壤碳库碳含量及周转时间的相关关系如表 6.7 所示。农业种植为主的小流域(坊塌流域)，MBC 与 C_s 含量呈显著正相关关系($p<0.05$)，Chao 1 指数与 C_s 含量、MRT_{C_s} 的正相关关系均达到极显著水平($p<0.01$)，覆盖率与 C_s 含量呈极显著正相关关系($p<0.01$)，Simpson 指数与 C_s 含量、MRT_{C_a}、MRT_{C_s} 之间的正相关关系均达到显著或极显著水平。植被恢复为主的小流域(纸坊沟流域)，MBC 与 C_a 含量呈极显著正相关关系($p<0.01$)，OTU 数目与 C_a 含量、C_s 含量的正相关关系均达到极显著水平($p<0.01$)，ACE 指数与 C_s 含量的正相关关系达到显著水平($p<0.05$)，Chao 1 指数与 C_a 含量、C_s 含量、MRT_{C_s} 的正相关关系均达到显著水平($p<0.05$)，覆盖率与 C_s 含量呈显著正相关关系($p<0.05$)，Simpson 指数与 C_s 含量呈显著正相关关系($p<0.05$)。自然恢复的小流域(董庄沟流域)，MBC、OTU 数目、Chao 1 指数和 Simpson 指数与 C_p 含量呈极显著正相关关系

($p<0.01$),ACE 指数、覆盖率与 C_p 含量呈显著正相关关系($p<0.05$)。人工恢复的小流域(杨家沟流域),MBN 与 C_a 含量呈显著正相关关系($p<0.05$),OTU 数目分别与 C_a 含量、C_p 含量呈极显著($p<0.01$)、显著($p<0.05$)正相关关系(表 6.7)。

表 6.7 不同小流域细菌多样性与土壤碳库碳含量及周转时间的相关关系

小流域	指标	C_a 含量	C_s 含量	C_p 含量	MRT_{C_s}	MRT_{C_s}
坊塌流域	MBC	0.411	0.740*	0.276	0.241	0.601
	MBN	−0.017	0.391	0.335	0.250	0.318
	OTU 数目	0.589	0.521	0.111	−0.031	0.400
	ACE 指数	0.143	0.277	0.605	0.212	0.268
	Chao 1 指数	0.416	0.860**	−0.175	0.488	0.802**
	覆盖率	0.323	0.735**	−0.209	0.483	0.661
	Shannon-Wiener 指数	0.402	0.451	−0.095	0.434	0.302
	Simpson 指数	0.642	0.807**	−0.108	0.688*	0.905**
纸坊沟流域	MBC	0.873**	0.357	0.246	−0.107	0.164
	MBN	0.629	0.548	0.274	−0.110	0.149
	OTU 数目	0.865**	0.792**	0.053	0.078	0.564
	ACE 指数	0.540	0.738*	0.286	−0.146	0.489
	Chao 1 指数	0.735*	0.789*	0.000	0.122	0.744*
	覆盖率	0.576	0.743*	0.026	0.280	0.575
	Shannon-Wiener 指数	0.121	0.584	0.224	0.030	0.250
	Simpson 指数	0.512	0.806*	−0.231	0.354	0.460
董庄沟流域	MBC	−0.054	0.634	0.939**	−0.157	0.674
	MBN	−0.385	0.566	0.665	−0.555	0.575
	OTU 数目	−0.137	0.139	0.938**	−0.293	0.263
	ACE 指数	−0.151	0.507	0.828*	−0.373	0.481
	Chao 1 指数	−0.044	0.653	0.928**	−0.139	0.696
	覆盖率	0.198	0.271	0.889*	0.030	0.279
	Shannon-Wiener 指数	−0.265	0.487	0.765	−0.490	0.473
	Simpson 指数	−0.019	0.389	0.959**	−0.192	0.439
杨家沟流域	MBC	0.760	0.643	0.597	−0.070	0.135
	MBN	0.899*	−0.028	0.875	−0.163	−0.465
	OTU 数目	0.915**	0.101	0.900*	−0.493	−0.395
	ACE 指数	0.669	0.350	0.616	−0.381	−0.056

续表

小流域	指标	C_a含量	C_s含量	C_p含量	MRT_{C_s}	MRT_{C_p}
杨家沟流域	Chao 1 指数	0.769	0.285	0.725	−0.450	−0.169
	覆盖率	0.874	0.112	0.853	−0.349	−0.342
	Shannon-Wiener 指数	0.627	0.313	0.587	−0.444	−0.075
	Simpson 指数	0.607	−0.015	0.649	−0.715	−0.364

不同小流域真菌多样性与土壤碳库碳含量及周转时间的相关关系如表 6.8 所示。农业种植为主的小流域(坊塌流域)，ACE 指数、Chao 1 指数、覆盖率与 C_s 含量呈显著正相关关系($p<0.05$)；覆盖率与 MRT_{C_p} 呈极显著正相关关系($p<0.01$)。植被恢复为主的小流域(纸坊沟流域)，OTU 数目、ACE 指数、Shannon-Wiener 指数与 C_s 含量呈显著正相关关系($p<0.05$)，Chao 1 指数与 C_s 含量呈极显著正相关关系($p<0.01$)；OTU 数目、Chao 1 指数与 MRT_{C_p} 呈显著正相关关系($p<0.05$)。自然恢复的小流域(董庄沟流域)，OTU 数目、覆盖率分别与 C_p 含量呈显著($p<0.05$)、极显著($p<0.01$)正相关关系。

表 6.8 不同小流域真菌多样性与土壤碳库碳含量及周转时间的相关关系

小流域	指标	C_a含量	C_s含量	C_p含量	MRT_{C_s}	MRT_{C_p}
坊塌流域	OTU 数目	0.020	0.540	−0.241	0.003	0.270
	ACE 指数	0.164	0.750*	−0.234	0.364	0.632
	Chao 1 指数	0.409	0.680*	−0.054	0.536	0.581
	覆盖率	0.453	0.872*	−0.280	0.648	0.850**
	Shannon-Wiener 指数	−0.022	0.518	−0.128	0.046	0.376
	Simpson 指数	0.063	0.314	0.480	0.211	0.411
纸坊沟流域	OTU 数目	0.417	0.888*	−0.226	0.207	0.771*
	ACE 指数	0.330	0.761*	−0.224	0.313	0.606
	Chao 1 指数	0.546	0.835**	−0.117	0.155	0.787*
	覆盖率	0.304	0.624	−0.250	0.416	0.121
	Shannon-Wiener 指数	0.353	0.815*	−0.346	0.485	0.456
	Simpson 指数	0.515	0.694	−0.181	0.321	0.432
董庄沟流域	OTU 数目	0.055	0.275	0.865*	−0.197	0.252
	ACE 指数	0.341	0.441	0.752	0.120	0.340
	Chao 1 指数	0.244	0.594	0.771	0.061	0.533

续表

小流域	指标	C_a含量	C_s含量	C_p含量	MRT_{C_a}	MRT_{C_s}
董庄沟流域	覆盖率	−0.015	0.519	0.971**	−0.091	0.607
	Shannon-Wiener 指数	0.390	0.400	−0.071	0.427	0.231
	Simpson 指数	0.471	0.292	−0.205	0.434	0.060
杨家沟流域	OTU 数目	0.869	0.233	0.829	−0.512	−0.274
	ACE 指数	−0.663	0.491	−0.746	0.537	0.801
	Chao 1 指数	−0.704	0.466	−0.783	0.567	0.803
	覆盖率	0.833	0.235	0.797	−0.559	−0.264
	Shannon-Wiener 指数	−0.877	0.100	−0.867	0.387	0.566
	Simpson 指数	−0.544	−0.542	−0.385	−0.058	−0.149

6.5.4 土壤团聚体性质对土壤碳库碳含量及稳定性的影响

不同小流域土壤团聚体性质与土壤碳库碳含量及周转时间的相关关系如表 6.9 所示。由表 6.9 可知，农业种植为主的小流域(坊塌流域)，粒径为 2～5mm 的团聚体占比与 C_a 含量呈极显著正相关关系($p<0.01$)，粒径<0.25mm 的团聚体占比与 C_a 含量呈显著负相关关系($p<0.05$)；粒径>5mm、2～5mm、1～2mm 的团聚体占比与 C_s 含量呈极显著正相关关系($p<0.01$)，粒径为 0.25～0.5mm 的团聚体占比与 C_s 含量呈显著正相关关系($p<0.05$)，粒径<0.25mm 的团聚体占比与 C_s 含量呈极显著负相关关系($p<0.01$)；粒径为 2～5mm 的团聚体占比与 MRT_{C_a} 呈显著正相关关系($p<0.05$)；粒径>5mm、2～5mm、1～2mm、0.25～0.5mm 的团聚体占比与 MRT_{C_s} 呈显著或极显著正相关关系，粒径<0.25mm 的团聚体占比与 MRT_{C_s} 呈极显著负相关关系($p<0.01$)。植被恢复为主的小流域(纸坊沟流域)，粒径为 2～5mm、1～2mm 的团聚体占比与 C_a 含量的正相关关系达到极显著水平($p<0.01$)，粒径<0.25mm 的团聚体占比和 K 值与 C_a 含量呈显著负相关关系($p<0.05$)；粒径>5mm 的团聚体占比与 C_s 含量呈显著正相关关系($p<0.05$)，MWD 与 C_s 含量呈极显著正相关关系($p<0.01$)；粒径为 0.5～1mm、0.25～0.5mm 的团聚体占比分别与 C_p 含量呈极显著($p<0.01$)、显著($p<0.05$)正相关关系；粒径为 0.5～1mm 的团聚体占比、MWD、K 值与 MRT_{C_a} 呈显著负相关关系($p<0.05$)。自然恢复的小流域(董庄沟流域)，粒径为 1～2mm 的团聚体占比、MWD 与 C_p 含量呈显著正相关关系($p<0.05$)，粒径<0.25mm 的团聚体占比与 C_p 含量呈显著负相关关系($p<0.05$)。人工恢复的小流域(杨家沟流域)，粒径为 0.5～1mm 的团聚体占比与 C_s 含量呈极显著正相关关系($p<0.01$)；粒径>5mm、2～5mm、1～2mm 的团聚体占比和 MWD 与 C_p 含量的正相关关系达到极显著或显著水平，K 值与 C_p 含量的负相关关系达到显著水平($p<0.05$)；粒径为 0.5～1mm 团聚体占比与 MRT_{C_s} 呈极显著正相关关系($p<0.01$)，MWD 与 MRT_{C_s} 呈显著负相关关系($p<0.05$)。

表 6.9 不同小流域土壤团聚体性质与土壤碳库碳含量及周转时间的相关关系

小流域	指标	C_a含量	C_s含量	C_p含量	MRT_{C_a}	MRT_{C_s}
坊塌流域	$W_{>5mm}$	0.361	0.611**	−0.080	0.126	0.513*
	$W_{2\sim5mm}$	0.676**	0.724**	0.255	0.575*	0.565*
	$W_{1\sim2mm}$	0.431	0.750**	0.087	0.428	0.707**
	$W_{0.5\sim1mm}$	0.084	0.297	0.036	0.033	0.447
	$W_{0.25\sim0.5mm}$	0.309	0.535*	0.167	0.076	0.614**
	$W_{<0.25mm}$	−0.505*	−0.779**	−0.051	−0.300	−0.705**
	MWD	−0.030	0.241	0.114	−0.169	0.241
	K 值	0.040	−0.132	−0.089	0.123	−0.255
纸坊沟流域	$W_{>5mm}$	0.439	0.621*	−0.287	0.430	0.186
	$W_{2\sim5mm}$	0.639**	0.139	0.286	0.086	−0.398
	$W_{1\sim2mm}$	0.629**	0.069	0.455	−0.227	−0.351
	$W_{0.5\sim1mm}$	0.127	−0.133	0.623**	−0.533*	−0.342
	$W_{0.25\sim0.5mm}$	−0.226	−0.143	0.525*	−0.419	−0.214
	$W_{<0.25mm}$	−0.553*	−0.488	−0.065	−0.192	0.072
	MWD	0.468	0.704**	−0.258	−0.507*	0.219
	K 值	−0.516*	−0.414	0.211	−0.540*	−0.054
董庄沟流域	$W_{>5mm}$	−0.205	−0.161	0.388	−0.282	−0.102
	$W_{2\sim5mm}$	−0.067	−0.109	0.449	−0.185	0.026
	$W_{1\sim2mm}$	0.279	0.109	0.605*	0.042	0.005
	$W_{0.5\sim1mm}$	0.020	0.121	0.141	−0.046	0.288
	$W_{0.25\sim0.5mm}$	0.261	0.185	0.179	0.202	0.125
	$W_{<0.25mm}$	−0.013	0.035	−0.665*	0.184	−0.043
	MWD	−0.061	−0.050	0.579*	−0.206	−0.146
	K 值	0.032	−0.030	−0.225	0.098	0.056
杨家沟流域	$W_{>5mm}$	0.191	−0.264	0.643*	−0.401	−0.582
	$W_{2\sim5mm}$	0.513	0.185	0.789**	−0.273	−0.379
	$W_{1\sim2mm}$	0.417	0.469	0.642*	−0.104	−0.166
	$W_{0.5\sim1mm}$	−0.011	0.854**	−0.334	0.539	0.731**
	$W_{0.25\sim0.5mm}$	0.182	0.204	−0.130	0.158	0.412
	$W_{<0.25mm}$	−0.452	−0.518	−0.598	0.040	0.031
	MWD	0.552	−0.126	0.868**	−0.319	−0.716*
	K 值	−0.346	0.101	−0.695*	0.224	0.584

6.5.5 土壤有机碳库碳含量、稳定性的主要影响因素

1. 冗余分析

冗余分析(redundancy analysis,RDA)结果中,箭头夹角代表相关性,箭头长度代表相关程度,夹角越大说明相关性越弱,箭头越长说明相关程度越大。由图6.5的 RDA 结果可知,土壤基本理化性质和微生物学性质的两个轴分别解释了土壤有机碳库碳含量和周转时间变化的 13.13%和 63.66%。土壤活性碳(C_a)含量和周转时间 (MRT_{C_a}) 与 MBC、土壤有机碳含量、粒径为 0.25～0.5mm 的团聚体占比、MWD、K 值呈显著正相关关系;土壤缓效性碳(C_s)含量和周转时间 (MRT_{C_s}) 与粒径>5mm 的团聚体占比呈显著正相关关系,与土壤含水量呈显著负相关关系。土壤惰性碳(C_p)含量和周转时间 (MRT_{C_p}) 与土壤全氮含量、土壤全磷含量、MBC、pH 及粒径为 0.5～1mm、1～2mm、2～5mm 的团聚体占比显著正相关,与土壤容重显著负相关(图6.5)。

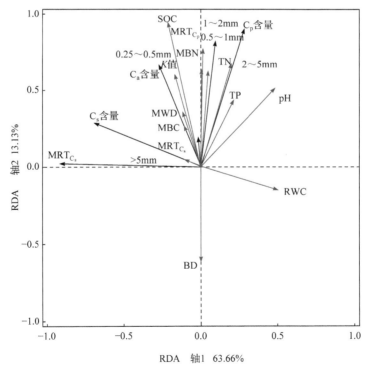

图 6.5 土壤有机碳库与土壤基本理化性质、团聚体性质关系的冗余分析
>5mm、2～5mm、1～2mm、0.5～1mm、0.25～0.5mm 分别表示不同粒径团聚体占比;BD 表示土壤容重;RWC 表示土壤含水量;SOC 表示土壤有机碳含量;TN 表示土壤全氮含量;TP 表示土壤全磷含量

2. 结构方程模型

结构方程模型(structural equation modeling,SEM)可将数据拟合到表示因果假设的模型中,使变量之间的因果关系可视化。本小节使用结构方程模型将植物各器官碳、地上生物量、地下生物量、土壤基本理化性质、土壤微生物生物量及微生物多样性指数与土壤有机碳含量和周转时间进行拟合分析,使得土壤有机碳库的稳定性及其影响因素更为直观。图 6.6 的结构方程模型各项拟合指数卡方/自由度(χ^2/df)<2、p>0.05、比较拟合指数(CFI)>0.900,说明此方程可以用来反映土壤基本理化性质、团聚体组分及细菌多样性指数对土壤有机碳稳定性的影响。由图 6.6 可知,土壤理化性质、团聚体组分及 Chao 1 指数主要通过直接或间接作用于土壤有机碳的周转时间,从而对土壤有机碳的稳定性产生影响;全氮含量和 pH 作用于细菌的 ACE 指数而对活性碳周转时间产生影响;土壤有机碳含量和 pH 通过影响 Chao 1 指数从而影响缓效性碳周转时间;pH 通过影响粒径为 0.5~1mm 团聚体占比,进而对惰性碳周转时间产生影响;土壤有机碳含量通过对粒径为 1~2mm 团聚体占比产生影响,从而使缓效性碳和惰性碳的周转时间发生变化,且对缓效性碳周转时间产生消极的影响(-0.70),对惰性碳周转时间则产生积极的作用(0.40)。

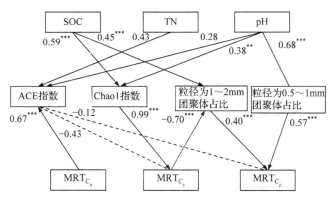

图 6.6 土壤理化性质、团聚体组分及细菌多样性指数对土壤有机碳稳定性的影响

$\chi^2/df = 1.442$;$p = 0.082$;CFI = 0.964;近似误差均方根= 0.128

土壤理化性质、团聚体组分及真菌多样性指数对土壤有机碳稳定性的影响如图 6.7 所示。由图 6.7 可知,土壤理化性质、团聚体组分、真菌多样性指数与土壤有机碳周转时间拟合的结构方程模型 χ^2/df<2、p>0.05、CFI>0.900,因此可以用来反映土壤理化性质、团聚体组分及真菌多样性指数对土壤有机碳稳定性的影响过程。土壤有机碳含量可对真菌的 Simpson 指数和粒径为 1~2mm 团聚体占比产生影响,从而影响活性碳周转时间;pH 可对真菌的 ACE 指数和粒径为 1~2mm 团聚体占比产生影响,进而对缓效性碳周转时间产生影响;土壤有机碳含量可对粒

径为 1～2mm 团聚体占比产生影响,从而影响缓效性碳周转时间;pH 和土壤有机碳含量可通过对粒径为 0.5～1mm、粒径为 1～2mm 团聚体占比产生影响,从而对惰性碳周转时间产生影响;土壤全氮含量通过对 Simpson 指数产生影响而对土壤活性碳周转时间产生影响。

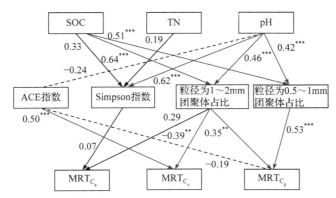

图 6.7　土壤理化性质、团聚体组分及真菌多样性指数对土壤有机碳稳定性的影响

$\chi^2/\mathrm{df} = 1.11$；$p = 0.324$；CFI = 0.989；近似误差均方根 = 0.064

6.6　本章小结

4 个小流域的土壤有机碳分解动态特征大致相似,即初期分解迅速,随后变得缓慢,直至最后处于稳定状态;与 20～40cm 土层相比,0～20cm 土层的土壤有机碳分解较快。除杨家沟流域外,其他 3 个小流域 0～20cm 土层土壤活性碳周转时间比 20～40cm 土层慢;除坊塌流域外,其他 3 个小流域 0～20cm 土层土壤缓效性碳周转时间均较快。由于土壤惰性碳周转时间与当地年平均气温有关,农业种植为主的坊塌流域和植被恢复为主的纸坊沟流域、自然恢复的董庄沟流域和人工恢复的杨家沟流域样地年平均气温相差很小,因此农业种植为主和植被恢复为主的土壤惰性碳周转时间保持一致,自然恢复与人工恢复的土壤惰性碳周转时间保持一致。从土壤有机碳分解速率和土壤活性碳周转时间来看,自然恢复的土壤表层和下层分解速率最快,活性碳周转最慢,土壤有机碳的活性最低,稳定性最高,有利于土壤有机碳的固定;农业种植为主的土壤有机碳分解速率最慢,活性碳周转最快,稳定性低,有利于土壤有机碳的周转。土壤基本理化性质对土壤有机碳库的影响主要表现为有机碳含量和全氮含量对土壤活性碳库、缓效性碳库和惰性碳库的影响最为显著,土壤理化性质对有机碳周转时间的影响并不显著。除人工小流域(杨家沟流域)外,其他三个小流域的地下生物量与 C_a 含量和 C_s 含量呈显著正相关关系($p<0.01$);人工小流域的叶片碳含量和地上生物量与 C_s 含量呈

显著正相关关系($p<0.01$)。农业种植为主和植被恢复为主的小流域,地下生物量对活性碳和缓效性碳的周转时间影响较大,而人工恢复的小流域地上生物量对缓效性碳周转时间影响较大。农业种植为主的小流域,MBC 与缓效性碳含量呈显著正相关关系,微生物多样性指数主要对缓效性碳含量、周转时间和活性碳周转时间影响较大。自然恢复下,微生物多样性指数对土壤惰性碳含量的影响较大。人工恢复下,MBN 对活性碳库的影响较为显著,OTU 数目对活性碳含量和惰性碳含量的影响较大。农业种植为主的小流域,大团聚体(粒径≥0.25mm)占比与活性碳和缓效性碳含量及周转时间呈显著正相关关系($p<0.05$),小团聚体(粒径<0.25mm)占比则与活性碳和缓效性碳含量及周转时间呈显著负相关关系($p<0.05$)。植被恢复为主的小流域,粒径为 1~5mm 的团聚体占比与活性碳含量呈显著正相关关系($p<0.05$),粒径为 0.5~1mm 的团聚体占比、MWD 和 K 值与活性碳周转时间呈显著负相关关系($p<0.05$),粒径>5mm 的团聚体占比、MWD 与缓效性碳含量呈显著正相关关系($p<0.05$),粒径为 0.25~1mm 团聚体占比与惰性碳含量呈显著正相关关系($p<0.05$)。自然恢复下,粒径为 1~2mm 的团聚体占比、MWD 与惰性碳含量呈显著正相关关系,小团聚体占比则与惰性碳含量呈显著负相关关系。人工恢复下,缓效性碳含量主要受粒径为 0.5~1mm 的团聚体占比影响,惰性碳含量主要受大团聚体占比和 MWD 的影响,粒径为 0.5~1mm 的团聚体占比对缓效性碳周转时间起到促进作用,而 MWD 对缓效性碳周转时间起到减缓作用。不同小流域的土壤活性碳稳定性主要受 MBC、土壤有机碳含量、粒径为 0.25~0.5mm 的团聚体占比、MWD、K 值的影响;土壤缓性碳的稳定性主要受粒径>5mm 的团聚体占比和土壤含水量的影响,且前者起促进作用,后者起抑制作用;土壤惰性碳的稳定性主要受土壤全氮含量、全磷含量、MBC、pH、土壤容重及粒径为 0.5~1mm、1~2mm、2~5mm 的团聚体占比影响,除土壤容重外,其他指标均起到促进作用。

  土壤有机碳的分解快慢通常用矿化速率来表征,其随时间的变化趋势主要与土壤有机碳组分有关。微生物先分解易分解的活性碳,分解速率大且快速减小,其次是相对难分解的缓效性碳,分解速率缓慢直至趋于稳定(邵月红等,2006;Townsend et al.,1995)。一般来说,土壤有机碳分解速率主要受温度、湿度、酶活性等的影响(Côté et al.,2000;Leiros et al.,1999),但在控温控湿的室内培养实验中,有机碳矿化速率主要由有机质质量决定。在同一研究区域,气候及小区域的条件基本相似,土壤有机碳的分解速率主要受凋落物的化学组成和土壤理化性质影响。同一土壤类型下,不同植被的碳分解速率差异主要是凋落物的化学组成不同形成的(邵月红等,2006)。本章 4 个不同小流域 0~20cm 土层的土壤有机碳分解速率均大于 20~40cm 土层,这与 Qin 等(2019)的研究结果一致,这可能是因为团聚体对土壤有机碳的物理保护作用减弱了土壤有机碳对温度变化的灵敏度(Q_{10})(Qin et al.,2019;Six et al.,2002)。有研究表明,小团聚体被破坏所需的能量高于大团聚体，且被包裹小团聚体中的土壤有机碳与分解所需的土壤酶无法直接接触，这阻碍了分解过程中保证微生物生命活动所需要的氧气输送环节(Blagodatskaya et al.，2014；Six et al.，2002)，从而不利于微生物对土壤有机碳的利用，因此包裹于小团聚体内的土壤有机碳比包裹于大团聚体内的土壤有机碳更难分解。本章4个小流域下层土壤的小团聚体占比大于表层土壤，尤其是农业种植为主和植被恢复为主的小流域。此外，下层土壤微生物的丰富度受碳源、氮源等的影响低于表层土壤，且微生物的组成也会影响土壤有机碳的分解进程。已有文献报道，真菌是难降解底物的主要分解者(Paterson et al.，2008)，这些难降解底物分解需要更大的激活能(Bosatta et al.，1999)，随着土壤深度的增加，真菌在微生物群落组成中占比减少，这可能有助于下层土壤的 Q_{10} 减小(Briones et al.，2014)。本章农业种植为主和植被恢复为主的小流域均属于黄土丘陵沟壑区，二者的气候相差不大，土壤类型也近乎一致，但各植被恢复措施下的土壤有机碳分解速率不同，这可能与不同植被恢复措施下凋落物的化学组成不同有关。这在本章的自然恢复和人工恢复小流域可以得到解释，自然恢复和人工恢复小流域的研究区均属于黄土高原沟壑区，二者毗邻，气候因子及土壤类型相似，但土壤有机碳的分解速率却不同。自然恢复小流域的植被恢复措施均为草地，人工恢复小流域的植被恢复措施均为乔木，凋落物组分不同可能是影响土壤有机碳矿化的主要原因。人工恢复下的土壤有机碳分解速率大于自然恢复，这可能是因为人工恢复下土壤活性碳比例较大，分解过程中可以为微生物提供较为充足的可利用碳源，微生物活性较高，分解能力较强，所以人工恢复下土壤活性碳和缓效性碳的周转时间比自然恢复下的短。

土壤有机碳库并不是一个均匀的碳库，它由数千种不同的碳化合物组成，从简单的碳水化合物到复杂的腐殖酸，平均周转时间从几个小时到几千年不等(Tian et al.，2015；Banger et al.，2010；Koarashi et al.，2009；Rühlmann，1999)。本章不同小流域土壤惰性碳周转时间与当地的年平均气温有关，因此其周转时间相对比较稳定，而土壤活性碳和缓效性碳的周转时间受土壤温度、土壤水分、土壤酶及土壤微生物等因子的影响(Davidson et al.，2006)。不同小流域土壤活性碳和缓效性碳的周转时间不同，但差异并不显著。总体上看，人工恢复下土壤活性碳周转时间相对较长，缓效性碳周转时间较短。

本章不同小流域土壤理化性质对土壤有机碳库的影响，主要表现在土壤有机碳含量和土壤全氮含量对有机碳库的影响，而对土壤有机碳周转时间的影响并不显著。这可能是因为土壤有机碳含量和土壤全氮含量可直接对土壤有机碳库产生影响，而土壤理化性质影响有机碳周转时间则是通过其他因子产生的间接影响，因此仅通过简单的相关性分析难以判断其中的作用过程。相关性分析显示，pH与有机碳周转时间不存在显著的相关关系(表6.5)，而在图6.6和图6.7中，可以发现 pH 通过影响不同粒径团聚体占比和微生物的丰富度指数，对有机碳周转时间产生影响。人工恢复下，地上生物量对土壤活性碳和缓效性碳的含量和周转时间影响较大，其他3个小流域的地下生物量是主要影响因素。这可能是因为人工恢复下人为的管理措施对植被地上部分的可操作性较大，使得人工恢复下地上生物量的影响大于对地下生物量的影响，使土壤中有机物质的来源地上大于地下，微生物对地上输入的有机物质利用较多，对活性碳和缓效性碳的含量和周转时间影响也较大。土壤微生物对土壤有机碳循环的影响不仅在于可以降解有机碳，而且代谢产物也是土壤有机碳的重要组成部分。在降解有机碳的过程中，微生物首先选择易于分解的有机质，分解一些相对较为稳定的有机物质，因此它对有机碳的含量和周转时间具有一定的影响(Lehmann et al., 2015; Schmist et al., 2011)。通过 Person 相关性分析，很难看出细菌和真菌对土壤有机碳含量和周转时间的影响，利用结构方程模型进行分析后，则不难发现微生物丰富度指数作为中间量对有机碳周转时间产生影响。这进一步说明，微生物在土壤有机碳循环过程中扮演着重要角色。总体上看，大团聚体对土壤活性碳、缓效性碳的含量和周转时间影响较大，小团聚体则对土壤惰性碳的影响较大，这可能是因为有机碳的周转时间随着团聚体粒级的降低而增加(Han et al., 2016)。尽管大团聚体周转速率快，不能长期地保护有机碳，但是它包裹了更多的有机碳，并促进小团聚体的形成，从而为小团聚体对土壤有机碳长期稳定的固持提供了条件(徐嘉辉等，2018; Six et al., 2002; Oades, 1984)。综上可知，土壤活性碳的稳定性主要受到土壤有机碳含量、土壤全氮含量、pH、细菌 ACE 指数和真菌 Simpson 指数的影响；土壤缓效性碳稳定性主要受土壤有机碳含量、pH、粒径为 1~2mm 团聚体占比、细菌 Chao 1 指数和真菌 ACE 指数的影响；土壤有机碳含量、pH 可直接影响粒径为 0.5~2mm 团聚体占比，从而对惰性碳的稳定性产生影响。

参 考 文 献

高菲, 姜航, 崔晓阳, 2015. 小兴安岭两种森林类型土壤有机碳库及周转[J]. 应用生态学报, 26(7): 1913-1920.

姬强, 孙汉印, 王勇, 等, 2012. 土壤颗粒有机碳和矿质结合有机碳对4种耕作措施的响应[J]. 水土保持学报, 26(2): 132-137.

吕茂奎, 谢锦升, 周艳翔, 等, 2014. 红壤侵蚀地马尾松人工林恢复过程中土壤非保护性有机碳的变化[J]. 应用生态学报, 25(1): 37-44.

邵月红, 潘剑君, 许信旺, 等, 2006. 长白山森林土壤有机碳库大小及周转研究[J]. 水土保持学报, 20(6): 99-102.

徐嘉辉, 孙颖, 高雷, 等, 2018. 土壤有机碳稳定性影响因素的研究进展[J]. 中国农业生态学报, 26(2): 222-230.

BANGER K, TOOR G S, BISWAS A, et al., 2010. Soil organic carbon fractions after 16-years of applications of fertilizers and organic manure in a Typic Rhodalfs in semi- arid tropics[J]. Nutrient Cycling in Agroecosystems, 86: 391-399.

BLAGODATSKAYA E, ZHENG X, BLAGODATSKY S, et al., 2014. Oxygen and substrate availability interactively control the temperature sensitivity of CO_2 and N_2O emission from soil[J]. Biology and Fertility of Soils, 50: 775-783.

BOSATTA E, ÅGREN G I, 1999. Soil organic matter quality interpreted thermodynamically[J]. Soil Biology and Biochemistry, 31: 1889-1891.

BRANDANI C B, ABBRUZZINI T F, CONANT R T, et al., 2017. Soil organic and organomineral fractions as indicators of the effects of land management in conventional and organic sugar cane systems[J]. Soil Research, 55(2): 145-161.

BRIONES M J I, MCNAMARA N P, POSKITT J, et al., 2014. Interactive biotic and abiotic regulators of soil carbon cycling: Evidence from controlled climate experiments on peatland and boreal soils[J]. Global Change Biology, 20: 2971-2982.

CAMBARDELLA C A, ELLIOTT E T, 1992. Particulate soil organic-matter changes across a grassland cultivation sequence[J]. Soil Science Society of America Journal, 56(3): 777-783.

CHENG S L, FANG H J, ZHU T H, et al., 2010. Effects of soil erosion and deposition on soil organic carbon dynamics at a sloping field in Black Soil region, Northeast China[J]. Soil Science and Plant Nutrition, 56(4): 521-529.

CÔTÉ L, BROWN S, PARÉ D, et al., 2000. Dynamics of carbon and nitrogen mineralization in relation to stand type, stand age and soil texture in the boreal mixed wood[J]. Soil Biology and Biochemistry, 32: 1079-1090.

DAVIDSON E A, JANSSENS I A, 2006. Temperature sensitivity of soil carbon decomposition and feedbacks to climate change[J]. Nature, 440: 165-173.

DUNGAIT J A J, HOPKINS D W, GREGORY A S, et al., 2012. Soil organic matter turnover is governed by accessibility not recalcitrance[J]. Global Change Biology, 18(6): 1781-1796.

HAN L F, SUN K, JIN J, et al., 2016. Some concepts of soil organic carbon characteristics and mineral interaction from a review of literature[J]. Soil Biology and Biochemistry, 94: 107-121.

JANDL R, LINDER M, VESTERDAL L, et al., 2007. How strongly can forest management influence soil carbon sequestration?[J]. Geoderma, 137(3-4): 253-268.

JASTROW J, AMONETTE J, BAILEY V, 2007. Mechanisms controlling soil turnover and their potential application for enhancing carbon sequestration[J]. Climatic Change, 80(1-2): 5-23.

KANTOLA I B, MASTERS M D, DELUCIA E H, 2017. Soil particulate organic matter increases under perennial bioenergy crop agriculture[J]. Soil Biology and Biochemistry, 113: 184-191.

KOARASHI J U N, ATARASHI-ANDOH M, ISHIZUKA S, et al., 2009. Quantitative aspects of heterogeneity in soil organic matter dynamics in a cool-temperate Japanese beech forest: A radiocarbon-based approach[J]. Global Change Biology, 15: 631-642.

LEHMANN J, KLEBER M, 2015. The contentious nature of soil organic matter[J]. Nature, 528(7580): 60-68.

LEIROS M C, TRASAR-CEPEDA C, SEOANE S, et al., 1999. Dependence of mineralization of soil organic matter on temperature and moisture[J]. Soil Biology and Biochemistry, 31: 327-335.

LOPEZ-SANGIL L, ROVIRA P, 2013. Sequential chemical extractions of the mineral-associated soil organic matter: An integrated approach for the fractionation of organo-mineral complexes[J]. Soil Biology and Biochemistry, 62: 57-67.

OADES J M, 1984. Soil organic matter and structural stability: Mechanisms and implications for management[J]. Plant and Soil, 76(1/3): 319-337.

PATERSON E, OSLER G, DAWSON L A, et al., 2008. Labile and recalcitrant plant fractions are utilised by distinct microbial communities in soil: Independent of the presence of roots and mycorrhizal fungi[J]. Soil Biology and Biochemistry, 40: 1103-1113.

QIN S Q, CHEN L Y, FANG K, et al., 2019. Temperature sensitivity of SOM decomposition governed by aggregate protection and microbial communities[J]. Science Advances, 5: eaau1218.

ROVIRA P, JORBA M, ROMANYÀ J, 2010. Active and passive organic matter fractions in Mediterranean forest soils[J]. Biology and Fertility of Soils, 46(4): 355-369.

RÜHLMANN J, 1999. A new approach to estimating the pool of stable organic matter in soil using data from long-term field experiments[J]. Plant and Soil, 213(1-2): 149-160.

SCHMIST M W I, TORN M S, ABOEVN S, et al., 2011. Persistence of soil organic matter as an ecosystem property[J]. Nature, 478(7367): 49-56.

SIX J, CONANT R T, PAUL E A, et al., 2002. Stabilization mechanisms of soil organic matter: Implications for C-saturation of soils[J]. Plant and Soil, 241(2): 155-176.

TIAN H, LU C, YANG J et al., 2015. Global patterns and controls of soil organic carbon dynamics as simulated by multiple terrestrial biosphere models: Current status and future directions[J]. Global Biogeochemical Cycles, 29: 775-792.

TOWNSEND A R, VOTOUSEK P M, TRUMBORE S E, 1995. Soil organic matter dynamics along gradients in temperature and land use on the island of Hawaii[J]. Ecology, 76: 721-733.

ZIMMERMAN M, LEIFELD J, CONEN F, et al., 2012. Can composition and physical protection of soil organic matter explain soil respiration temperature sensitivity?[J]. Biogeochemistry, 107(1/3): 423-436.

第 7 章 黄土高原小流域生态系统服务评估

生态系统是人类的栖息场所，不仅为人类提供了生存空间，还向人类提供了各种自然资源，人类的生活离不开生态系统的各种服务功能(Daily，1997)。生态系统服务(ecosystem services)是指人类从自然界中获取各种福利，深入开展对生态系统服务的研究能够有效和持续地解决资源短缺等问题(傅伯杰，2013；Crossman et al.，2013；Costanza et al.，1999)。在过去的 100 多年里，全球气候变化持续加强、生态环境持续退化，造成了生态系统服务功能减退等一系列自然变化，关于生态系统服务的研究成为全球聚焦的问题之一。20 世纪初，随着经济和生态学的不断发展，人类意识到生态系统服务的重要性。2001 年，联合国启动了"千年生态系统评估"项目，"生态系统服务与人类福祉"综合报告于 2005 年发布，评估了 24 项全球生态系统服务的变化，结果显示，全球范围内约 60%的生态系统服务正在退化或者已经退化(Reida et al.，2005)。更严重的是，这种退化可能会持续半个世纪，这不仅对全球的生态环境产生影响，而且对人类的后代也造成了极大的威胁(Zhang et al.，2017；Harrison et al.，2014；Bagstad et al.，2013)。人类活动导致生态系统服务功能受到严重的破坏(Ren et al.，2016；Zheng et al.，2016；Kremen，2005)，反过来，水土流失、气候加剧、生物多样性丧失等问题又影响了社会发展和人类的健康，同时限制了人类的可持续发展(Maes et al.，2016；Wolff et al.，2015；Schomers et al.，2013)。随着经济的发展，人类逐渐认识到自然环境和生态系统服务对人类的重要性(Leimona et al.，2015；Ramirez-Gomez et al.，2015；Costanza et al.，2014)。尤其是工业革命以来，人类改造自然的速度和能力大大增加，在过去的半个多世纪，生态系统面临较大的改变，生态系统服务功能大多得以提升，也得到了各个国家的大力支持(Ren et al.，2016；Zheng et al.，2016；Kremen，2005)。总的来说，生态系统各项服务功能具有重要的作用，不仅有利于人类的发展，还可以促进生态环境的可持续性发展，生态系统服务的重要性显得越来越重要。获得生态系统服务的成本逐步增加，而生态环境问题仍然得不到有效的解决(傅伯杰，2010；傅伯杰等，2009)，合理评估生态系统各项服务功能，有利于人类对自然资源的可持续性利用和社会的可持续性发展。

黄土高原生态环境脆弱，在退耕还林还草工程的推动下，黄土高原植被覆盖度明显增加，带来的各项生态系统服务功能(储水、固碳、生物多样性等生态系统服务功能)也显著提升(傅伯杰等，2017；张琨等，2017)。随着植被的恢复，人类对生态系统的作用不断增强，忽视了生态系统各项服务功能的价值，造成了自然资源的极大浪费；与此同时，生态系统服务过度被动供给带来生态与发展不平衡问题，使人类福祉受到威胁，各类生态系统存在不同程度的退化，生态与环境问题大量涌现，且在空间与时间上表现出高度的异质性。因此，可持续发展成为人类长期致力的目标，生态系统服务权衡与供给成为相关学科研究的前沿与热点。大量学者借助生态系统服务和权衡的综合评估模型(Integrated Valuation of Ecosystem Services and Tradeoffs, In VEST)研究两两或两种以上生态系统服务的协同与权衡效应及其空间可视化，推动了生态系统服务功能的研究(张琨等，2016；傅伯杰等，2014a；傅伯杰，2013)。

本章以植被恢复为背景，选取纸坊沟、坊塌、董庄沟和杨家沟4个典型小流域，以遥感解译数据、实际测量数据、降水数据、社会经济数据、退耕还林数据等为依据，采用 In VEST 模型对1998～2018年不同典型小流域的土壤保持量功能、碳储量功能、产水量功能和生境质量进行评估，对于深入推进黄土高原生态系统服务功能研究具有一定的重要性，对于实现区域可持续发展、科学评价人类活动对区域生态环境演变的作用具有重要意义。

7.1 土壤保持量功能评估

7.1.1 土壤保持量空间分布及其变化评估

1998～2018年，纸坊沟流域单位面积土壤保持量呈增加趋势，其中处于轻微变化的位于中部，南部单位面积土壤保持量变化幅度较大(图7.1)。1998年，纸坊沟流域土壤保持量分布较均匀，此时单位面积土壤保持量集中在45～232t·hm^{-2}；2008年，纸坊沟流域单位面积土壤保持量呈南北小、中部大的趋势，此时单位面积土壤保持量集中在53～299t·hm^{-2}；2018年，纸坊沟流域土壤保持量分布较为均匀，此时单位面积土壤保持量集中在78～320t·hm^{-2}。由图7.2可知，1998～2018年坊塌流域单位面积土壤保持量呈增加趋势，变化趋势较为均匀；1998年土壤保持量分布较均匀，此时单位面积土壤保持量集中在22～190t·hm^{-2}；2008年，单位面积土壤保持量呈南北小、中部大的趋势，此时单位面积土壤保持量集中在35～221t·hm^{-2}；2018年，土壤保持量分布较为均匀，此时单位面积土壤保持量集中在46～267t·hm^{-2}。由图7.3可知，1998～2018年董庄沟流域单位面积土壤保持量呈增加趋势，变化趋势较为均匀；1998年，单位面积土壤保持量西北部较大，由北向南逐渐减小，此时单位面积土壤保持量集中在25～245t·hm^{-2}；2008年，单位面积土壤保持量西北部较大，由北向南逐渐减小，此时单位面积土壤保持量集中在 32～299t·hm^{-2}；2018 年，单位面积土壤保持量西北部较大，由北向南逐渐减小，此时单位面积土壤保持量集中在 38～351t·hm^{-2}。由图 7.4 可知，1998～2018 年杨家沟流域单位面积土壤保持量呈增加趋势，变化趋势较为均匀；1998 年，单位面积土壤保持量中部较大，向周围呈减小趋势，此时单位面积土壤保持量集中在 35～269t·hm^{-2}；2008 年，单位面积土壤保持量中部较大，向周围呈减小趋势，此时单位面积土壤保持量集中在 46～325t·hm^{-2}；2018 年，单位面积土壤保持量中部较大，向周围呈减小趋势，此时单位面积土壤保持量集中在 64～366t·hm^{-2}。

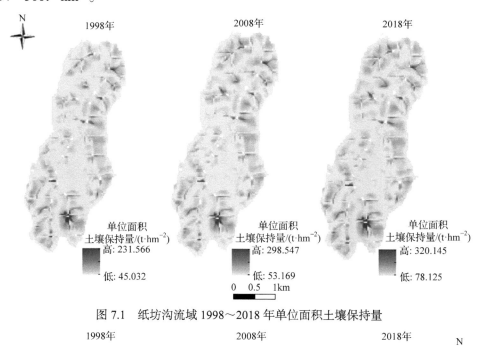

图 7.1 纸坊沟流域 1998～2018 年单位面积土壤保持量

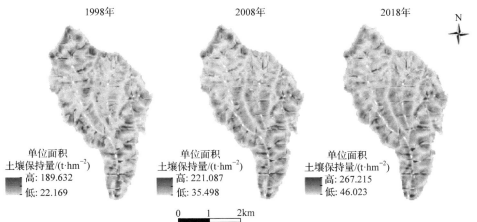

图 7.2 坊塌流域 1998～2018 年单位面积土壤保持量

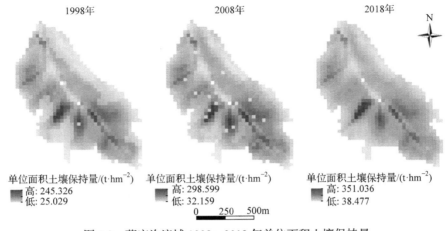

图 7.3 董庄沟流域 1998～2018 年单位面积土壤保持量

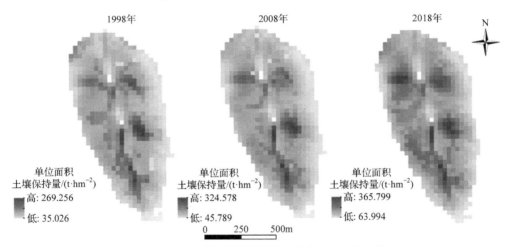

图 7.4 杨家沟流域 1998～2018 年单位面积土壤保持量

7.1.2 土壤保持量及其变化评估

通过 Arc GIS 统计分析，可知纸坊沟流域 1998～2018 年土壤保持量为 $1.06×10^6$～$1.44×10^6$t，1998～2008 年土壤保持量增加了 $1.30×10^5$t，2008～2018 年增加了 $2.50×10^5$t，后十年增加较快。坊塌流域 1998～2018 年土壤保持量为 $8.20×10^5$～$1.28×10^6$t，1998～2008 年增加了 $2.40×10^5$t，2008～2018 年增加了 $2.20×10^5$t，增加平稳。董庄沟流域 1998～2018 年土壤保持量在 $4.83×10^4$～$6.55×10^4$t，1998～2008 年增加了 $1.43×10^4$t，2008～2018 年增加了 $2.90×10^3$t，前十年增加较快。杨家沟流域 1998～2018 年土壤保持量在 $4.36×10^4$～$5.63×10^4$t，1998～2008 年增加了 $6.20×10^3$t，2008～2018 年增加了 $6.50×10^3$t，增加平稳。总体上，不同典型小流域 1998～2018 年的土壤保持量呈现明显的增加趋势(图 7.5)。

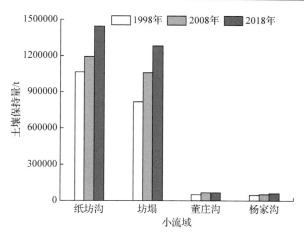

图 7.5 典型小流域 1998~2018 年土壤保持量

不同土地利用类型在典型小流域的土壤保持量功能方面发挥着重要作用。纸坊沟流域林地、灌木和草地 1998~2018 年单位面积土壤保持量呈增加趋势,耕地和裸地 1998~2018 年单位面积土壤保持量呈减小趋势,建筑用地和道路单位面积土壤保持量基本保持不变,并且土壤保持总量相对较少[图 7.6(a)]。坊塌流域林地、梯田、灌木和草地 1998~2018 年单位面积土壤保持量呈增加趋势,耕地单位面积土壤保持量呈减小趋势,建筑用地、裸地和道路单位面积土壤保持量基本保持不变,并且土壤保持总量相对较少[图 7.6(b)]。董庄沟流域林地和草地 1998~2018 年单位面积土壤保持量呈增加趋势,耕地单位面积土壤保持量呈先增加后减小趋势,建筑用地、裸地和道路单位面积土壤保持量基本保持不变,并且土壤保持总量相对较少[图 7.6(c)]。杨家沟流域林地和草地 1998~2018 年单位面积土壤保持量呈增加趋势,耕地、建筑用地、裸地和道路单位面积土壤保持量基本保持不变,并且土壤保持总量相对较少[图 7.6(d)]。

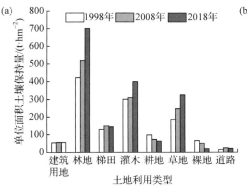
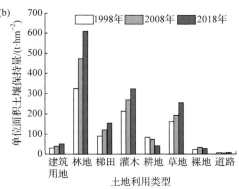

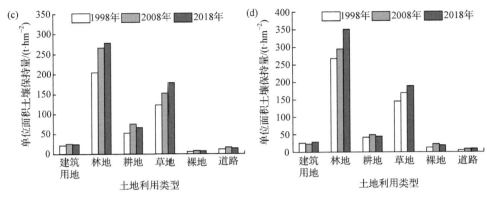

图 7.6 典型小流域 1998~2018 年不同土地利用类型单位面积土壤保持量
(a) 纸坊沟流域；(b) 坊塌流域；(c) 董庄沟流域；(d) 杨家沟流域

7.2 产水量功能评估

7.2.1 产水量空间分布及其变化评估

从产水量的地理格局分布来看，1998~2018 年纸坊沟流域产水量呈增加趋势，处于轻微变化的位于南部，北部产水量变化幅度较大。1998 年，纸坊沟流域产水量分布不均匀，北部产水量较低，南部产水量较高，产水量变化范围为 43~317mm；2008 年，产水量呈南北小、中部大的趋势，产水量变化范围为 33~326mm；2018 年，产水量呈南北小、中部大的趋势，产水量变化范围为 26~356mm(图 7.7)。由图 7.8 可知，1998 年坊塌流域产水量分布不均匀，中部产水量较低，北部和南部产水量较高，产水量变化范围为 27~289mm；2008 年，产水量由北向南呈增加趋势，产水量变化范围为 17~298mm；2018 年，产水量由北向南呈增加趋势，产水量变化范围为 23~324mm。由图 7.9 可知，1998 年董庄沟流域产水量分布不均匀，中部产水量较低，中部周围区域产水量较高，产水量变化范围为 17~301mm；2008 年，产水量东北部和西南部较高，中部较低，产水量变化范围为 27~359mm；2018 年，中部产水量较低，中部周围区域产水量较高，产水量变化范围为 26~386mm。由图 7.10 可知，1998 年杨家沟流域产水量分布不均匀，中部产水量较高，东部和西部区域产水量较低，产水量变化范围为 7~356mm；2008 年，中部产水量较高，东部和西部区域产水量较低，产水量变化范围为 35~369mm；2018 年，产水量由北向南逐渐减小，产水量变化范围为 28~402mm。

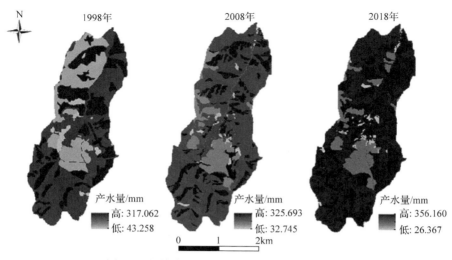

图 7.7　纸坊沟流域 1998~2018 年土壤产水量

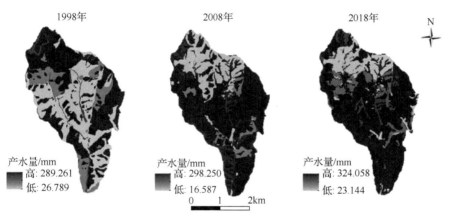

图 7.8　坊塌流域 1998~2018 年土壤产水量

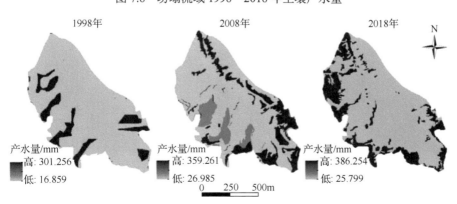

图 7.9　董庄沟流域 1998~2018 年土壤产水量

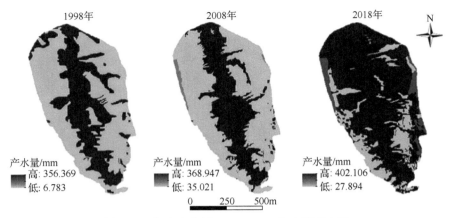

图 7.10　杨家沟流域 1998～2018 年土壤产水量

7.2.2　产水量及其变化评估

由图 7.11 可知,纸坊沟流域 1998～2018 年产水容量在 1.06×10^6～$1.45\times10^6 m^3$, 1998～2008 年产水容量增加了 $1.30\times10^5 m^3$, 2008～2018 年产水容量增加了 $2.60\times10^5 m^3$, 后十年增加较快。坊塌流域 1998～2018 年产水容量在 4.40×10^5～$1.06\times10^6 m^3$, 1998～2008 年产水容量增加了 $1.80\times10^5 m^3$, 2008～2018 年产水容量增加了 $4.40\times10^5 m^3$, 后十年增加较快。董庄沟流域 1998～2018 年产水容量在 5.60×10^4～$7.86\times10^4 m^3$, 1998～2008 年产水容量增加了 $9.90\times10^3 m^3$, 2008～2018 年产水容量增加了 $1.27\times10^4 m^3$, 后十年增加较快。杨家沟流域 1998～2018 年产水容量在 4.48×10^4～$5.15\times10^4 m^3$, 1998～2008 年产水容量增加了 $1.40\times10^3 m^3$, 2008～2018 年产水容量增加了 $5.30\times10^3 m^3$, 后十年增加较快。总体上,不同典型小流域 1998～2018 年产水容量呈增加趋势。

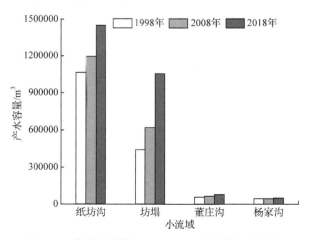

图 7.11　典型小流域 1998～2018 年土壤产水容量

不同土地利用类型在典型小流域的产水功能方面发挥着重要作用。纸坊沟流域林地、梯田、灌木和草地 1998~2018 年产水量呈增加趋势，耕地 1998~2018 年产水量呈减小趋势，建筑用地、裸地和道路产水量基本保持不变，并且产水量相对较少[图 7.12(a)]。坊塌流域林地、梯田、灌木和草地 1998~2018 年产水量增加，耕地产水量呈减少趋势，裸地和道路产水量基本保持不变，并且产水量相对较少[图 7.12(b)]；董庄沟流域草地 1998~2018 年产水量呈增加趋势，林地产水量先增加后减少，耕地产水量逐渐减少，裸地和道路产水量基本保持不变，并且产水量相对较少[图 7.12(c)]；杨家沟流域林地和草地 1998~2018 年产水量呈增加趋势，耕地产水量逐渐减少，建筑用地、裸地和道路产水量基本保持不变，并且产水量相对较少[图 7.12(d)]。

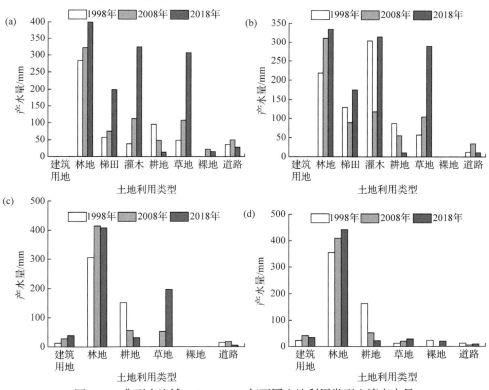

图 7.12 典型小流域 1998~2018 年不同土地利用类型土壤产水量
(a) 纸坊沟流域；(b) 坊塌流域；(c) 董庄沟流域；(d) 杨家沟流域

7.3 碳储量功能评估

7.3.1 碳储量空间分布及其变化评估

从单位面积碳储量的地理格局分布来看，1998~2018 年纸坊沟流域单位面积碳储量呈增加趋势，1998年纸坊沟流域单位面积碳储量分布不均匀，北部单位面积碳储量较高，南部单位面积碳储量较低，单位面积碳储量变化范围为 1.587～13.256t·hm^{-2}；2008年，单位面积碳储量呈南北高、中部低的趋势，单位面积碳储量变化范围为 3.027～16.988t·hm^{-2}；2018年，单位面积碳储量呈南北高、中部低的趋势，单位面积碳储量变化范围为2.471～27.256t·hm^{-2}(图7.13)。由图7.14可知，1998年坊塌流域单位面积碳储量分布不均匀，中部单位面积碳储量较低，北部和南部单位面积碳储量较高，单位面积碳储量变化范围为 1.026～11.529t·hm^{-2}；2008年，单位面积碳储量由北向南呈减小趋势，单位面积碳储量变化范围为 1.257～14.628t·hm^{-2}；2018年，单位面积碳储量由北向南呈减小趋势，单位面积碳储量变化范围为 2.014～19.522t·hm^{-2}。由图7.15可知，1998年董庄沟流域单位面积碳储量分布不均匀，东北和西南区域单位面积碳储量较低，其他区域单位面积碳储量较高，单位面积碳储量变化范围为0.259～6.256t·hm^{-2}；2008年，单位面积碳储量由南到北逐渐减小，单位面积碳储量变化范围为0.756～9.023t·hm^{-2}；2018年，中部单位面积碳储量较高，周围区域较低，单位面积碳储量变化范围为0.527～11.170t·hm^{-2}。由图7.16可知，1998年杨家沟流域单位面积碳储量分布不均匀，中部单位面积碳储量较低，周围区域较高，单位面积碳储量变化范围为1.587～9.266t·hm^{-2}；2008年，中部单位面积碳储量较低，周围区域较高，单位面积碳储量变化范围为 1.028～13.249t·hm^{-2}；2018年，中部单位面积碳储量较低，周围区域较高，单位面积碳储量变化范围为 2.489～17.259t·hm^{-2}。总的来说，1998～2018年4个典型小流域大部分区域单位面积碳储量增加，少部分区域单位面积碳储量减少，整体上4个典型小流域空间上单位面积碳储量呈增加趋势。

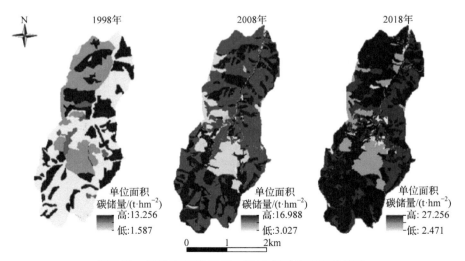

图7.13　纸坊沟流域1998～2018年单位面积碳储量

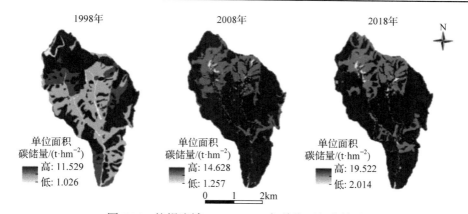

图 7.14 坊塌流域 1998~2018 年单位面积碳储量

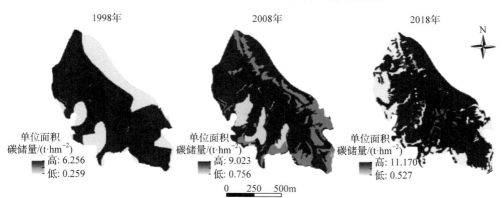

图 7.15 董庄沟流域 1998~2018 年单位面积碳储量

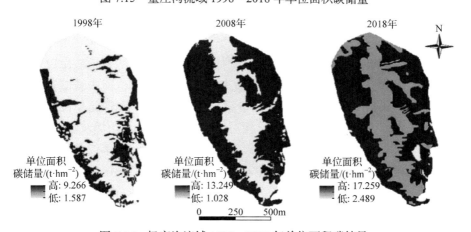

图 7.16 杨家沟流域 1998~2018 年单位面积碳储量

7.3.2 碳储量及其变化评估

由图 7.17 可知，纸坊沟流域 1998～2018 年碳储量为 3.73×10^4～5.97×10^4t，1998～2008 年碳储量增加了 1.39×10^4t，2008～2018 年碳储量增加了 8.50×10^3t，前十年增加较快。坊塌流域 1998～2018 年碳储量为 3.18×10^4～4.57×10^4t，1998～2008 年碳储量增加了 8.40×10^3t，2008～2018 年碳储量增加了 5.50×10^3t，前十年增加较快。董庄沟流域 1998～2018 年碳储量为 4.31×10^3～5.82×10^3t，1998～2008 年碳储量增加了 9.50×10^2t，2008～2018 年碳储量增加了 5.60×10^2t，前十年增加较快。杨家沟流域 1998～2018 年碳储量为 2.40×10^3～3.19×10^3t，1998～2008 年碳储量增加了 4.10×10^2t，2008～2018 年碳储量增加了 3.80×10^2t，呈稳定增加趋势。总体上，不同典型小流域 1998～2018 年碳储量呈现明显的增加趋势。

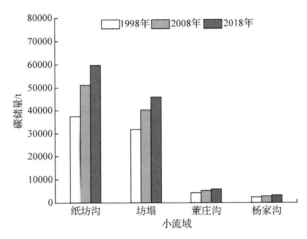

图 7.17 典型小流域 1998～2018 年碳储量

不同土地利用类型在典型小流域的碳储量功能方面发挥着重要作用。纸坊沟流域建筑用地、林地、梯田、灌木和草地 1998～2018 年单位面积碳储量呈增加趋势，耕地 1998～2018 年单位面积碳储量呈减小趋势，裸地和道路单位面积碳储量基本保持不变，并且单位面积碳储量相对较小[图 7.18(a)]。坊塌流域林地、梯田、灌木和草地 1998～2018 年单位面积碳储量呈增加趋势，耕地单位面积碳储量呈减小趋势，裸地和道路单位面积碳储量基本保持不变，并且单位面积碳储量相对较小[图 7.18(b)]。董庄沟流域林地和草地 1998～2018 年单位面积碳储量呈增加趋势，耕地单位面积碳储量减小，裸地和道路单位面积碳储量基本保持不变，并且单位面积碳储量相对较小[图 7.18(c)]。杨家沟流域林地 1998～2018 年单位面积碳储量呈增加趋势，耕地和草地单位面积碳储量逐渐减小，建筑用地、裸地和道路单位面积碳储量基本保持不变，并且单位面积碳储量相对较小[图 7.18(d)]。

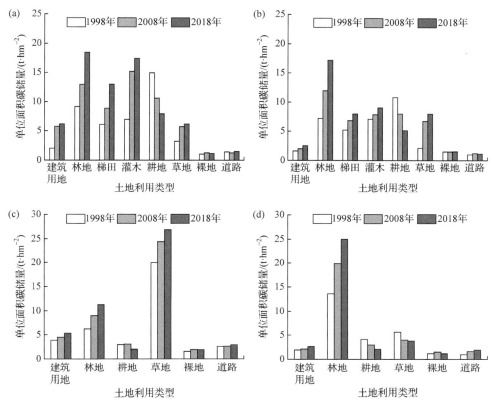

图 7.18 典型小流域 1998~2018 年不同土地利用类型单位面积碳储量
(a) 纸坊沟流域；(b) 坊塌流域；(c) 董庄沟流域；(d) 杨家沟流域

7.4 生境质量评估

7.4.1 生境质量空间分布及其变化评估

从生境质量指数的地理格局分布来看，1998~2018 年纸坊沟流域生境质量指数呈增加趋势，1998 年纸坊沟流域生境质量指数分布不均匀，中部生境质量指数较大，生境质量指数变化范围为 0.06~0.81；2008 年，生境质量指数由北向南逐渐减小，变化范围为 0.05~0.92；2018 年，生境质量指数呈南北高、中部低的趋势，变化范围为 0.09~0.91(图 7.19)。由图 7.20 可知，1998 年坊塌流域生境质量指数分布较为均匀，变化范围为 0.09~0.77；2008 年和 2018 年生境质量指数分布较为均匀，变化范围分别为 0.16~0.79 和 0.15~0.87。由图 7.21 可知，1998 年董庄沟流域生境质量指数分布不均匀，中部生境质量指数较大，东北部和西南部区域生境质量指数较小，变化范围为 0~0.79；2008 年，生境质量指数西南部较小，变化范围为 0~0.89；2018 年，中部生境质量指数较大，周围区域较小，变化范围为 0~0.92。由图 7.22 可知，1998 年杨家沟流域生境质量指数分布不均匀，中部生境质量指数较大，周围区域较小，变化范围为 0~0.86；2008 年，生境质量指数分布较为均匀，变化范围为 0~0.92；2018 年，中部生境质量指数较大，东部和西部较小，变化范围为 0~0.95。总的来说，1998~2018 年 4 个典型小流域大部分区域生境质量提高，少部分区域生境质量降低，空间上生境质量呈提高趋势。4 个典型小流域 1998~2018 的生境质量越来越好，主要原因是退耕还林还草工程的实施，农田面积大量减少，草地和林地面积大量增长，并且人类活动不明显，对生境的破坏较小。

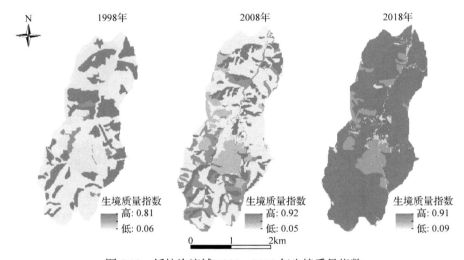

图 7.19　纸坊沟流域 1998~2018 年生境质量指数

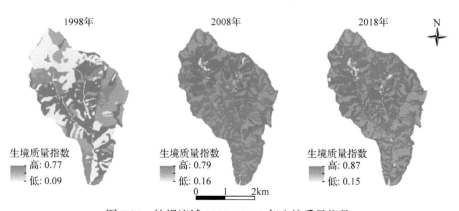

图 7.20　坊塌流域 1998~2018 年生境质量指数

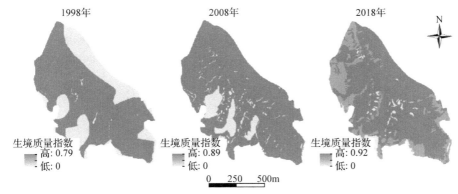

图 7.21 董庄沟流域 1998~2018 年生境质量指数

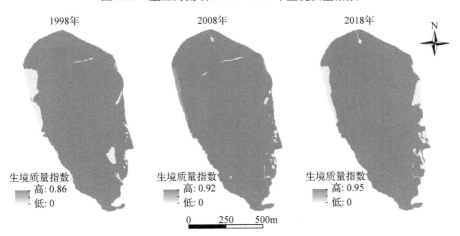

图 7.22 杨家沟流域 1998~2018 年生境质量指数

7.4.2 生境质量及其变化评估

不同土地利用类型在典型小流域的生境质量方面也发挥着重要作用。纸坊沟流域林地、梯田、灌木和草地 1998~2018 年生境质量指数呈增加趋势，耕地 1998~2018 年生境质量指数呈减小趋势，建筑用地、裸地和道路生境质量指数基本保持不变[图 7.23(a)]。坊塌流域林地、灌木、裸地和草地 1998~2018 年生境质量指数呈增加趋势，梯田和耕地生境质量指数呈减小趋势，建筑用地和道路生境质量指数基本保持不变[图 7.23(b)]。董庄沟流域草地 1998~2018 年生境质量指数呈增加趋势，林地和耕地生境质量指数逐渐减小，裸地和道路生境质量指数基本保持不变[图 7.23(c)]。杨家沟流域林地、裸地 1998~2018 年生境质量指数呈增加趋势，建筑用地、耕地和草地生境质量指数逐渐减小，道路生境质量指数基本保持不变，并且建筑用地、裸地和道路的生境质量指数相对较小[图 7.23(d)]。4 个典型小流域 1998~2018 年平均生境质量指数呈明显增加趋势，说明 4 个典型小流域生境质量在不断提高,这要归功于退耕还林还草政策的实施。不同土地利用类型的平均生境质量指数由大到小依次为林地、草地、耕地、灌丛,建筑用地、裸地和道路相对较小,说明林地和草地的生境质量最好,与退耕还林还草政策和人类保护等活动密切相关。

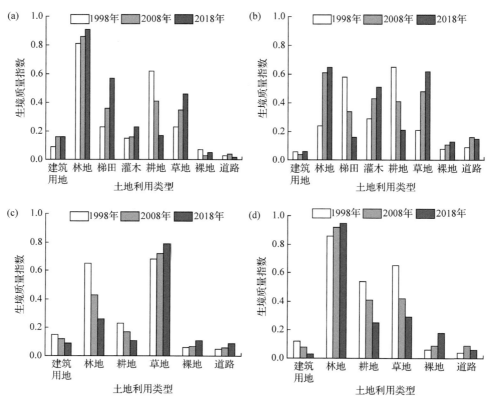

图 7.23　典型小流域 1998～2018 年不同土地利用类型生境质量指数
(a) 纸坊沟流域; (b) 坊塌流域; (c) 董庄沟流域; (d) 杨家沟流域

7.5　生态系统服务功能综合评估

7.5.1　数据标准化

由于进行生态系统服务功能综合评估时,不能简单地用实际值的大小来表示"好"与"坏",因此需要对生态系统服务功能值(土壤保持量、产量、碳储量和生境质量指数)数据进行标准化处理,使其在 0～1。采用模糊隶属度函数,对原始数据无量纲化处理之后进行综合评估,计算公式为

$$ES=(ES_i-ES_{min})/(ES_{max}-ES_{min})$$

式中,ES 为生态系统服务功能值;ES_i 为第 i 种生态系统服务功能值;ES_{min} 和 ES_{max}

分别为第 i 种生态系统服务功能的最小值和最大值。

对数据进行无量纲化和标准化处理以后，就可以对各生态系统服务功能值进行大小比较。根据不同生态系统服务功能的重要性进行综合评估，参考《国家生态保护红线—生态功能基线划定技术指南(试行)》，在 Arc GIS 软件中采用分位数(quantile)划分各生态系统服务功能的重要区。为了便于理解和综合评估，将单位面积土壤保持量、产水量、单位面积碳储量和生境质量指数均划分为极重要、非常重要、比较重要和一般重要 4 个等级，分级标准见表 7.1。

表 7.1 生态系统服务功能值分级标准

生态系统服务功能值	一般重要	比较重要	非常重要	极重要
单位面积碳储量 /(t·hm^{-2})	0～45	45～50	50～55	>55
产水量/mm	0～115	115～145	145～175	>175
单位面积土壤保持量 /(t·hm^{-2})	0～65	65～225	225～425	>425
生境质量指数	0～0.18	0.18～0.30	0.30～0.40	>0.40

7.5.2 土壤保持量功能重要性空间评估

图 7.24 和图 7.25(a)反映了纸坊沟流域土壤保持量功能重要性的空间分布，1998～2018 年土壤保持量功能一般重要区域面积为 616～664hm^2，占比较大；其次是比较重要区域，面积为 100～146hm^2；非常重要和极重要区域面积相对较小。图 7.26 和图 7.25(b)反映了坊塌流域土壤保持量功能重要性的空间分布，1998～2018 年土壤保持量功能一般重要区域面积为 701～709hm^2，占比较大；其次是比

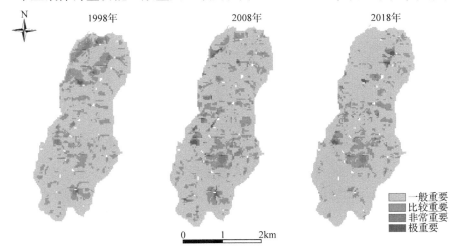

图 7.24 纸坊沟流域 1998～2018 年土壤保持量功能重要性

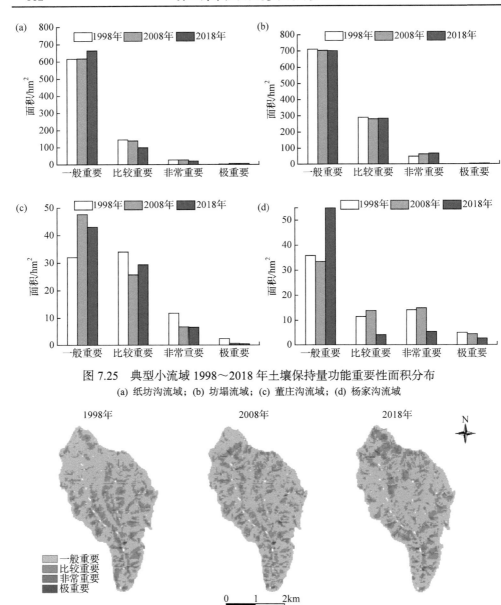

图 7.25　典型小流域 1998～2018 年土壤保持量功能重要性面积分布
(a) 纸坊沟流域；(b) 坊塌流域；(c) 董庄沟流域；(d) 杨家沟流域

图 7.26　坊塌流域 1998～2018 年土壤保持量功能重要性

较重要区域，面积为 281～290hm²；非常重要和极重要区域面积相对较小。1998～2018 年董庄沟流域土壤保持量功能一般重要区域面积为 32～48hm²，占比较大；其次是比较重要区域，面积为 26～34hm²；非常重要和极重要区域面积相对较小 [图 7.27 和图 7.25(c)]。1998～2018 年杨家沟流域土壤保持量功能一般重要区域面积为 36～55hm²，占比较大；其次是比较重要区域，面积为 4～14hm²；非常重要和极重要区域面积相对较小[图 7.28 和图 7.25(d)]。

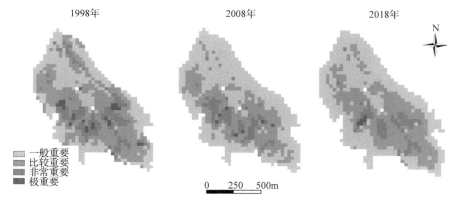

图 7.27　董庄沟流域 1998～2018 年土壤保持量功能重要性

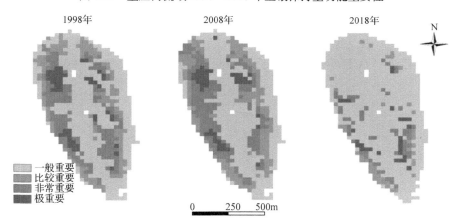

图 7.28　杨家沟流域 1998～2018 年土壤保持量功能重要性

7.5.3　产水量功能重要性空间评估

图 7.29 和图 7.30(a)反映了纸坊沟流域产水量功能重要性的空间分布，1998～2018 年产水量功能非常重要区域面积为 314～534hm^2，占比较大；其次是极重要区域，面积为 152～376hm^2；一般重要和比较重要区域面积相对较小。图 7.31 和图 7.30(b)反映了坊塌流域产水量功能重要性的空间分布，1998～2018 年产水量功能非常重要区域面积为 39～466hm^2，占比较大；其次是极重要区域，面积为 345～756hm^2；一般重要和比较重要区域面积相对较小。图 7.32 和图 7.30(c)反映了董庄沟流域产水量功能重要性的空间分布，1998～2018 年产水量功能一般重要区域面积为 53～69hm^2，占比较大；比较重要、非常重要和极重要区域面积相对较小。图 7.33 和图 7.30(d)反映了杨家沟流域产水量功能重要性的空间分布，1998～2018 年产水量功能极重要区域面积为 24～51hm^2，占比较大；其次是一般重要区域，

面积为 12～41hm²；非常重要和比较重要区域面积相对较小。

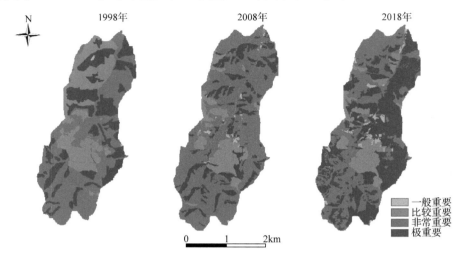

图 7.29　纸坊沟流域 1998～2018 年产水量功能重要性

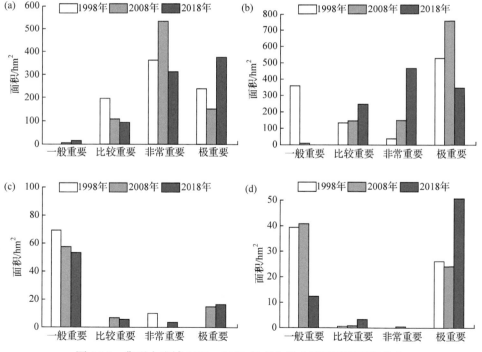

图 7.30　典型小流域 1998～2018 年产水量功能重要性面积分布
(a) 纸坊沟流域；(b) 坊塌流域；(c) 董庄沟流域；(d) 杨家沟流域

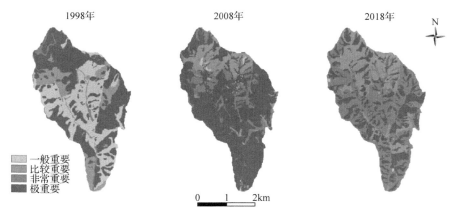

图 7.31 坊塌流域 1998~2018 年产水量功能重要性

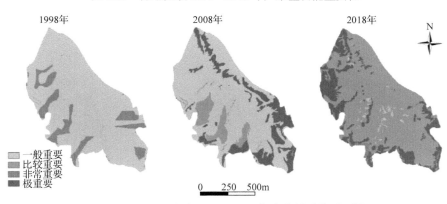

图 7.32 董庄沟流域 1998~2018 年产水量功能重要性

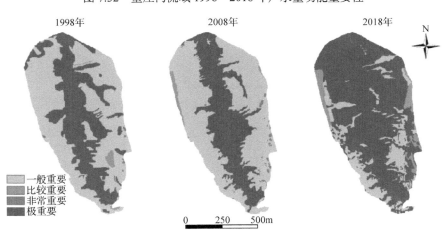

图 7.33 杨家沟流域 1998~2018 年产水量功能重要性

7.5.4 碳储量功能重要性空间评估

图 7.34 和图 7.35(a)反映了纸坊沟流域碳储量功能重要性的空间分布，1998~2018 年碳储量功能非常重要区域面积为 376~561hm^2，占比较大；1998 年一般重要面积为 362hm^2；比较重要和极重要区域面积相对较小。图 7.36 和图 7.35(b)反映了坊塌流域碳储量功能重要性的空间分布，1998~2018 年碳储量功能非常重要区域面积为 133~756hm^2，占比较大；其次是比较重要区域，面积为 234~360hm^2；一般重要和极重要区域面积相对较小。图 7.37 和图 7.35(c)反映了董庄沟流域碳储量功能重要性的空间分布，1998~2018 年碳储量功能极重要区域面积为 49~61hm^2，占比较大；一般重要、比较重要和非常重要区域面积相对较小。图 7.38 和图 7.35(d)反映了杨家沟流域碳储量功能重要性的空间分布，1998~2018 年碳储量功能极重要区域面积为 12~42hm^2，占比较大；2018 年比较重要区域面积为 51hm^2；一般重要、比较重要和非常重要区域面积相对较小。

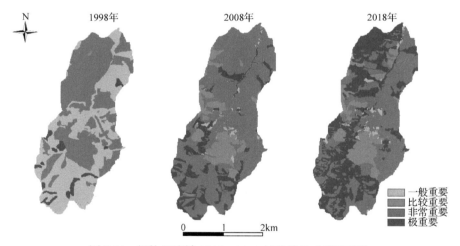

图 7.34　纸坊沟流域 1998~2018 年碳储量功能重要性

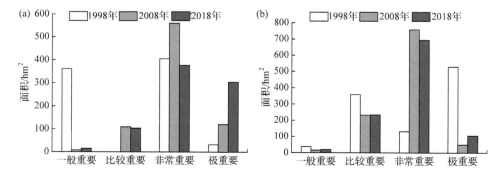

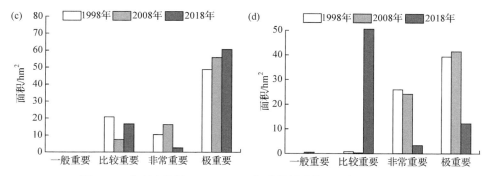

图 7.35 典型小流域 1998~2018 年碳储量功能重要性面积分布

(a) 纸坊沟流域；(b) 坊塌流域；(c) 董庄沟流域；(d) 杨家沟流域

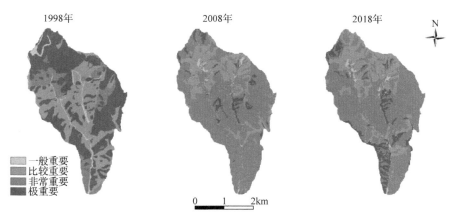

图 7.36 坊塌流域 1998~2018 年碳储量功能重要性

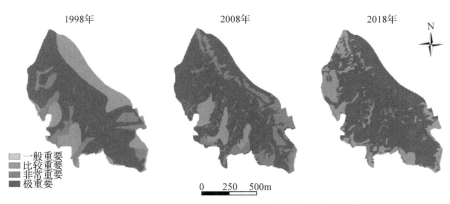

图 7.37 董庄沟流域 1998~2018 年碳储量功能重要性

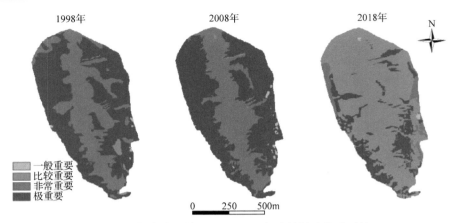

图 7.38 杨家沟流域 1998～2018 年碳储量功能重要性

7.5.5 生境质量重要性空间评估

图 7.39 和图 7.40(a)反映了纸坊沟流域生境质量重要性的空间分布，2008 年生境质量一般重要区域面积为 427hm²，占比较大；1998 年比较重要区域面积为 534hm²；极重要区域面积相对较小。图 7.41 和图 7.40(b)反映了坊塌流域生境质量重要性的空间分布，1998～2018 年生境质量比较重要区域面积为 235～442hm²，占比较大；其次是非常重要区域，面积为 232～345hm²；一般重要和极重要区域面积相对较小。图 7.42 和图 7.40(c)反映了董庄沟流域生境质量重要性的空间分布，1998～2018 年生境质量极重要区域面积为 17～59hm²，占比较大；一般重要、比较重要和非常重要区域面积相对较小。图 7.43 和图 7.40(d)反映了杨家沟流域生境质量重要性的空间分布，1998～2018 年生境质量极重要区域面积为 24～51hm²；占比较大；其次是非常重要区域，面积为 12～42hm²；一般重要、比较重要区域面积相对较小。

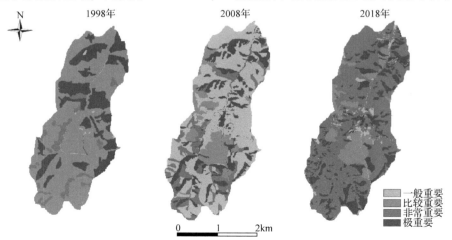

图 7.39 纸坊沟流域 1998～2018 年生境质量重要性

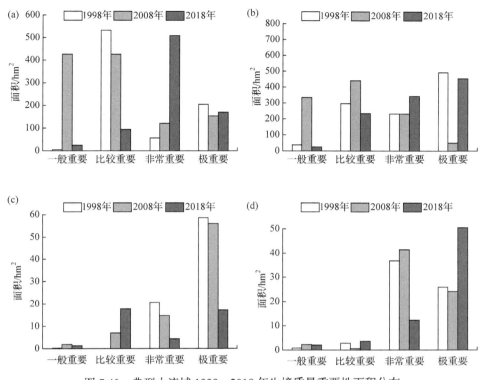

图 7.40 典型小流域 1998~2018 年生境质量重要性面积分布

(a) 纸坊沟流域；(b) 坊塌流域；(c) 董庄沟流域；(d) 杨家沟流域

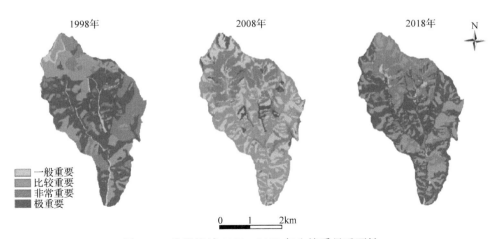

图 7.41 坊塌流域 1998~2018 年生境质量重要性

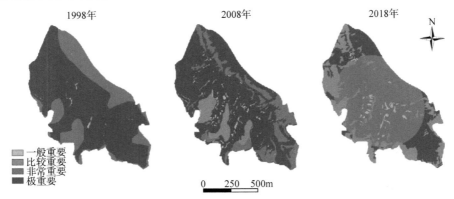

图 7.42 董庄沟流域 1998~2018 年生境质量重要性

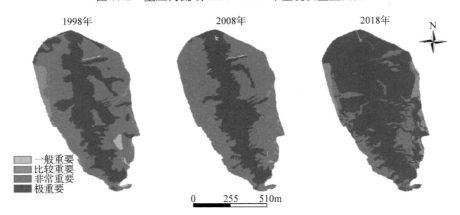

图 7.43 杨家沟流域 1998~2018 年生境质量重要性

7.6 生态系统服务功能影响

7.6.1 生态服务功能驱动因素分析

Pontius 等(2001)提出二元逻辑(logistic)回归方程，可以用相对操作特征量(relative operating characteristics，ROC)方法检验各回归变量对响应变量的解释程度。以生态系统服务功能值为因变量，以相关分析中的 25 个变量为自变量(解释因子)，进行逻辑回归分析。由表 7.2 可知，各生态系统服务功能 ROC 均大于等于 0.80，一般 ROC 大于 0.70 说明逻辑回归方程具有很好的解释力，拟合度高，回归方程解释程度较好，影响因子具有很好的解释力。对于纸坊沟流域和坊塌流域，人工林地、人工灌丛和自然灌丛最大持水量(X_{20})和降水量(X_{24})对产水量功能的回归系数为正，总人口(X_{22})和蒸发量(X_{25})对产水量功能的回归系数为负，说明人工林地、人工灌丛和自然灌丛产水量功能与最大持水量和降水量有着密切联系；

表 7.2 1998~2018 年产水量功能的逻辑回归结果

小流域	土地利用类型	植被多样性				土壤养分特性								土壤物理特性					土壤持水特性				经济特性		降水蒸发		ROC
		X_1	X_2	X_3	X_4	X_5	X_6	X_7	X_8	X_9	X_{10}	X_{11}	X_{12}	X_{13}	X_{14}	X_{15}	X_{16}	X_{17}	X_{18}	X_{19}	X_{20}	X_{21}	X_{22}	X_{23}	X_{24}	X_{25}	
纸坊沟	耕地	-0.6	0.3	-0.9	0.3	-1.5	1.1	-0.3	0.2	0.7	-0.6	-0.6	0.7	1.3	0.8	0.6	-0.6	1.2	-1.2	0.7	4.3	0.4	7.9	6.8	0.3	-1.3	0.86
	退耕草地	-0.3	0.2	-0.6	-0.6	-1.6	2.3	-0.6	0.5	-1.1	0.3	1.6	0.3	0.9	-0.6	0.9	0.8	0.9	0.6	0.6	3.2	0.6	5.3	7.1	0.2	-1.6	0.89
	人工草地	0.5	0.3	-1.3	0.2	-0.6	1.0	0.5	-0.6	0.3	0.5	0.3	0.5	1.1	1.3	0.3	1.3	1.1	0.9	1.3	2.1	0.5	6.2	5.3	0.6	-0.6	0.87
	人工林地	-0.9	0.6	-0.3	-0.5	0.5	0.8	0.6	0.9	0.6	0.2	0.2	0.6	-0.3	1.6	0.5	1.6	0.6	1.6	1.6	6.8	0.9	-8.4	-1.2	7.6	-4.5	0.87
	人工灌丛	0.8	0.6	-0.3	0.4	1.8	0.7	0.2	0.3	-0.2	-0.4	0.1	1.1	0.8	1.9	0.6	0.9	0.3	2.3	0.5	7.2	1.2	-7.1	-1.3	8.3	-7.3	0.83
	自然灌丛	-0.3	0.4	-0.5	0.6	-2.4	0.3	0.5	0.3	0.5	0.9	0.3	0.2	0.6	-1.5	1.3	0.8	0.5	1.8	0.4	6.3	1.4	-6.3	-0.8	6.4	-5.9	0.85
坊塌	耕地	-0.2	0.3	0.6	-0.9	0.6	1.1	-0.5	0.4	0.4	0.8	0.5	0.5	0.6	2.4	1.6	-1.3	0.8	-1.2	0.3	2.3	0.6	6.2	5.6	1.2	0.6	0.84
	退耕草地	0.4	0.2	-0.4	0.2	-0.5	1.4	0.4	0.5	0.2	-1.1	0.6	0.6	0.3	1.0	0.9	0.6	1.3	0.8	0.8	-3.2	0.8	2.1	8.2	0.6	0.3	0.88
	人工草地	0.3	0.3	0.3	0.3	0.9	1.6	0.8	0.6	0.3	0.3	0.3	0.6	0.5	-0.9	1.5	-0.5	1.6	0.6	0.2	4.1	0.9	0.7	1.6	0.7	0.2	0.85
	人工林地	0.5	0.5	-0.3	-0.3	-2.6	2.3	-0.9	1.1	0.5	0.2	0.4	0.4	0.4	1.6	0.6	0.8	1.4	1.3	0.5	5.6	1.1	-8.6	-0.3	8.3	-7.3	0.85
	人工灌丛	-0.9	0.6	0.5	0.5	2.3	2.4	0.1	-0.6	-0.6	-0.3	-0.5	0.5	0.3	1.3	1.3	-1.6	0.6	1.6	1.6	5.7	1.7	-7.2	0.5	6.2	-6.5	0.86
	自然灌丛	0.4	0.3	-0.4	0.1	-2.4	0.3	1.1	0.2	0.5	0.6	-0.5	0.3	0.5	0.3	1.8	1.4	0.9	0.8	1.9	6.2	0.6	-2.7	0.1	5.4	-3.2	0.89

续表

土地利用类型		植被多样性					土壤养分特性							土壤物理特性					土壤持水特性				经济特性		降水蒸发		ROC
		X_1	X_2	X_3	X_4	X_5	X_6	X_7	X_8	X_9	X_{10}	X_{11}	X_{12}	X_{13}	X_{14}	X_{15}	X_{16}	X_{17}	X_{18}	X_{19}	X_{20}	X_{21}	X_{22}	X_{23}	X_{24}	X_{25}	
董庄沟	人工林地	0.6	0.5	0.6	-0.3	0.2	0.9	-1.3	0.6	0.6	-0.6	0.6	0.4	-0.6	0.8	2.4	0.8	1.5	1.6	1.0	6.4	0.5	7.2	-1.7	7.6	-7.1	0.92
	退耕草地	0.8	0.6	-0.2	0.6	-0.6	0.5	0.2	0.3	0.3	0.1	0.3	0.3	0.1	-1.5	2.1	0.9	1.7	0.9	1.5	2.3	0.8	6.3	8.6	1.7	0.2	0.94
	耕地	0.7	0.5	0.6	0.5	0.8	0.7	0.5	0.2	-0.2	0.2	0.6	0.4	1.3	2.1	0.8	0.3	0.6	-1.8	0.9	1.6	-0.1	6.4	7.9	0.2	0.1	0.93
	灌丛	-0.3	0.6	-0.1	-0.4	0.9	0.6	-0.6	0.6	0.1	0.6	0.3	0.5	1.6	2.1	0.6	0.5	0.8	2.1	0.8	6.8	0.6	0.7	1.3	6.3	-6.1	0.91
杨家沟	人工林地	0.6	0.9	0.3	0.6	-1.3	0.3	0.4	1.3	0.3	-0.9	-0.5	-0.9	-0.3	1.8	2.1	0.7	0.3	1.2	0.6	5.2	0.4	8.9	-2.5	6.5	-7.2	0.85
	退耕草地	0.8	0.1	-0.7	-0.5	1.6	0.5	0.2	-0.9	-0.6	-1.3	0.3	0.2	0.5	-0.9	-1.7	-0.6	-0.6	0.8	0.3	1.3	-0.7	6.9	7.9	0.7	0.2	0.86
	耕地	0.6	1.1	0.3	0.5	1.9	1.6	0.1	0.8	0.5	0.2	0.5	1.1	0.7	0.8	0.3	0.5	0.1	-0.6	-1.6	1.6	0.6	7.5	8.2	0.6	0.1	0.79
	灌丛	-0.5	1.3	-0.5	-0.6	-2.4	1.3	-0.3	0.6	0.2	0.3	0.4	0.3	0.3	0.7	0.5	0.7	0.9	0.7	1.2	5.7	0.8	0.4	0.1	7.9	-7.2	0.80

注：X_1 为丰富度指数 S；X_2 为优势度指数 D；X_3 为多样性指数 H；X_4 为均匀度指数 J；X_5 为土壤全氮含量；X_6 为土壤有机碳含量；X_7 为土壤全磷含量；X_8 为速效磷含量；X_9 为铵态氮含量；X_{10} 为硝态氮含量；X_{11} 为微生物量碳；X_{12} 为微生物量氮；X_{13} 为土壤 pH；X_{14} 为土壤含水量；X_{15} 为土壤容重；X_{16} 为电导率；X_{17} 为总孔隙度；X_{18} 为毛管孔隙度；X_{19} 为非毛管孔隙度；X_{20} 为最大持水量；X_{21} 为有效持水量；X_{22} 为总人口；X_{23} 为 GDP；X_{24} 为降水量；X_{25} 为蒸发量。

耕地、退耕草地和人工草地总人口(X_{22})和 GDP(X_{23})对产水量功能的回归系数为正，说明耕地、退耕草地和人工草地总人口和 GDP 对产水量功能起着促进作用。对于杨家沟流域和董庄沟流域，人工林地和灌丛最大持水量(X_{20})和降水量(X_{24})对产水量功能的回归系数为正，蒸发量(X_{25})对产水量功能的回归系数为负，说明人工林地、灌丛产水量功能与最大持水量和降水量有着密切联系；耕地和退耕草地总人口(X_{22})和 GDP(X_{23})对产水量功能的回归系数为正，说明耕地和退耕草地总人口和 GDP 对产水量功能起着促进作用。另外，植被多样性(X_1～X_4)、土壤养分特性(X_5～X_{12})、土壤物理特性(X_{13}～X_{16})等自然环境因素对产水量功能也具有较高的解释力，产生重要影响。

1998～2018 年碳储量功能的逻辑回归结果如表 7.3 所示。由表 7.3 可知，ROC 均达到 0.80，说明了回归方程解释程度较好，其影响因子也具有很好的解释力。对于纸坊沟流域和坊塌流域，人工林地、人工灌丛和自然灌丛总人口(X_{22})和蒸发量(X_{25})对碳储量功能的回归系数为负，说明人工林地、人工灌丛和自然灌丛碳储量功能与总人口和蒸发量有着密切联系；耕地和退耕草地总人口(X_{22})和 GDP(X_{23})对碳储量功能的回归系数为正，说明总人口和 GDP 对耕地和退耕草地碳储量功能起着促进作用。对于杨家沟流域和董庄沟流域，人工林地总人口(X_{22})和蒸发量(X_{25})对碳储量功能的回归系数为负，说明人工林地总人口和蒸发量与碳储量功能有着密切联系；耕地和退耕草地总人口(X_{22})和 GDP(X_{23})对碳储量功能的回归系数符号为正，说明总人口和 GDP 对耕地和退耕草地碳储量功能起着促进作用。另外，植被多样性(X_1～X_4)、土壤养分特性(X_5～X_{12})、土壤物理特性(X_{13}～X_{16})等自然环境因素对碳储量功能也具有较高的解释力，产生重要影响。

1998～2018 年土壤保持量功能的逻辑回归结果如表 7.4 所示。由表 7.4 可知，ROC 均达到 0.80，其影响因子具有很好的解释力。对于纸坊沟流域和坊塌流域，人工林地、人工灌丛和自然灌丛总人口(X_{22})、GDP(X_{23})和蒸发量(X_{25})对土壤保持量功能的回归系数为负，说明人工林地、人工灌丛和自然灌丛土壤保持量功能与总人口、GDP 和蒸发量有着密切联系；耕地、退耕草地和人工草地总人口(X_{22})和 GDP(X_{23})对土壤保持量功能的回归系数为正，说明总人口和 GDP 对耕地、退耕草地和人工草地土壤保持量功能起着促进作用。对于杨家沟流域和董庄沟流域，人工林地总人口(X_{22})、GDP(X_{23})和蒸发量(X_{25})对土壤保持量功能的回归系数为负，说明人工林地总人口、GDP 和蒸发量与土壤保持量功能有着密切联系；耕地和退耕草地总人口(X_{22})和 GDP(X_{23})对土壤保持量功能的回归系数为正，说明总人口和 GDP 对耕地和退耕草地土壤保持量功能起着促进作用。另外，植被多样性(X_1～X_4)、土壤养分特性(X_5～X_{12})、土壤物理特性(X_{13}～X_{16})等自然环境因素对土壤保持量功能也具有较高的解释力，产生重要影响。

表 7.3 1998~2018 年碳储量功能的逻辑回归结果

土地利用类型		植被多样性				土壤养分特性								土壤物理特性				土壤持水特性				经济特性			降水蒸发		ROC
		X_1	X_2	X_3	X_4	X_5	X_6	X_7	X_8	X_9	X_{10}	X_{11}	X_{12}	X_{13}	X_{14}	X_{15}	X_{16}	X_{17}	X_{18}	X_{19}	X_{20}	X_{21}	X_{22}	X_{23}	X_{24}	X_{25}	
纸坊沟	耕地	0.6	0.9	-0.6	0.9	0.3	-0.6	-0.8	0.9	0.8	0.6	0.9	0.9	1.1	0.7	0.6	0.6	0.7	-0.6	0.9	1.6	0.9	8.2	7.2	-0.3	0.6	0.95
	退耕草地	0.9	0.5	-1.3	0.6	0.2	0.5	0.6	0.3	0.6	0.9	1.2	1.3	0.6	0.3	0.9	0.3	-0.6	-0.2	-1.2	1.9	-0.6	6.3	8.3	-1.2	1.1	0.92
	人工草地	1.3	0.6	-1.2	-0.3	0.6	0.9	1.3	0.6	0.3	-0.5	0.6	1.6	0.5	0.6	0.3	0.5	0.3	0.3	1.6	2.3	0.3	2.4	1.4	-0.3	0.3	0.86
	人工林地	1.6	0.8	0.5	0.2	3.6	1.3	1.2	2.3	0.5	1.3	0.9	0.5	0.9	0.2	0.5	0.4	0.5	0.5	1.3	-2.1	0.5	-7.9	0.5	4.3	-3.2	0.85
	人工灌丛	0.5	1.3	0.6	0.5	2.8	0.6	0.4	-0.2	0.7	-1.2	0.4	-0.2	0.3	-0.5	-0.5	1.9	0.5	-1.2	0.5	2.7	0.8	-6.9	0.3	5.2	-2.1	0.80
	自然灌丛	0.8	1.2	0.8	0.8	2.9	0.3	0.6	0.4	1.3	0.5	2.1	0.3	0.5	0.4	1.4	1.6	0.5	1.9	0.9	1.6	0.2	-3.2	0.2	6.2	-5.4	0.83
坊塌	耕地	0.6	1.6	0.7	0.1	0.2	-0.5	0.9	0.9	0.6	0.4	-0.2	0.3	0.5	0.3	0.3	0.6	0.4	1.1	1.7	-1.9	-1.3	7.2	7.9	-1.6	0.3	0.86
	退耕草地	0.4	0.5	0.9	-0.5	-0.3	0.4	-0.5	1.3	0.9	0.1	0.6	0.6	0.9	0.6	-0.6	0.1	0.8	0.2	1.6	0.9	1.2	5.8	6.5	-1.5	0.2	0.89
	人工草地	0.5	0.8	1.1	0.7	-0.1	0.6	0.3	1.5	-1.3	1.9	0.8	0.8	0.5	0.5	2.1	1.2	0.5	0.6	0.3	1.8	1.1	3.2	-1.2	-2.0	0.2	0.87
	人工林地	0.6	0.9	-1.6	0.6	2.9	-0.8	-0.5	0.3	0.2	0.5	-0.9	0.6	0.6	0.9	2.5	0.2	-1.6	-0.5	-0.5	1.4	0.8	-9.3	-0.3	5.3	-4.6	0.85
	人工灌丛	0.6	0.3	-0.3	0.5	2.7	1.3	0.7	0.2	0.4	0.6	0.6	0.9	0.5	-0.1	0.3	0.6	0.2	0.7	1.6	2.1	0.7	-7.2	-2.1	4.6	-4.4	0.90
	自然灌丛	0.5	0.7	0.5	0.3	3.2	1.6	0.8	0.2	2.1	0.9	0.5	0.7	0.4	1.3	0.5	0.5	0.3	0.3	1.9	0.9	2.3	-2.1	-1.9	5.2	-3.8	0.80

续表

土地利用类型	植被多样性				土壤养分特性								土壤物理特性					土壤持水特性				经济特性		降水蒸发		ROC
	X_1	X_2	X_3	X_4	X_5	X_6	X_7	X_8	X_9	X_{10}	X_{11}	X_{12}	X_{13}	X_{14}	X_{15}	X_{16}	X_{17}	X_{18}	X_{19}	X_{20}	X_{21}	X_{22}	X_{23}	X_{24}	X_{25}	
董庄沟 人工林地	-0.8	0.5	0.5	1.3	3.2	-0.2	0.6	0.6	0.2	0.8	0.8	0.6	1.3	0.6	0.2	0.9	-0.2	0.6	1.4	0.8	2.1	-8.3	1.1	5.6	-4.9	0.88
董庄沟 退耕草地	0.9	0.6	-0.9	-1.2	0.5	0.6	-0.3	-0.9	-0.6	2.4	0.7	1.5	0.2	1.6	-0.9	0.2	0.2	-0.9	0.6	2.1	1.4	8.2	7.8	-3.2	2.6	0.85
董庄沟 耕地	1.3	0.7	-0.6	0.5	0.4	0.1	0.2	1.1	0.2	0.5	0.3	1.6	-0.6	1.5	1.6	0.6	0.5	1.6	0.8	-2.4	-1.6	5.7	6.9	-1.2	2.1	0.86
董庄沟 灌丛	1.2	0.6	0.3	0.8	3.7	0.3	0.5	0.5	1.3	-0.3	1.1	0.3	0.8	0.3	0.5	0.7	0.7	2.5	0.6	0.6	1.1	1.6	0.3	4.3	-3.7	0.84
杨家沟 人工林地	0.2	0.9	0.5	-0.7	3.2	0.1	1.1	0.6	0.2	0.2	0.6	0.5	-0.6	0.6	0.2	0.6	1.8	-1.4	0.7	-1.7	0.6	-7.3	-1.4	6.2	-5.9	0.83
杨家沟 退耕草地	0.2	1.1	0.7	1.3	0.4	-0.5	0.2	0.4	0.4	0.5	0.3	0.7	0.4	0.2	0.3	-0.2	0.2	2.0	0.9	1.2	-0.8	6.3	7.1	-1.1	0.6	0.82
杨家沟 耕地	-0.8	0.3	-0.5	0.5	0.8	0.9	0.3	0.7	0.8	0.5	0.2	0.2	0.5	2.4	-0.8	2.1	0.7	1.1	1.6	1.3	0.9	6.1	7.3	-1.3	0.7	0.81
杨家沟 灌丛	0.7	0.5	0.6	0.6	2.8	1.1	0.7	0.9	0.6	0.6	0.6	0.5	0.9	0.6	0.7	2.0	0.9	0.8	2.1	0.6	0.7	0.8	2.7	5.9	-5.2	0.84

表 7.4 1998~2018 年土壤保持量功能的逻辑回归结果

土地利用类型		植被多样性			土壤养分特性						土壤物理特性					土壤持水特性				经济特性			降水蒸发		ROC
		X_1	X_2	X_3	X_4	X_5	X_6	X_7	X_8	X_9	X_{10}	X_{11}	X_{12}	X_{13}	X_{14}	X_{15}	X_{16}	X_{17}	X_{18}	X_{19}	X_{20}	X_{21}	X_{22}	X_{23}	X_{24}	X_{25}	
纸坊沟	耕地	-0.2	0.6	0.6	0.3	-0.6	1.2	0.5	1.3	0.6	0.6	0.3	0.6	0.3	0.5	0.4	1.1	1.3	0.6	0.7	0.6	0.3	9.8	8.6	1.3	0.1	0.86
	退耕草地	0.3	0.5	-0.3	-0.6	0.2	0.6	0.6	-1.2	-0.5	0.3	0.2	0.5	0.5	0.9	0.3	0.2	1.2	-0.5	0.4	0.3	-0.3	6.2	7.2	0.2	0.3	0.85
	人工草地	0.3	0.9	-0.3	0.2	0.3	-0.2	1.3	0.2	0.3	0.2	-0.6	-0.3	-0.4	-0.4	-0.2	-0.6	-0.5	0.9	0.3	0.2	0.1	1.3	0.4	0.5	0.8	0.85
	人工林地	0.2	1.3	-0.2	0.1	0.2	0.3	-0.2	0.5	0.2	0.5	0.5	0.5	0.9	1.1	0.3	0.5	0.7	1.1	1.0	5.6	-2.1	5.3	1.3	3.5	-2.3	0.92
	人工灌丛	0.5	1.2	0.5	0.4	0.2	0.5	0.5	0.6	0.1	0.6	0.4	1.1	0.6	0.2	0.2	0.8	0.9	0.3	-1.6	5.4	1.9	-4.6	-1.2	3.6	-2.6	0.91
	自然灌丛	0.6	0.6	0.4	0.5	0.4	0.4	0.9	0.4	0.3	0.6	0.3	1.1	0.5	0.5	0.5	2.3	0.6	0.5	0.2	5.8	1.8	-3.2	-2.1	5.7	-4.1	0.86
坊塌	耕地	0.5	0.5	0.1	0.3	1.3	2.1	0.2	0.3	1.3	1.3	1.6	1.3	0.4	0.6	0.1	1.2	0.3	0.6	0.5	0.2	0.3	8.6	9.2	1.2	0.3	0.84
	退耕草地	0.3	0.2	-0.2	0.2	-1.2	1.6	-0.3	0.2	-1.2	1.5	0.3	0.5	0.7	0.2	1.4	1.0	-0.5	-0.7	0.9	0.3	0.2	4.7	8.7	0.6	0.2	0.80
	人工草地	-1.3	0.2	-0.6	0.5	0.2	-0.3	0.6	0.6	0.9	0.3	0.5	0.9	-0.8	0.8	-1.3	0.2	1.2	1.3	0.3	0.3	0.4	0.9	1.5	0.7	0.3	0.90
	人工林地	0.6	0.3	-0.8	-0.6	0.1	0.5	0.4	-0.9	0.6	0.6	-0.9	0.7	0.6	-0.7	-0.7	-0.6	-1.3	1.1	0.4	5.6	3.2	-8.6	-0.5	4.5	-3.9	0.84
	人工灌丛	0.5	0.4	0.4	0.3	0.5	0.6	-0.1	-0.9	0.5	0.2	1.1	0.8	0.3	1.3	-0.6	1.5	0.5	0.2	0.7	4.3	1.5	-5.7	-2.3	5.2	-1.2	0.87
	自然灌丛	0.6	0.2	0.3	0.2	0.8	0.9	0.3	2.1	0.3	0.1	0.2	0.2	0.3	0.2	0.5	1.4	-0.6	0.6	-1.6	-5.1	1.6	-6.2	-1.8	3.4	-2.1	0.88

第 7 章 黄土高原小流域生态系统服务评估

续表

土地利用类型		植被多样性				土壤养分特性							土壤物理特性						土壤持水特性			经济特性			降水蒸发		ROC
		X_1	X_2	X_3	X_4	X_5	X_6	X_7	X_8	X_9	X_{10}	X_{11}	X_{12}	X_{13}	X_{14}	X_{15}	X_{16}	X_{17}	X_{18}	X_{19}	X_{20}	X_{21}	X_{22}	X_{23}	X_{24}	X_{25}	
董庄沟	人工林地	0.3	0.6	0.2	0.1	1.3	0.4	0.8	1.3	-0.4	0.4	0.5	0.1	0.2	0.6	0.8	0.3	0.8	0.5	1.5	4.9	1.9	-6.3	-2.4	3.8	-0.3	0.86
	退耕草地	-0.2	0.5	0.1	0.5	-0.2	-0.2	-0.7	0.3	0.3	0.8	0.6	0.3	0.4	0.3	0.9	0.2	0.9	0.8	-0.3	0.3	-1.2	5.8	7.7	0.2	-0.5	0.86
	耕地	0.1	0.1	0.5	-0.2	0.2	0.1	0.3	-0.5	0.7	0.9	0.4	-0.2	1.2	0.5	0.3	-0.5	2.3	0.9	0.5	0.2	0.5	4.9	8.3	0.1	-0.2	0.83
	灌丛	0.3	0.3	-0.6	0.2	0.1	0.3	0.6	0.6	0.8	1.1	0.2	0.2	0.9	-0.8	0.2	0.3	1.5	0.6	0.6	3.8	2.3	2.4	1.3	4.1	-4.6	0.82
杨家沟	人工林地	0.5	0.2	-0.4	0.3	2.8	0.5	0.2	0.4	0.3	0.3	0.3	0.6	-0.8	1.6	0.5	0.9	0.2	0.5	0.4	5.7	2.8	-8.6	-1.7	3.9	-3.8	0.92
	退耕草地	0.6	0.2	-0.9	-0.4	-1.6	-0.3	-0.3	-0.2	0.6	-0.5	0.4	-0.5	1.3	1.3	0.6	-0.2	-0.3	0.5	-0.2	-0.3	0.6	6.3	7.2	0.5	0.2	0.91
	耕地	0.2	0.2	0.2	0.3	0.3	0.3	0.7	0.3	0.5	0.8	0.5	0.4	0.2	0.2	-0.4	1.3	0.2	0.7	1.1	-0.4	0.2	5.2	8.1	0.6	0.3	0.86
	灌丛	0.3	0.3	0.2	0.2	0.7	0.6	0.1	0.2	0.2	0.7	1.2	0.7	0.5	0.5	0.7	0.5	0.5	1.2	0.2	4.2	1.7	1.3	2.5	4.7	-3.7	0.82

1998~2018 年生境质量的逻辑回归结果如表 7.5 所示。由表 7.5 可知，ROC 均大于 0.80，说明了回归方程解释程度较好，其影响因子也具有很好的解释力。4 个流域生境质量的回归系数基本与土壤保持量功能一致，除了经济特性和降水/蒸发的影响外，植被多样性因素对生境质量也起着重要作用。此外，在影响生态系统服务功能的影响因子中，对这些因子进行相关性分析，相关系数以热值图显示，不同流域生态系统服务功能影响因子分析与回归分析的结果相一致(图 7.44)。

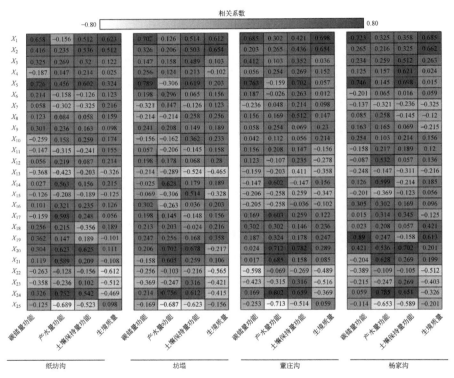

图 7.44 典型小流域生态系统服务功能影响因子相关性

7.6.2 环境因素对生态系统服务功能的影响

应用 Canoco 4.5 软件，基于线性模型对生态系统服务功能进行冗余分析。将植被多样性、土壤物理特性、土壤养分特性、土壤持水特性、经济特性、降水量、蒸发量作为解释变量，碳储量功能、土壤保持量功能、产水量功能和生境质量作为相应变量。进行冗余分析时，对数据进行中心化和标准化，排序轴特征值采用蒙特卡罗置换检验(Monte Carlo permutation test)方法检验显著性，并按照特征值进行重要性排序，绘制 RDA 二维排序图，其数据统计结果表 7.6 所示。纸坊沟流域生态系统服务功能-环境因素关系的排序图[图 7.45(a)]表明，第 1、第 2 排序轴特征值分别为 68.96%和 23.19%，2 个排序轴共解释了 92.15%，说明第 1、第 2 排序

表 7.5　1998~2018 年生境质量的逻辑回归结果

土地利用类型		植被多样性			土壤养分特性								土壤物理特性				土壤持水特性				经济特性			降水蒸发		ROC
	X_1	X_2	X_3	X_4	X_5	X_6	X_7	X_8	X_9	X_{10}	X_{11}	X_{12}	X_{13}	X_{14}	X_{15}	X_{16}	X_{17}	X_{18}	X_{19}	X_{20}	X_{21}	X_{22}	X_{23}	X_{24}	X_{25}	
纸坊沟 耕地	0.3	0.2	0.2	0.3	1.3	0.9	0.2	0.2	0.3	0.3	0.6	1.3	0.6	0.3	0.3	-0.6	1.7	0.1	-0.3	0.3	1.3	8.2	9.2	0.3	-0.6	0.86
退耕草地	0.9	0.3	0.3	0.2	4.3	-1.2	0.3	0.1	0.6	-1.3	0.5	0.2	0.5	0.6	-0.2	0.3	0.3	0.3	-0.6	0.6	-0.2	7.2	8.3	0.2	-0.9	0.85
人工草地	0.4	0.6	-0.1	0.6	2.6	1.1	0.1	-0.3	0.5	-1.2	0.9	1.1	-0.3	0.5	0.6	0.5	0.2	0.2	0.5	0.2	0.1	0.5	-0.6	0.6	-1.3	0.89
人工林地	3.5	0.1	0.5	0.2	3.2	0.8	-0.2	0.6	0.6	0.6	0.4	0.2	-0.2	0.3	0.5	0.6	0.5	0.6	0.5	0.5	0.6	-9.3	-1.6	0.2	1.2	0.81
人工灌丛	3.6	0.3	0.6	0.2	-2.5	1.3	-0.3	-0.2	0.3	0.2	0.3	0.5	-0.3	0.1	-0.3	0.8	0.2	0.5	0.3	0.1	0.5	-8.7	-2.8	0.3	0.3	0.81
自然灌丛	3.8	0.5	0.2	0.3	-1.8	0.9	-0.3	0.3	0.2	0.5	0.2	0.6	-0.4	0.2	0.2	0.9	0.2	0.9	0.3	0.3	0.4	-7.6	-1.7	0.2	0.3	0.86
坊塌 耕地	0.1	0.3	0.2	0.4	1.3	1.5	-0.4	0.2	0.1	0.4	0.5	0.1	-0.2	0.3	-0.1	1.2	0.3	0.4	-0.5	0.2	0.5	6.5	8.5	0.2	-0.4	0.89
退耕草地	-0.2	0.6	0.3	0.8	1.2	1.6	-0.5	-0.1	0.4	0.3	0.2	0.3	-0.1	0.5	0.2	0.3	0.2	-0.1	0.1	0.5	0.6	7.9	7.2	0.1	-0.2	0.89
人工草地	-0.3	-0.5	-0.1	1.2	1.6	1.3	0.6	-0.6	0.2	0.9	0.2	0.4	-0.2	0.6	-0.3	0.6	0.5	1.3	0.2	0.4	0.1	1.3	5.3	0.6	-0.2	0.90
人工林地	2.6	0.1	0.1	-0.2	-0.9	0.5	0.3	0.3	-0.5	0.5	0.3	0.5	-0.3	0.5	0.5	0.5	0.6	1.6	0.1	-0.7	0.9	-9.2	-1.2	0.5	0.5	0.92
人工灌丛	2.8	0.9	0.2	0.1	1.8	0.8	0.2	0.6	-0.3	0.6	0.1	0.6	0.5	0.5	-0.6	0.1	0.3	0.2	0.2	0.9	0.4	-9.1	0.6	0.4	0.6	0.86
自然灌丛	2.7	1.3	0.6	0.3	1.3	-1.3	-0.5	0.8	0.2	0.2	0.4	0.6	0.6	0.3	0.2	0.4	0.5	1.5	0.3	1.2	0.2	-7.3	0.4	0.3	0.1	0.87

续表

土地利用类型		植被多样性				土壤养分特性						土壤物理特性				土壤持水特性				经济特性		降水蒸发		ROC
		X_1	X_2	X_3	X_4	X_5	X_6	X_7	X_8	X_9	X_{10}	X_{11}	X_{12}	X_{13}	X_{14}	X_{15}	X_{16}	X_{17}	X_{18}	X_{19}	X_{20}	X_{21}	X_{22}	X_{23}	X_{24}	X_{25}	
董庄沟	人工林地	3.6	1.2	0.2	-0.2	1.4	1.3	0.5	-0.9	0.2	-0.3	0.6	0.5	0.2	0.6	0.3	0.8	0.5	0.6	0.3	1.3	1.3	-8.3	-1.2	0.5	-0.3	0.85
	退耕草地	0.3	0.6	-0.2	0.2	2.0	1.4	0.6	0.3	0.5	-0.1	-0.9	1.2	0.3	0.2	0.6	0.9	0.3	1.1	-0.3	0.2	1.1	7.2	7.3	0.4	0.5	0.88
	耕地	0.6	0.8	0.3	0.5	1.3	1.8	-0.3	0.5	-0.6	0.5	0.2	1.3	0.4	0.3	0.5	0.3	0.4	0.5	0.2	0.3	0.5	5.9	6.9	0.1	0.7	0.86
	灌丛	2.9	0.3	0.3	0.6	1.4	1.2	-0.4	-0.8	-0.3	0.9	0.3	2.0	0.5	0.4	-0.5	1.3	0.8	0.6	0.1	0.3	0.2	1.3	1.6	0.3	-0.5	0.84
杨家沟	人工林地	3.8	0.4	0.5	0.3	2.5	1.0	0.2	0.6	0.2	-0.8	0.4	2.3	0.6	0.2	0.6	1.2	0.9	0.7	1.1	0.6	0.1	-9.2	1.3	0.6	-0.6	0.85
	退耕草地	0.6	0.7	0.4	0.2	2.1	1.1	0.5	-1.2	0.2	0.4	0.2	1.5	0.8	0.6	-0.3	1.5	0.2	-0.2	0.1	0.5	-0.3	6.3	8.3	0.3	0.7	0.82
	耕地	0.2	0.3	-0.3	-0.1	-2.1	1.7	-0.2	0.6	-0.8	0.3	0.2	0.7	0.6	0.9	-0.2	0.3	0.6	0.3	0.5	0.1	0.6	5.7	7.2	0.2	0.1	0.83
	灌丛	3.1	0.2	-0.2	0.2	-1.8	1.5	-0.1	0.2	0.6	0.4	0.1	0.6	0.2	1.2	-0.4	0.3	0.4	0.1	1.3	0.4	0.5	0.2	0.6	0.4	-0.3	0.86

轴较好地反映了各生态系统服务功能与环境因子的关系，环境因子对各生态系统服务功能具有很好的解释作用。进一步的分析表明，土壤养分特性、经济特性和降水量与碳储量功能、产水量功能和土壤保持量功能呈相关，经济特性所在象限箭头较长，对生态系统服务功能影响较大。由图 7.45(b)可知，坊塌流域土壤养分特性、经济特性和降水量与碳储量功能、产水量功能和土壤保持量功能正相关，经济特性所在象限箭头较长，对生态系统服务功能影响较大。对于董庄沟流域[图 7.45(c)]和杨家沟流域[图 7.45(d)]，土壤养分特性、经济特性和降水量与碳储量功能、产水量功能和土壤保持量功能正相关，土壤持水特性与生态系统服务功能相关性不大，经济特性所在象限箭头较长，从而可知经济特性对生态系统服务功能的影响较大。将植被多样性、土壤物理特性、土壤养分特性、土壤持水特性、经济特性、降水量、蒸发量对生态系统服务功能的影响用雷达图表示，如图 7.46 所示，不同典型小流域环境因素对生态系统服务功能的相关分析结果与 RDA 排序结果一致。

表 7.6 RDA 排序的特征值

排序轴	特征值	F	物种-环境相关系数	物种数据	物种-环境关系
1	0.758	6.98	1.00	96.8	96.8
2	0.146	3.12	1.00	99.1	99.1
3	0.069	0.98	1.00	100.0	100.0
4	0.021	0.13	1.00	100.0	100.0

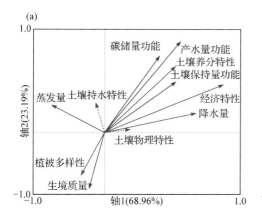
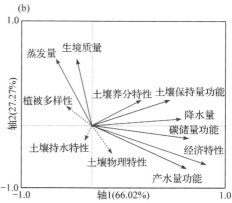

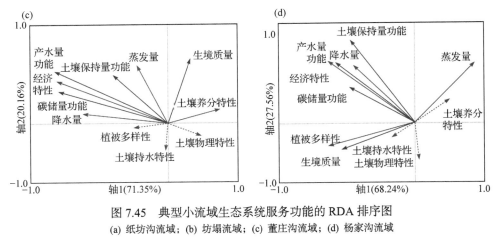

图 7.45 典型小流域生态系统服务功能的 RDA 排序图
(a) 纸坊沟流域；(b) 坊塌流域；(c) 董庄沟流域；(d) 杨家沟流域

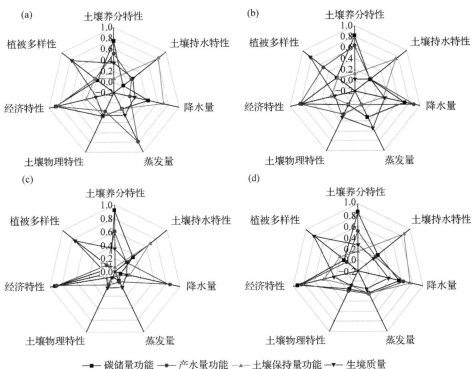

图 7.46 典型小流域生态系统服务功能的雷达图
(a) 纸坊沟流域；(b) 坊塌流域；(c) 董庄沟流域；(d) 杨家沟流域

7.7 本 章 小 结

(1) 1998～2018 年黄土高原不同典型小流域的各项生态系统服务功能(碳储量

功能、土壤保持量功能、产水量功能和生境质量)均呈增加趋势,其中1998~2008年各项生态系统服务功能增加较快。不同土地利用类型在典型小流域的各生态系统服务功能上发挥着重要作用,其中1998~2018年纸坊沟流域和坊塌流域林地、灌木和草地各生态系统服务功能呈增加趋势,耕地和裸地呈减小趋势,建筑用地、道路和裸地各项生态系统服务功能基本保持不变,并且相对较少;1998~2018年董庄沟流域林地和草地各生态系统服务功能呈增加趋势,建筑用地、裸地和道路各生态系统服务功能基本保持不变,并且相对较少。1998~2018年纸坊沟流域和坊塌流域土壤保持量功能一般重要区域面积占比较大,其次是比较重要区域。董庄沟流域和杨家沟流域土壤保持量功能一般重要区域面积占比较大,其次是比较重要区域。总的来说,不同典型小流域生态系统服务功能重要区域面积占比较大,仍需要一定的保护措施。

(2) 纸坊沟流域和坊塌流域人工林地、人工灌丛和自然灌丛总人口和蒸发量对碳储量和土壤保持量功能的回归系数为负;耕地和退耕草地总人口和 GDP 对碳储量和土壤保持量功能的回归系数为正。杨家沟流域和董庄沟流域耕地和退耕草地总人口和 GDP 对碳储量和土壤保持量功能的回归系数为正。4 个典型小流域生境质量的回归系数基本与其他服务功能相一致,除了经济因素和降水蒸发的影响外,植被多样性因素对生境质量也起着重要作用。说明总人口、GDP、降水量和蒸发量是影响生态系统服务功能的主要因素。另外,植被特性、土壤养分特性、土壤物理特性等自然环境因素也是影响生态系统服务功能的重要驱动因素。

(3) 在科学的研究中,模型仅仅是对现实情境的模拟,仍有模型自身的不足和缺陷。本章采用 In VEST 模型评估生态系统服务功能,其功能强大,简化了很多繁琐的步骤,便于管理和可视化,然而也存在一定的缺陷。例如,生态系统服务功能模块涉及的数据有植被最大根系深度、植被蒸散系数、径流量、泥沙持留量等,均通过经验公式及查阅相关文献获得,现实中不同土地利用类型的各生态因子复杂多样,因此计算值与真实值存在一定的误差,在后续工作中需要进一步探究并加以改进。

21 世纪以来,更多的学者关注生态系统服务功能的研究,大量的新方法也相继运用于生态系统服务功能的评估,使得生态系统服务功能的研究更加完善,其中运用较为广泛、操作简单的就是 In VEST 模型,In VEST 模型自身包含关于生态系统服务功能各种模块(碳储量、产水量、水土保持、生物多样性、水产养殖、林木产值、土壤肥力等),可以根据各种模块输入对应的数据计算生态系统服务功能(Donohue et al.,2016)。该模型的方便之处在于可以借助于 Arc GIS 平台,将计算出来的生态系统服务功能以空间分布的形式展示,进而得到生态系统服务功能的空间分布特征,在此基础上对空间上的生态系统服务功能进行综合评估(Hansen et al.,2015;Laurans et al.,2014;de Groot et al.,2012)。依托 In VEST 模型,本章综合评估了 1998~2018 年黄土高原不同典型小流域碳储量、产水量、土壤保持量和生境质量，并探讨了不同典型小流域生态系统服务功能的空间分布特征，从自然因素和人为因素等方面筛选出生态系统服务功能的驱动因子，利用相关性分析、冗余分析逻辑回归模型、雷达分析等探讨了黄土高原典型小流域生态系统服务功能的主要驱动因子。结果表明，1998~2018 年不同典型小流域各项生态系统服务功能呈现明显的增加趋势，这主要是因为 20 世纪末我国实施了退耕还林还草工程。1998~2008 年是退耕还林还草工程的初始阶段，这一阶段大量耕地转变为林地和草地，比较直观的是土地利用变化结果也符合这一规律。前文关于不同典型小流域土地利用变化的结果中，1998~2008 年土地利用变化的面积大于 2008~2018 年，此阶段是植被恢复的快速发展时期(刘国彬等, 2008)，耕地面积减少，林地和草地面积增加，而林地和草地对应的碳储量、产水量、土壤保持量和生境质量均有了明显的提升，最终使生态系统各项服务有所增加(刘国彬等, 2008; 温仲明等, 2007)。2008~2018 年，退耕还林还草工程逐渐放慢步伐，耕地面积减少的程度降低，各土地利用类型的转移幅度也有所降低，林地和草地对应的碳储量、产水量、土壤保持量和生境质量虽然有了一定的提升，但提升幅度明显不及 1998~2008 年。2008~2018 年，生态环境逐渐趋于稳定发展，由于人类的干扰等活动，局部生境质量下降(傅伯杰等, 2014a)。总之，1998~2018 年黄土高原不同典型小流域各项生态系统服务功能呈现明显的增加趋势，生态环境也趋于改善。

不同土地利用类型在典型小流域的各生态系统服务功能上发挥着重要作用，其中纸坊沟流域和坊塌林地、灌木和草地 1998~2018 年各生态系统服务功能呈增加趋势，耕地和裸地呈减小趋势基本不变，建筑用地和道路基本保持不变，并且相对较少；董庄沟流域林地和草地 1998~2018 年土壤保持量和产水量呈增加趋势，裸地、建筑用地、道路各生态系统服务功能基本保持不变，并且相对较少。对于碳储量、土壤保持量和产水量，纸坊沟流域和坊塌流域林地和草地较高；杨家沟流域林地碳储量较高，主要是由于其分布面积较大；董庄沟流域林地面积较小，草地碳储量较高，具有较强的贮碳能力。董庄沟流域是以封育自然草地为主的植被恢复模式，杨家沟流域是以造林为主的植被恢复模式，纸坊沟流域和坊塌流域则是林草结合的恢复模式。此外，从生境质量的地理格局分布来看(图 7.19~图 7.22)，不同典型小流域 1998~2018 年的生境质量越来越好，平均生境质量指数呈明显增加的趋势，说明不同典型小流域生态环境质量总体上有所提高，其中各土地利用类型的平均生境质量指数由大到小依次为林地、草地、耕地、灌丛，建筑用地、裸地和道路相对较小，主要原因是退耕还林还草工程的实施，耕地面积大量减少，而草地和林地面积大量增长，并且人类活动也不明显，对生境的破坏较小(傅伯杰等, 2014b; 刘国彬等, 2008)。研究区生境质量提高的区域与草地和林地增加的区域一致，反映出退耕还林还草对生境质量起到了一定的提高作用。

本章中，4个典型小流域1998~2018年土壤保持量功能一般重要区域面积占比较大，其次是比较重要区域。1998~2018年，纸坊沟流域和坊塌流域产水量功能非常重要区域占比较大，其次是极重要区域，一般重要和比较重要区域面积相对较小，董庄沟流域和杨家沟流域产水量功能一般重要区域占比较大，其他区域面积相对较小。通过对比可知，产水量功能的重要区域和极重要区域与土壤保持量功能的分布较为一致，主要是由于土壤保持量功能较好的区域，植被覆盖较好，其地表水系和根系较为发达，该区域植被具有很好的保水和调水功能，进而产水量功能较好。纸坊沟流域和坊塌流域1998~2018年碳储量非常重要区域占比较大；董庄沟流域和杨家沟流域1998~2018年碳储量功能极重要区域占比较大，碳储量高度重要区域和极重要区域是董庄沟流域和杨家沟流域，二者是碳储量生态服务功能重要区域。纸坊沟流域和坊塌流域1998~2018年生境质量比较重要区域占比较大，一般重要和极重要区域面积相对较小；董庄沟流域和杨家沟流域1998~2018年生境质量极重要区域占比较大，其他区域面积相对较小。总的来说，不同典型小流域生态系统服务功能重要区域占比较大，仍需要采取一定的保护措施。

逻辑回归关系中确定了25个与生态系统服务功能具有相关性的影响因子及回归系数，结果表明：不同典型小流域各生态系统服务功能的ROC均达到0.80，说明回归方程解释度较高，所选择的影响因子有很好的解释能力。GDP和总人口越高的区域，生态系统服务功能越好，这体现了经济增长对生态系统服务功能的促进作用，也就是说经济的增长刺激了农业机会的增加，更多的农田退耕为草地和林地，进而增加了各项生态系统服务功能(Maes et al., 2016; Wolff et al., 2015; Schomers et al., 2013)。冗余分析的结果显示(图7.45)：不同小流域土壤养分特性、经济特性和降水量与碳储量功能、产水量功能和土壤保持量功能呈正相关，经济特性所在象限箭头较长，对生态系统服务功能影响较大。环境因素对生态系统服务功能的相关系数以雷达图显示(图7.46)，不同典型小流域环境因素对生态系统服务功能的相关分析结果与RDA排序结果一致。

参 考 文 献

傅伯杰, 2010. 我国生态系统研究的发展趋势与优先领域[J]. 地理研究, 29(3): 383-396.
傅伯杰, 2013. 生态系统服务与生态安全[M]. 北京: 高等教育出版社.
傅伯杰, 于丹丹, 吕楠, 2017. 中国生物多样性与生态系统服务评估指标体系[J]. 生态学报, 37(2): 1025-1032.
傅伯杰, 张立伟, 2014a. 土地利用变化与生态系统服务: 概念, 方法与进展[J]. 地理科学进展, 33: 441-446.
傅伯杰, 赵文武, 张秋菊, 等, 2014b. 黄土高原景观格局变化与土壤侵蚀[M]. 北京: 科学出版社.
傅伯杰, 周国逸, 白永飞, 等, 2009. 中国主要陆地生态系统服务功能与生态安全[J]. 地球科学进展, 24(6): 571-576.
刘国彬, 李敏, 上官周平, 等, 2008. 西北黄土区水土流失现状与综合治理对策[J]. 中国水土保持科学, 6(1): 16-21.
温仲明, 焦峰, 赫晓慧, 等, 2007. 黄土高原森林边缘区退耕地植被自然恢复及其对土壤养分变化的影响[J]. 草业学报, 16(1): 16-23.

张琨, 吕一河, 傅伯杰, 2016. 生态恢复中生态系统服务的演变: 趋势、过程与评估[J]. 生态学报, 36(20): 6337-6344.

张琨, 吕一河, 傅伯杰, 2017. 黄土高原典型区植被恢复及其对生态系统服务的影响[J]. 生态与农村环境学报, 33(1): 23-31.

BAGSTAD K J, SEMMENS D J, WAAGE S, et al., 2013. A comparative assessment of decision-support tools for ecosystem services quantification and valuation[J]. Ecosystem Services, 5: 27-39.

COSTANZA R, D'ARGE R, GROOT R D, et al., 1999. The value of the world's ecosystem services and natural capital[J]. Nature, 387: 3-15.

COSTANZA R, DE GROOT R, SUTTON P, et al., 2014. Changes in the global value of ecosystem services[J]. Global Environmental Change, 26: 152-158.

CROSSMAN N D, BURKHARD B, NEDKOV S, et al., 2013. A blueprint for mapping and modelling ecosystem services[J]. Ecosystem Services, 4: 4-14.

DAILY G C, 1997, Introduction: What Are Ecosystem Services? Nature's Services: Societal Dependence on Natural Ecosystems[M]. Washington D.C.: Island Press.

DE GROOT R, BRANDER L, VAN DER PLOEG S, et al., 2012. Global estimates of the value of ecosystems and their services in monetary units[J]. Ecosystem Services, 1: 50-61.

DONOHUE I, HILLEBRAND H, MONTOYA J M, et al., 2016. Navigating the complexity of ecological stability[J]. Ecology Letters, 19: 1172-1185.

HANSEN R, FRANTZESKAKI N, MCPHEARSON T, et al., 2015. The uptake of the ecosystem services concept in planning discourses of European and American cities[J]. Ecosystem Services, 12: 228-246.

HARRISON P A, BERRY P M, SIMPSON G, et al., 2014. Linkages between biodiversity attributes and ecosystem services: A systematic review[J]. Ecosystem Services, 9: 191-203.

KREMEN C, 2005. Managing ecosystem services: What do we need to know about their ecology?[J]. Ecology Letters, 8: 468-479.

LAURANS Y, MERMET L, 2014. Ecosystem services economic valuation, decision-support system or advocacy?[J]. Ecosystem Services, 7: 98-105.

LEIMONA B, VAN NOORDWIJK M, DE GROOT R, et al., 2015. Fairly efficient, efficiently fair: Lessons from designing and testing payment schemes for ecosystem services in Asia[J]. Ecosystem Services, 12: 16-28.

MAES J, LIQUETE C, TELLER A, et al., 2016. An indicator framework for assessing ecosystem services in support of the EU Biodiversity Strategy to 2020[J]. Ecosystem Services, 17: 14-23.

PONTIUS JR R G, SCHNEIDER L C, 2001. Land-cover change model validation by an ROC method for the Ipswich watershed, Massachusetts, USA[J]. Agriculture, Ecosystems & Environment, 85(1-3): 239-248.

RAMIREZ-GOMEZ S O, TORRES-VITOLAS C A, SCHRECKENBERG K, et al., 2015. Analysis of ecosystem services provision in the Colombian Amazon using participatory research and mapping techniques[J]. Ecosystem Services, 13: 93-107.

REIDA W V, MOONEY H A, CROPPER A, et al., 2005. Millennium Ecosystem Assessment. Ecosystems and Human Well-being: Synthesis[R]. Washington D.C.: Island Press.

REN Y, LV Y, FU B, 2016. Quantifying the impacts of grassland restoration on biodiversity and ecosystem services in China: A meta-analysis[J]. Ecological Engineering, 95: 542-550.

SCHOMERS S, MATZDORF B, 2013. Payments for ecosystem services: A review and comparison of developing and industrialized countries[J]. Ecosystem Services, 6: 16-30.

WOLFF S, SCHULP C J E, VERBURG P H, 2015. Mapping ecosystem services demand: A review of current research and future perspectives[J]. Ecological Indicators, 55: 159-171.

ZHANG B, SHI Y T, LIU J H, et al., 2017. Economic values and dominant providers of key ecosystem services of wetlands in Beijing, China[J]. Ecological Indicators, 77: 48-58.

ZHENG H, LI Y, ROBINSON B E, et al., 2016. Using ecosystem service trade-offs to inform water conservation policies and management practices[J]. Frontiers in Ecology and the Environment, 14: 527-532.

第8章 黄土高原小流域生态系统服务关系及优化

生态系统服务是人类从生态系统中直接/间接获得的收益,侧重于人类从大自然获取的各项服务,影响着生态环境质量和生态系统的可持续性发展。由于生态系统服务种类多样、空间分布不均衡及人类的选择性使用,各种服务之间呈现相互作用、联系及交织的动态关系,具体表现为协同和权衡关系(de Groot et al., 2012)。随着人类对大自然开发利用程度的加深,加上自然环境的恶化,全球范围内的生态系统结构和功能发生了巨大的变化,同时伴随着空气质量下降、水污染等一系列的环境问题,各项生态系统服务功能出现了急剧降低,这给人类的生产生活带来了极大的困扰,已成为全球性问题(Raudsepp-Hearne et al., 2010; Tscharntke et al., 2005)。据相关统计,生态系统服务功能能够为人类创造高达15万亿英镑的价值,然而在人类不合理的开发利用下,这种价值损失了近2/3,如水土流失、生物多样性大幅下降等问题,在导致生态功能下降的同时,也破坏了生态环境的可持续发展(Jiang et al., 2021; Mi et al., 2021; Briones-Hidrovo et al., 2020),评估和改善生态系统服务刻不容缓。

人们逐渐认识到生态服务功能的重要价值,它是人类生存与发展的基础。2000年,我国颁布了《全国生态环境保护纲要》,其中最重要的目标就是保持生态系统服务功能稳定(傅伯杰, 2010)。2006年,我国就将生态系统服务功能列为生态系统优先研究的领域。分析区域经济发展策略、自然资源和土地利用对生态系统服务功能的影响,合理评估生态系统服务价值,提出科学发展策略,不仅可以实现生态系统服务的可持续发展,促进生态系统优化,而且可以满足人类日益增长的需求,实现人与自然的双赢。

黄土高原退耕还林还草、治沟造地、固沟保塬、淤地坝建设等重大生态工程的实施,使得黄土高原植被覆盖度明显增加,带来的各项生态系统服务(储水、固碳、生物多样性等)也显著提升(Fu et al., 2017; An et al., 2013)。有研究显示,我国各类生态系统2000~2010年产水量、土壤保持与固碳、防风固沙、洪水调蓄和食物生产功能得以改善和提升,而生物多样性功能表现为下降趋势,其中退耕还林还草工程和自然区保护政策对生态系统服务功能起到了关键作用(刘国彬等, 2017)。由于黄土高原植被恢复对生态环境的响应研究相对滞后,探究植被恢复与生态系统服务变化的关联性,一方面可以识别区域生态系统服务现状、演变趋势与特征,另一方面为未来实施生态环境一体化管理提供基础和参考。

在此基础上，本章构建了黄土高原植被恢复与生态系统服务功能权衡-协同概念图(图 8.1)，从植被恢复的流域和时间尺度，探究生态系统服务权衡/协同的空间分布特征，旨在以直观的方式显示权衡与协同区域范围，度量权衡/协同高低和空间属性状态。

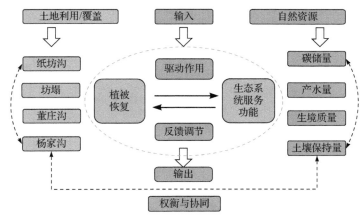

图 8.1　植被恢复与生态系统服务功能权衡-协同概念图

8.1　生态系统服务功能的权衡与协同

从生态系统服务功能权衡与协同的分布来看，1998 年纸坊沟流域生态系统服务综合作用以低协同作用为主，其次是高协同作用，零星伴有高权衡作用；2008 年生态系统服务综合作用以高权衡作用为主，伴有高协同作用；2018 年生态系统服务综合作用以低权衡作用为主，其次是高协同作用(图 8.2)。1998 年坊塌流域生态系统服务综合作用以高权衡作用为主，其次是低权衡作用，伴有高协同作用；2008 年生态系统服务综合作用以低权衡作用为主，伴有高协同作用；2018 年生态系统服务综合作用以高权衡为主，其次是低权衡作用(图 8.3)。1998 年董庄沟流域生态系统服务综合作用以低权衡作用为主，其次是低协同作用，伴有高协同作用；2008 年生态系统服务综合作用以低权衡作用为主，其次是低协同作用，伴有高协同作用；2018 年生态系统服务综合作用以低权衡作用和高协同作用为主(图 8.4)。1998 年杨家沟流域生态系统服务综合作用以低权衡作用和高权衡作用为主，伴有高协同作用；2008 年生态系统服务综合作用以低权衡作用和高权衡作用为主，伴有高协同作用；2018 年生态系统服务综合作用以低权衡作用为主，伴有高协同作用(图 8.5)。

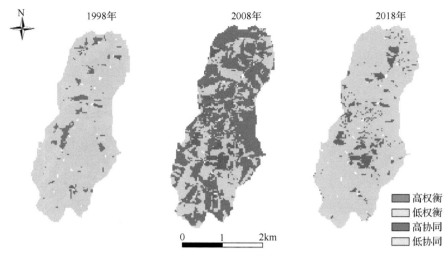

图 8.2　纸坊沟流域 1998~2018 年生态系统服务功能权衡与协同分布

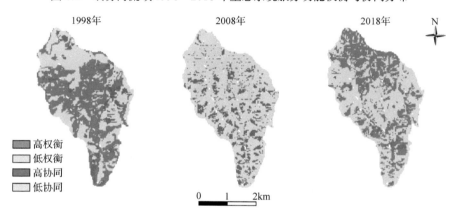

图 8.3　坊塌流域 1998~2018 年生态系统服务功能权衡与协同分布

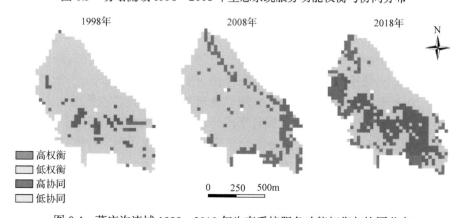

图 8.4　董庄沟流域 1998~2018 年生态系统服务功能权衡与协同分布

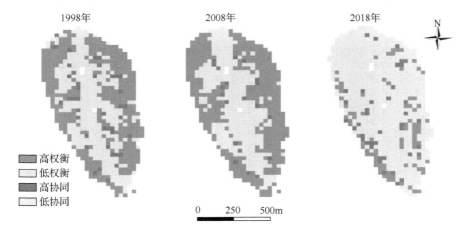

图 8.5 杨家沟流域 1998~2018 年生态系统服务功能权衡与协同分布

8.2 不同土地利用类型间权衡与协同特征

运用 Python 语言，计算 1998~2018 年不同小流域碳储量、产水量、土壤保持量、生境质量四种生态系统服务功能两两之间的相关系数。当相关系数为负值时，认为两者属于权衡关系；当相关系数为正值时，则为协同关系。权衡划分为 3 个等级：权衡($r<0$，$p<0.05$)、权衡*($r<0$，$p<0.01$)、权衡**($r<0$，$p<0.001$)；协同划分为 3 个等级：协同($r>0$，$p<0.05$)、协同*($r>0$，$p<0.01$)、协同**($r>0$，$p<0.001$)。分析不同典型小流域不同生态系统服务功能之间的权衡与协同关系。

纸坊沟流域不同土地利用类型权衡与协同统计结果如图 8.6 所示。由图 8.6 可知，纸坊沟流域除建筑用地外，其他土地利用类型的土壤保持量与碳储量的关系以协同为主，空间上协同的像元个数占比大于 50%，协同关系的分布范围更为广泛。土壤保持量与产水量的关系，裸地和道路在空间上权衡的像元个数占比大于 50%，权衡关系的分布范围更为广泛；建筑用地、林地、梯田、灌木、耕地和草地在空间上协同的像元个数占比大于 50%，协同关系的分布范围更为广泛。土壤保持量与生境质量的关系，建筑用地、林地、梯田、灌木、耕地和草地在空间上权衡关系的分布范围更为广泛，裸地和道路在空间上协同关系的分布范围更为广泛。碳储量与产水量的关系，建筑用地、裸地和道路在空间上权衡关系的分布范围更为广泛，林地、梯田、灌木、耕地和草地在空间上协同关系的分布范围更为广泛。碳储量与生境质量的关系，建筑用地、裸地和道路在空间上协同关系的分布范围更为广泛，林地、梯田、灌木、耕地和草地在空间上权衡关系的分布范围更为广泛。产水量与生境质量的关系，裸地和道路在空间上协同关系的分布范围更为广泛，建筑用地、林地、梯田、灌木、耕地和草地在空间上权衡关系的分布范围更为广泛。

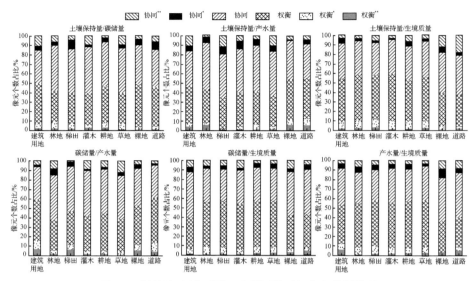

图 8.6　纸坊沟流域不同土地利用类型权衡与协同统计

坊塌流域不同土地利用类型权衡与协同统计结果如图 8.7 所示。由图 8.7 可知，坊塌流域建筑用地、林地、梯田、灌木、耕地和草地土壤保持量与碳储量在空间上协同关系的分布范围更为广泛，裸地和道路在空间上权衡关系的分布范围更为广泛。不同土地利用类型土壤保持量与产水量在空间上权衡关系的分布范围更为广泛。土壤保持量与生境质量的关系，建筑用地和道路在空间上权衡关系的分布范围更为广泛，林地、梯田、灌木、耕地、草地和裸地在空间上协同关系的分布范围更为广泛。建筑用地和道路碳储量与产水量在空间上权衡关系的分布范围更为广泛，林地、梯田、灌木、耕地、草地和裸地在空间上协同关系的分布范围更为广泛。碳储量与生境质量的关系，建筑用地和道路在空间上协同关系的分布范围更为广泛，林地、梯田、灌木、耕地、草地和裸地在空间上权衡关系的分布范围更为广泛。产水量与生境质量的关系，建筑用地和道路在空间上权衡关系的分布范围更为广泛，林地、梯田、灌木、耕地、草地和裸地在空间上协同关系的分布范围更为广泛。

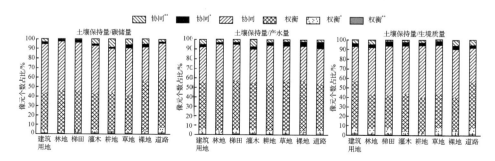

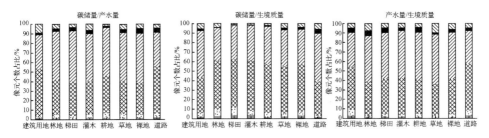

图 8.7 坊塌流域不同土地利用类型权衡与协同统计

董庄沟流域不同土地利用类型权衡与协同统计如图 8.8 所示。由图 8.8 可知，董庄沟流域土壤保持量与碳储量的关系，林地、耕地、草地、建筑用地和道路在空间上协同关系的分布范围更为广泛，裸地在空间上权衡关系的分布范围更为广泛。土壤保持量与产水量的关系，林地、耕地、草地、建筑用地和道路在空间上权衡关系的分布范围更为广泛，裸地在空间上协同关系的分布范围更为广泛。土壤保持量与生境质量的关系，林地、耕地、草地、建筑用地和道路在空间上权衡关系的分布范围更为广泛，裸地在空间上协同关系的分布范围更为广泛。碳储量与产水量的关系，林地、耕地、草地、建筑用地和道路在空间上协同关系的分布范围更为广泛，裸地在空间上权衡关系的分布范围更为广泛。碳储量与生境质量的关系，林地、耕地、草地、建筑用地和道路在空间上协同关系的分布范围更为广泛，裸地在空间上权衡关系的分布范围更为广泛。产水量与生境质量的关系，林地、耕地、草地、建筑用地和道路在空间上权衡关系的分布范围更为广泛，裸地在空间上协同关系的分布范围更为广泛。

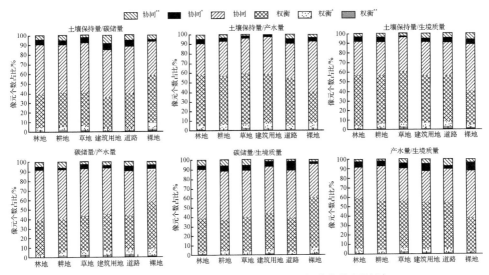

图 8.8 董庄沟流域不同土地利用类型权衡与协同统计

杨家沟流域不同土地利用类型权衡与协同统计如图8.9所示。由图8.9可知，杨家沟流域土壤保持量与碳储量的关系，林地、耕地、草地、建筑用地和道路在空间上权衡关系的分布范围更为广泛，裸地在空间上协同关系的分布范围更为广泛。不同土地利用类型土壤保持量与产水量在空间上协同关系的分布范围更为广泛。不同土地利用类型土壤保持量与生境质量在空间上权衡关系的分布范围更为广泛。碳储量与产水量的关系，林地、耕地、草地、建筑用地和道路在空间上权衡关系的分布范围更为广泛，裸地在空间上协同关系的分布范围更为广泛。碳储量与生境质量的关系，林地、耕地、草地、建筑用地和道路在空间上协同关系的分布范围更为广泛，裸地在空间上权衡关系的分布范围更为广泛。不同土地利用类型产水量与生境质量在空间上协同关系的分布范围更为广泛。

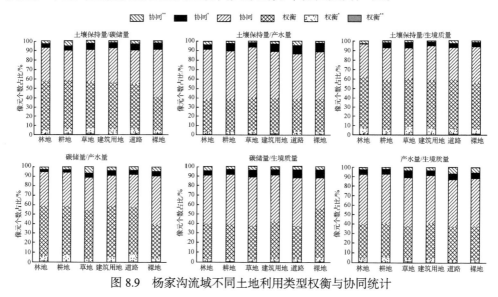

图8.9 杨家沟流域不同土地利用类型权衡与协同统计

8.3 生态系统服务功能之间的相关性

以土地利用类型为基础，将碳储量功能、产水量功能、生境质量和土壤保持量功能归一化到0~1。运用Python语言处理并可视化数据，然后制作极坐标图，即玫瑰图。由图8.10可知，1998年纸坊沟流域碳储量功能最大，其次是产水量功能和生境质量，土壤保持量功能最小；2008年碳储量功能最大，其次是产水量功能和土壤保持量功能，生境质量最小；2018年碳储量功能最大，其次是土壤保持量功能和产水量功能，生境质量最小；1998~2018年碳储量功能、土壤保持量功能、产水量功能和生境质量均呈增加趋势。1998年坊塌流域产水量功能最大，其次是碳储量功能和土壤保持量功能，生境质量最小；2008年碳储量功能、产水量功能和土壤保持量功能较大，生境质量最小；2018 年碳储量功能最大，其次是土壤保持量功能和产水量功能，生境质量最小；1998~2018 年碳储量功能、土壤保持量功能、产水量功能和生境质量均呈增加趋势。由图 8.11 可知，1998 年董庄沟流域土壤保持量功能最大，其次是碳储量功能，产水量功能最小；2008 年和 2018 年碳储量功能最大，其次是土壤保持量功能和生境质量，产水量功能最小；1998~2018 年碳储量功能、土壤保持量功能和生境质量均呈增加趋势，产水量功能变化并不大。1998 年杨家沟流域土壤保持量功能最大，其次是碳储量功能，生境质量和产水量功能较小；2008 年和 2018 年碳储量功能最大，其次是土壤保持量功能，产水量功能最小；1998~2018 年碳储量功能、土壤保持量功能和生境质量均呈增加趋势，产水量功能变化并不大。

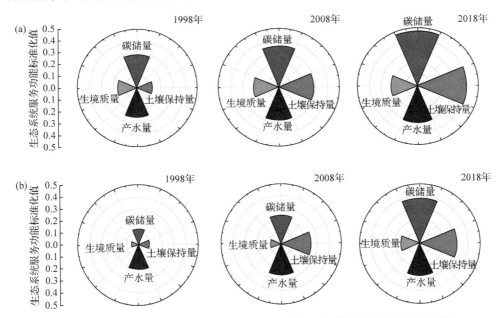

图 8.10 纸坊沟流域和坊塌流域 1998~2018 年生态系统服务功能标准化值
(a) 纸坊沟流域；(b) 坊塌流域

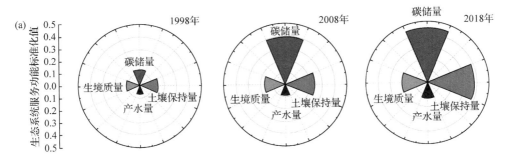

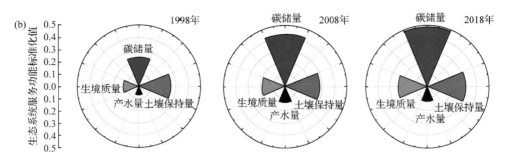

图 8.11 董庄沟流域和杨家沟流域 1998~2018 年生态系统服务功能标准化值
(a) 董庄沟流域；(b) 杨家沟流域

对不同典型小流域 4 种生态系统服务功能进行偏相关分析，结果如图 8.12 所示。纸坊沟流域碳储量功能与产水量功能呈显著正相关($R=0.72$，$p<0.05$)，土壤保持量功能与产水量功能呈显著正相关($R=0.74$，$p<0.05$)。坊塌流域碳储量功能与产

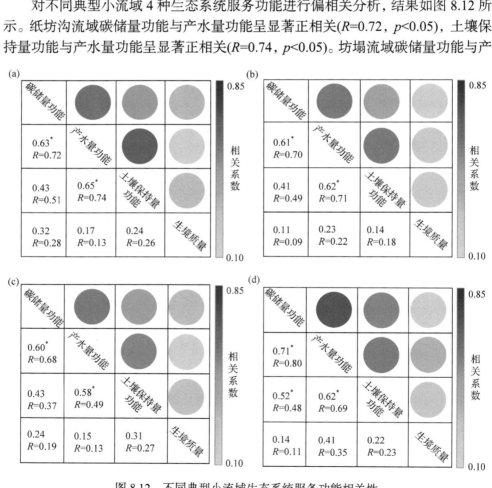

图 8.12 不同典型小流域生态系统服务功能相关性
(a) 纸坊沟流域；(b) 坊塌流域；(c) 董庄沟流域；(d) 杨家沟流域

水量功能呈显著正相关($R=0.70$,$p<0.05$),土壤保持量功能与产水量功能呈显著正相关($R=0.71$, $p<0.05$)。董庄沟流域碳储量功能与产水量功能呈显著正相关($R=0.68$,$p<0.05$),土壤保持量功能与产水量功能呈显著正相关($R=0.49$,$p<0.05$)。杨家沟流域碳储量功能与产水量功能呈显著正相关($R=0.80$,$p<0.05$),碳储量功能与土壤保持量功能呈显著正相关($R=0.48$,$p<0.05$),土壤保持量功能与产水量功能呈显著正相关($R=0.69$,$p<0.05$)。相对而言,4个小流域生境质量与其他生态系统服务功能之间均没有显著的相关性($p>0.05$)。

8.4 生态系统服务优化

生产可能性边界(production possibility frontier,PPF)表示经济社会在既定资源和技术条件下能生产的各种商品最大数量的组合,又可以称为效率曲线、帕累托曲线,或者生产可能性曲线(Lichtenstein et al., 2003)。PPF是对经济社会能达到的最大产量组合的描述,适合用于筛选各种生产组合。PPF内的点表示仍有资源未得到完全利用,存在资源闲置,说明生产还有潜力;曲线之外的点,则表示以现有的技术和资源条件是达不到的;只有曲线上的点,才是资源配置效率最高的点。本节采用PPF来分析黄土高原不同生态系统服务之间的关系,先得到不同生态系统服务两两之间栅格图层的比值,按照比值大小将每个单元格从小到大排列,然后依次对单元格对应的地理位置累计求和,绘制出相应的曲线,即PPF。

使用Python语言绘制产水量、碳储量、生境质量、土壤保持量之间的生产可能性边界(PPF),然后从定量角度研究生态系统服务之间的关系。由图8.13可知,纸坊沟流域单位面积土壤保持量与单位面积碳储量之间协同关系明显,从a点到b点和从c点到d点,单位面积土壤保持量分别增加43.49t·hm^{-2}和37.53t·hm^{-2},单位面积碳储量分别增加了2.97t·hm^{-2}和3.16t·hm^{-2},说明碳储量积累越多,对土壤保持越有利。产水量与单位面积碳储量、单位面积土壤保持量的PPF均呈"凹"趋势(协同关系),即随着产水量的增加,单位面积碳储量、单位面积土壤保持量

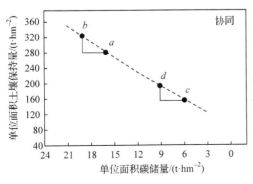
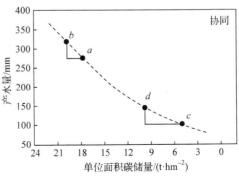

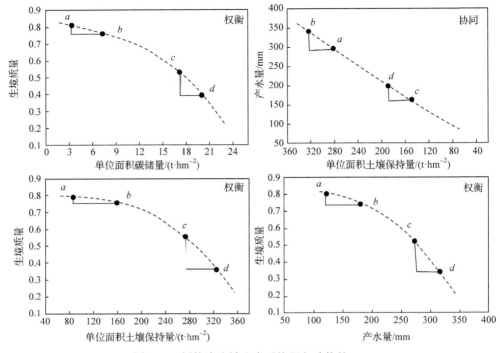

图 8.13　纸坊沟流域生态系统服务功能的 PPF

增加得更明显。生境质量与产水量、单位面积土壤保持量、单位面积碳储量的 PPF 均呈"凸"趋势(权衡关系)，即随着生境质量逐渐提升，产水量、单位面积土壤保持量、单位面积碳储量逐渐减小。

由图 8.14 可知，坊塌流域单位面积土壤保持量和单位面积碳储量协同关系表现明显，从 a 点到 b 点和从 c 点到 d 点，单位面积土壤保持量分别增加 44.90t·hm^{-2} 和 60.59t·hm^{-2}，单位面积碳储量分别增加了 2.72t·hm^{-2} 和 5.40t·hm^{-2}，这说明碳储量积累越多，对土壤保持越有利。产水量与单位面积碳储量、生境质量与单位面积土壤保持量、生境质量与产水量之间的 PPF 表现为"凹"的趋势，即随着

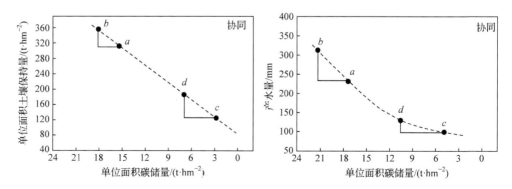

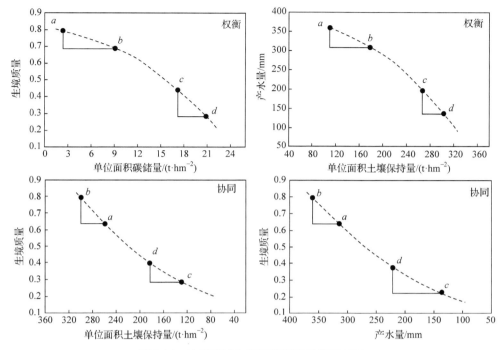

图 8.14 坊塌流域生态系统服务功能的 PPF

单位面积碳储量的增加，产水量和单位面积土壤保持量呈同增同减的协同关系。产水量与单位面积土壤保持量、生境质量与单位面积碳储量之间的 PPF 均呈"凸"趋势(权衡关系)，即随着单位面积碳储量的增加，生境质量逐渐减小；随着单位面积土壤保持量逐渐累积，产水量也逐渐减小。

由图 8.15 可知，董庄沟流域单位面积土壤保持量与单位面积碳储量之间呈明显协同关系，从 a 点到 b 点和从 c 点到 d 点，单位面积土壤保持量分别增加 75.79t·hm^{-2} 和 45.00t·hm^{-2}，单位面积碳储量分别增加了 3.81t·hm^{-2} 和 4.20t·hm^{-2}，这说明碳储量积累越多，对土壤保持越有利。产水量与单位面积碳储量、生境质量与单位面积碳储量之间的 PPF 表现为向内"凹"的曲线，碳储量积累越多，越

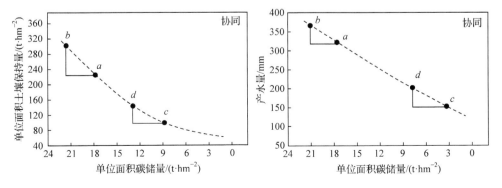

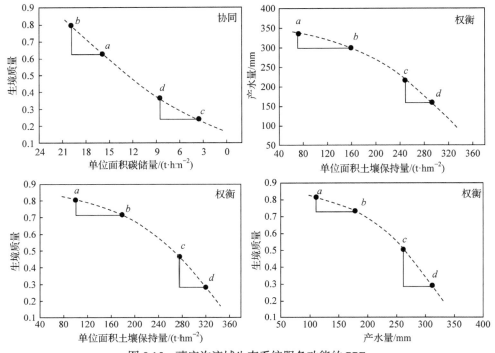

图 8.15 重庄沟流域生态系统服务功能的 PPF

有利于产水量和生境质量提高，即随着单位面积碳储量的增加，产水量和生境质量呈同增同减的协同关系。产水量与单位面积土壤保持量、生境质量与单位面积土壤保持量、生境质量与产水量之间的 PPF 均呈"凸"趋势(权衡关系)。

由图 8.16 可知，杨家沟流域产水量与单位面积土壤保持量之间呈明显协同关系，从 a 点到 b 点和从 c 点到 d 点，土壤保持量分别增加 76.10t·hm^{-2} 和 62.98t·hm^{-2}，产水量分别增加了 60.60mm 和 68.48mm，这说明产水量积累越多，对土壤保持越有利。生境质量与单位面积碳储量、生境质量与产水量之间的 PPF 表现为向内"凹"的曲线，a 点到 b 点变化幅度比较小，c 点到 d 点变化幅度比较大，生境质量越好，越有利于产水量和单位面积碳储量提高，即随着生境质量的

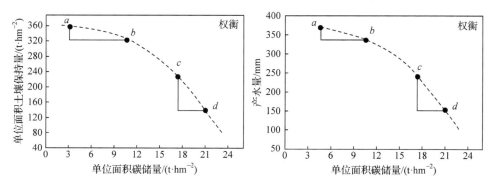

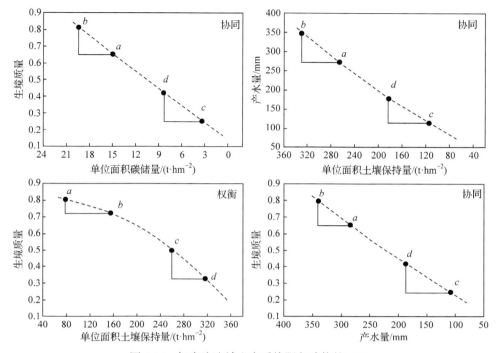

图 8.16 杨家沟流域生态系统服务功能的 PPF

增加，产水量和单位面积碳储量与生境质量呈同增同减的协同关系。单位面积土壤保持量与单位面积碳储量、产水量与单位面积碳储量、生境质量与单位面积土壤保持量之间的 PPF 曲线均呈"凸"趋势(权衡关系)。

8.5 本章小结

(1) 1998 年纸坊沟流域生态系统服务综合作用以协同作用为主，2008 年和 2018 年以权衡作用为主。1998~2018 年坊塌流域生态系统服务综合作用以权衡作用为主。1998~2018 年董庄沟和杨家沟流域生态系统服务综合作用以权衡作用为主。不同典型小流域碳储量功能与产水量功能呈显著正相关，土壤保持量功能与产水量功能呈显著正相关，生境质量与其他生态系统服务之间均没有显著的相关性，说明了不同流域生境质量存在着明显的空间异质性。

(2) 纸坊沟流域单位面积土壤保持量与单位面积碳储量、产水量与单位面积碳储量、产水量与土壤保持量之间的 PPF 表现为向内"凹"的曲线，呈明显同增同减的协同关系，生境质量与产水量、单位面积土壤保持量、单位面积碳储量的 PPF 均呈"凸"趋势(权衡关系)。坊塌流域单位面积土壤保持量与单位面积碳储量、产水量与单位面积碳储量之间呈明显同增同减的协同关系。董庄沟流域单位面积土壤保持量与单位面积碳储量、产水量与单位面积碳储量、生境质量与单位面积碳储量之间呈明显协同关系，产水量与单位面积土壤保持量、生境质量与单位面积土壤保持量、生境质量与产水量之间的 PPF 均呈"凸"趋势(权衡关系)。杨家沟流域产水量与单位面积土壤保持量呈明显同增同减的协同关系。总体来看，产水量、单位面积碳储量和单位面积土壤保持量呈明显的协同关系。

探究植被恢复过程中各生态系统服务的协同效应和权衡效应，对于科学评价人类活动对黄土高原地区生态环境和可持续发展具有重要的现实和理论意义。本章基于像元尺度，对黄土高原典型小流域的产水量、碳储量功能、土壤保持量和生境质量 4 种生态系统服务功能进行分析，探究植被恢复过程中各生态系统服务功能的协同效应和权衡关系。对于纸坊沟流域，不同年份的生态系统服务功能存在较大差异，其中 2008 和 2018 年呈现出明显的权衡关系，而 1998 年表现出协同关系。低协同是一种比较稳定的状态，对于每一种服务功能而言，独立或者综合作用结果都较差，多种生态系统服务功能之间的竞争状态较一般，没有明显的竞争优势(Cabral et al.，2017；Schröter et al.，2005)。1998 年纸坊沟流域基本表现出协同作用，主要是由于其脆弱的生态环境和发展经济的同时对环境的破坏作用。高协同关系下一般各项生态系统服务功能较好，各项生态系统服务功能综合表现为互利协同模式(Schwaiger et al.，2019；Zheng et al.，2019)，如 2018 年各项生态系统服务功能以高协同为主。相对比而言，生态系统服务功能权衡关系较弱的区域，主要是由于部分生态系统服务功能较好，而其他生态系统服务功能较差，生态系统服务功能波动较大，彼此之间存在激烈竞争的状态(Raudsepp-Hearne et al.，2010；Tscharntke et al.，2005)。无论是 1998 年的坊塌流域，还是 2008 年的纸坊沟流域，高权衡关系的区域分布较为广泛。高权衡关系下，地形起伏不定，林分质量较差及人类活动的干扰，各生态系统服务功能呈明显的权衡关系(张静静等，2020)。针对这些区域，需加强对林分的管理以提升其碳储量、土壤保持量和生境质量，以缓解较强的权衡关系。此外，还可以结合当地经济发展，适当改变粗放的农业管理模式，用以提升森林资源的生态系统服务功能。

由于生态系统服务功能的多样性和复杂性，一个生态系统服务功能的变化不仅受到其他生态系统服务功能的影响，还受到土地利用变化、气候等因素的影响(陈登帅等，2018；王鹏涛等，2017)。因此，分析两两生态系统服务功能之间的关系，需要采用偏相关分析消除干扰因素。偏相关分析表明(图 8.12)：4 个小流域碳储量功能与产水量功能、土壤保持量功能与产水量功能呈显著正相关($p<0.05$)，生境质量与其他生态系统服务功能之间均没有显著的相关性($p>0.05$)，说明了不同流域生境质量存在着明显的空间异质性。生态系统服务功能的玫瑰图显示(图 8.10 和 8.11)，1998～2018 年纸坊沟流域和坊塌流域碳储量功能、土壤保持量功能、产水量功能和生境质量均呈增加趋势；其中碳储量功能最大，生境质量最小；

1998~2018年董庄沟和杨家沟流域碳储量功能、土壤保持量功能和生境质量均呈增加趋势，产水量功能变化不大，其中碳储量功能最大，产水量功能最小。此外，土地利用类型相同，生态系统服务功能不尽一致；同一生态系统服务功能在不同土地利用类型上的发展也不同(图 8.6~图 8.9)。综上所述，不同流域生态系统服务功能之间的权衡与协同关系具有区域依赖性，主要由自然环境、社会、经济差异决定(陈登帅等，2018；王鹏涛等，2017；傅伯杰，2010)。受复杂的植被、地形地貌及气候条件的影响，4 个流域生态系统服务功能之间的协同和权衡关系呈明显的空间差异分布。因此，在退耕还林还草工程实施过程中，要充分结合不同区域的生态系统服务功能开展针对性的保护，在协同或权衡效应的基础上，提出针对性保护措施，并维持生态系统的平衡和稳定性发展。

此外，4 个典型小流域生态系统服务功能之间权衡与协同关系的定量研究总体表明，产水量、碳储量和土壤保持量呈明显同增同减的协同关系。一方面，黄土高原水分是基本的限制性因子，由于降水量的增加，产水量整体有所增长，产水量功能的增加为植物的生长与发展提供了可能，植被的生长也增加了土壤保持能力，同时能更好地利用水分，土壤保持量功能加强，对碳储量起着一定的促进作用(Jia et al.，2017；Lv et al.，2012)。因此，生态系统中产水量、碳储量和土壤保持量功能之间基本保持相互促进的协同关系。另一方面，由于碳储量的增加促进了植被恢复，提高了植被的生长条件和生境质量(Luo et al.，2018；Lv et al.，2017)，因此在一定程度上碳储量与生境质量在整体上表现出协同关系。

参 考 文 献

陈登帅, 李晶, 杨晓楠, 等, 2018. 渭河流域生态系统服务权衡优化研究[J]. 生态学报, 38(9): 3260-3271.

傅伯杰, 2010. 我国生态系统研究的发展趋势与优先领域[J]. 地理研究, 29(3): 383-396.

刘国彬, 上官周平, 姚文艺, 等, 2017. 黄土高原生态工程的生态成效[J]. 中国科学院院刊, 32(1): 11-19.

王鹏涛, 张立伟, 李英杰, 等, 2017. 汉江上游生态系统服务权衡与协同关系时空特征[J]. 地理学报, 72(11): 2064-2078.

张静静, 朱文博, 朱连奇, 等, 2020. 伏牛山地区森林生态系统服务权衡/协同效应多尺度分析[J]. 地理学报, 75(5): 975-988.

AN S S, DARBOUX F, CHENG M, 2013. Revegetation as an efficient means of increasing soil aggregate stability on the Loess Plateau (China)[J]. Geoderma, 209: 75-85.

BRIONES-HIDROVO A, UCHE J, MARTÍNEZ-GRACIA A, 2020. Determining the net environmental performance of hydropower: A new methodological approach by combining life cycle and ecosystem services assessment[J]. Science of the Total Environment, 712: 136369.

CABRAL I, KEIM J, ENGELMANN R, et al., 2017. Ecosystem services of allotment and community gardens: A Leipzig, Germany case study[J]. Urban Forestry & Urban Greening, 23: 44-53.

DE GROOT R, BRANDER L, VAN DER PLOEG S, et al., 2012. Global estimates of the value of ecosystems and their services in monetary units[J]. Ecosystem Services, 1: 50-61.

FU B, WANG S, LIU Y, et al., 2017. Hydrogeomorphic ecosystem responses to natural and anthropogenic changes in the Loess Plateau of China[J]. Annual Review of Earth and Planetary Sciences, 45(1): 223-243.

JIA X, SHAO M A, ZHU Y, et al., 2017. Soil moisture decline due to afforestation across the Loess Plateau, China[J]. Journal of Hydrology, 546: 113-122.

JIANG W, WU T, FU B, 2021. The value of ecosystem services in China: A systematic review for twenty years[J]. Ecosystem Services, 52: 101365.

LICHTENSTEIN M E, MONTGOMERY C A, 2003. Biodiversity and timber in the Coast Range of Oregon: Inside the production possibility frontier[J]. Land Economics, 79: 56-73.

LUO Y, LV Y, FU B, et al., 2018. When multi-functional landscape meets critical zone science: Advancing multi-disciplinary research for sustainable human well-being[J]. National Science Review, 6(2): 349-358.

LV Y, LI T, ZHANG K, et al., 2017. Fledging critical zone science for environmental sustainability[J]. Environmental Science & Technology, 51(15): 8209-8211.

LV Y, LIU S, FU B, 2012. Ecosystem service: From virtual reality to ground truth[J]. Environmental Science & Technology, 46(5): 2492-2493.

MI X, FENG G, HU Y, et al., 2021. The global significance of biodiversity science in China: An overview[J]. National Science Review, 8(7): nwab032.

RAUDSEPP-HEARNE C, PETERSON G D, BENNETT E M, 2010. Ecosystem service bundles for analyzing tradeoffs in diverse landscapes[J]. Proceedings of the National Academy of Sciences of the United States of America, 107: 5242-5247.

SCHRÖTER D, CRAMER W, LEEMANS R, et al., 2005. Ecosystem service supply and vulnerability to global change in Europe[J]. Science, 310: 1333-1337.

SCHWAIGER F, POSCHENRIEDER W, BIBER P, et al., 2019. Ecosystem service trade-offs for adaptive forest management[J]. Ecosystem Services, 39: 100993.

TSCHARNTKE T, KLEIN A M, KRUESS A, et al., 2005. Landscape perspectives on agricultural intensification and biodiversity-ecosystem service management[J]. Ecology Letters, 8: 857-874.

ZHENG H, WANG L, WU T, 2019. Coordinating ecosystem service trade-offs to achieve win-win outcomes: A review of the approaches[J]. Journal of Environmental Sciences, 82: 103-112.

第 9 章 研究不足与展望

9.1 研 究 不 足

　　黄土高原土层深厚，蕴藏着大量的土壤有机碳，由于植被自然生长和生态建设等因素，黄土高原生态系统已发挥且在未来持续发挥重要的碳汇作用，未来几十年更多的土壤有机碳将在退耕还林还草工程区持续积累。极端气候变化，特别是大气 CO_2 含量急剧下降的情况，可能导致区域植被生产力降低，对整个黄河流域的生态环境产生影响。因此，在黄土高原未来的植被恢复过程中，须提前应对生态系统的碳汇效应和各种新的环境问题。

　　(1) 对黄土高原的全球变化预测还不够精准。越来越多的研究发现，全球变化已成为影响陆地生态系统结构和功能的重要驱动力和影响因子。尽管许多研究对黄土高原气温、降水格局、氮沉降和土地利用变化等方面做了大量的工作，但对上述变化缺乏准确预测，甚至对其变化趋势不清楚。例如，有学者认为未来黄土高原地区气温和降水量呈增加暖湿化变化趋势；也有研究认为，该区气候变化整体上呈暖干化变化趋势，且该区东南部与西北部变化趋势不同。因此，未来该区全球变化研究需要强化以下两个方面：①加强区域长期定位监测，尤其是 CO_2 通量监测和氮沉降监测；②加强相关气候变化模型研发，提高全球变化预测能力，尤其是对极端降水的预测。

　　(2) 全球变化对黄土高原生态系统结构、功能和稳定性的影响缺乏系统认识。许多学者在黄土高原地区开展了全球变化方面的研究，主要内容集中在土地利用变化、气温升高、降水格局变化及氮沉降等对生态系统结构、功能和稳定性影响等方面。受现有理论和研究手段等方面的限制，在以下方面仍存在不足，需要重视以下几个方面。①聚焦全球变化中的关键因子及生态系统中的核心问题，探讨二者之间的关系，如在全球变化中重点关注极端降水(暴雨和极端干旱)的影响，在生态系统功能中重点关注植被碳汇功能。②关注全球变化背景下多因子交互效应。已有研究大多从单一的全球变化因子探讨其对生态系统的影响，而对多个因子交互作用的影响研究较少，极大地影响全球变化效应的准确评估。③不同时间尺度下全球变化对生态系统的影响。全球变化对生态系统功能的影响往往是渐进的，已有的研究往往关注基于某一时间点的瞬时状态，很少关注长时间尺度上的动态变化，这可能会高估全球变化对生态系统的影响。未来须强化野外长期观测实验来消除时间尺度上的不确定性。④关注多维度、多尺度生物多样性与生态系统功能。已有研究大多关注物种多样性与生态系统的关系,虽然其他维度多样性(功能多样性、谱系多样性)与生态系统关系的研究也在逐渐增多,但同时考虑全球变化因素的研究相对较少,未来研究应同时考虑多维度、多尺度生物多样性与生态系统之间的关系。⑤重点关注地下生态过程变化,包括全球变化背景下多营养级食物网、根系功能性状、土壤根际微生物过程对生态系统功能和稳定性的影响。

(3) 黄土高原生态系统保护修复与资源环境承载力接近阈值。黄土高原植被恢复趋近区域水资源承载力上限。黄土高原大规模开展生态恢复工程建设以来,植被覆盖度大幅提升,必将显著改变区域的物质循环和能量流动。有关研究表明,在综合考虑黄土高原植被覆盖面积和人类用水需求情况下,黄土高原区域的水资源植被承载力阈值为$(400\pm5)gC \cdot m^{-2} \cdot a^{-1}$,黄土高原植被恢复已接近这一阈值。在区域植被持续增绿的过程中,植被蒸腾作用导致土壤水分不断消耗,植被恢复的可持续性面临威胁。一些地区人工生态林营建不合理,过度追求人工林草的高经济效益,出现了植被群落生长衰退的现象。同时,黄土高原现有林草覆盖度已达63%,其耗水量接近该地区水资源承载力阈值,不合理的人工林建设对区域水文循环和社会用水需求造成不利影响。维持植被恢复及其生态效益的可持续性已成为黄土高原生态恢复与重建面临的新挑战。从乡村振兴和维护国家粮食安全角度考虑,在后退耕还林还草时代,建议循序渐进优化黄土高原植被结构,深化黄土高原生态系统保护修复与资源环境承载力的动态影响和响应关系,更好地服务于区域生态系统保护修复的可持续发展决策。

(4) 综合研究体系尚未建立,难以揭示黄土高原多圈层相互作用机理。近年来,黄土高原的生态恢复政策取得了显著成效,大规模的植被恢复通过改变下垫面使大气与地表间的能量交换和水循环过程发生变化,进而对区域生态系统结构和功能产生影响。已有研究多集中在下垫面特征与土壤侵蚀的关系、气候对植被的影响及气候与水沙变化的关系等,这些研究尚处于从单一要素与过程向多要素与多过程耦合研究的过渡阶段,还未建立模型化、系统化的综合研究体系,以至于不能揭示黄土高原多圈层相互作用机理及互馈机制。因此,通过开展面向全球的多层次环境变化的基础性和前瞻性研究,发展黄土高原地球系统科学理论,对黄土高原的治理与建设具有重要的战略意义。

9.2 展　　望

近几十年以来,人类活动影响下的黄土高原生态系统各圈层环境交互作用的过程、机理是复杂多变的;在考虑完整性和连通性的基础上,亟须加强该区域土壤碳收支与排放研究,界定黄土高原植被恢复与土壤碳汇功能的权衡关系。为此,本书进行了展望，为黄土高原土壤碳汇功能的发挥提供参考。

(1) 加强黄土高原植被恢复过程中的土壤长期固碳效应。黄土高原土壤垂直节理发达，直立性很强，然而黄土对流水的抵抗力弱，易受侵蚀，一旦土面的植被遭受破坏，土壤侵蚀现象就会迅速蔓延，流失大量的有机碳。随着植被恢复的持续推进，土壤和植被能够重新吸收固定大量的碳，进而增加了生态系统碳储量。黄土高原植被恢复仅仅是个开始，从长远的角度分析，黄土高原生态系统仍有很大的固碳潜力，因此黄土高原生态系统碳汇功能的发挥是一个长期的过程。随着退耕还林还草的不断推进，生态系统将持续发挥碳汇功能。虽然乔木林和灌木林均为碳汇，但是土地转换后会造成有机碳的损失，不利于有机碳的保存，增加林地面积和改善林分结构是提高森林碳汇功能的两个主要途径。由此可知，增加碳输入、减少碳输出是提升黄土高原生态系统碳汇功能的有效办法。未来在考虑黄土高原植被恢复完整性和连通性的基础上，亟须深化与加强该区域碳收支与排放研究，界定黄土高原碳汇功能及阈值等问题。过去黄土高原的植被恢复强调生态效益优先，并没有兼顾经济效益，种种迹象表明黄土高原植被恢复逐步进入自然演替阶段，植被恢复的固碳效应处于相对稳定的状态，植被恢复方式从过去重视植树造林种草，转而强调植被的自我修复。在进行植被恢复的同时，尽量减少人为干扰，促进植被向更复杂、更稳定的方向发展。遵循自然规律，建设与当地气候、土壤相适宜，能够进行自我修复的生态系统是植被恢复的最终目标，实现群落稳定和生态功能最大化，最大程度发挥生态系统的固碳效应。

(2) 深化黄土高原土地利用方式与有机碳储量的权衡。黄土高原土壤碳汇功能是土壤中有机碳输入与输出的动态平衡结果。当土壤碳的矿化量大于输入量时，土壤有机碳含量降低；当土壤碳的矿化量小于输入量时，土壤有机碳含量会持续增加，直至碳的矿化量与输入量相等，此时土壤有机碳含量达到新的平衡点(碳饱和点)。通常情况下，黄土高原草地恢复土壤有机碳达到平衡点需要 20~30a，当营养物质输入量过高时，这种动态平衡系统会被打破，在达到新的平衡点后，会有更多的土壤有机碳矿化。为充分实现黄土高原土壤碳汇功能，未来的植被恢复应维持土壤有机碳输入和输出平衡的原则，在保证植被恢复的同时，最大化发挥生态系统碳汇功能。因此，黄土高原草地适合持续的自然封育，让其进行自然演替。农田由于耕作而碳流失，需要采取合理的耕作模式和外源碳输入途径。在此过程中，需要将植被承载力与固碳能力有效结合，寻找植被恢复对土壤有机碳固定的驱动力，进而权衡植被恢复与土壤有机碳之间的关系。

黄土高原植树造林被认为是增汇潜力最大的生态措施，然而造林扰动了土壤，可能会造成部分碳的损失，植树造林的增汇效应随着林龄增加而规律性降低。就林地和灌丛来说，人工林整体林小较低，以幼、中龄林为主，处于早期演替阶段，具有较大的碳汇潜力。随着时间推移，幼、中龄林逐渐向成熟林、老龄林发展，生态系统日渐趋于平衡，碳汇功能随之逐步减弱。随着林龄持续老化，黄土高原人工林碳汇能力在未来将面临大幅下降的风险，届时会产生额外的减排压力。要想维持人工林长期较高的碳汇能力，需要采取合理的森林管理措施，结合生态系统本底状况及未来气候变化情景进行综合区划，优化林龄空间布局，适当更新树龄结构，避免森林过于老化，延长人工林碳汇服务时间。

(3) 创新黄土高原土壤碳储量评估的主要方法与技术。黄土高原生态系统脆弱，自然环境复杂，受气候变化和人类活动的影响，该区域土壤碳储量处于动态变化中，这导致碳储量评估的不确定性进一步加大，增加了对我国整体碳收支评估的偏差。关于黄土高原土壤碳储量已开展了较多的研究，主要通过资料清查、样点调查等进行小尺度估算，以及利用建模等方式进行大尺度估算。模型估算的结果略小于资料清查、样点调查的实测值，可能是模型的参数设置精度所致。另外，资料清查和样点调查的结果出现较大的差异，可能是由于采样方法和手段不同。对于模型估算，若以植被类型或土壤类型作为底图，底图精度越高，估算结果的准确性也越高；当使用单一化模型和层级模型估算时，不同模型的结果差异较大。对于资料清查、样点调查等估算，则需要统一采样方法和标准，扩大调查尺度和土层深度。因此，未来需要结合多种路径的碳循环联合作用模型，同时辅助实测值进行模型的验证，系统评估植被恢复后生态系统碳汇潜力，加强对生态系统和碳循环组分的观测，精确计量碳循环参数，探明碳汇调控机制。在碳循环研究中不断引进新技术、新手段，如碳同位素通量监测、微生物组学、近地面遥感等，从微观分子到全球宏观尺度深入揭示陆地生态系统碳汇的形成机制；开发生态系统碳汇提升技术，打通生态系统增汇技术途径。同时，预估在未来气候变化和人类活动背景下，黄土高原生态系统的固碳能力和增汇潜力，分别量化环境变化、植被生长和人为措施对增汇潜力的贡献，完善对各类生态系统碳汇潜力可达时限的评估，以提高碳储量的估算精度。

(4) 从微生物学角度解析黄土高原土壤碳循环过程。黄土高原土壤有机碳作为陆地碳汇的重要组成部分，探明微生物对植物残体和微生物残体分配、更新、维持的作用，对进一步认识陆地碳汇功能和应对气候变化非常重要。在异质性强、偏碱富钙的黄土中，土壤植物残体碳、微生物残体碳和微生物之间的耦合机制仍待深入研究，如植物残体碳和微生物残体碳在黄土土壤有机碳库中的分配格局，植物残体碳、微生物残体碳的动态变化与土壤微生物群落功能和生态系统多样性的关系，黄土土壤中钙离子对植物残体碳、微生物残体碳的调控机制等。新技术的应用，如三代测序技术、稳定同位素示踪、DNA-稳定同位素探针、高通量测序等，使研究微生物对土壤碳库分解、转化的驱动机制成为可能。宏基因组学可以从土壤样本的基因组数据库中筛选出结构和功能信息，确定物种种类、代谢功能与碳循环过程之间的关联。未来需要综合运用分子生物学、同位素示踪和地球系统科学的技术与方法，从微生物角度入手，借助土壤碳循环模型探究黄土高原土壤碳循环的生物地球化学过程，评估黄土高原增碳潜力，为我国实现"双碳"目标发挥应有的作用。

(5) 串联黄土高原国家野外观测站，加强不同站点的合作共享机制。据不完全统计，黄土高原地区拥有 9 个国家级野外科学观测站和 20 多个地方级观测站，并建成了 8 座大型碳通量塔。未来应充分发挥野外站台的联合力量，集成多源尺度的观测数据(样地、样点、区域)、多手段模型数据(植被清查、资料搜集、模型模拟)、多源开放数据(卫星遥感、激光雷达)，空-天-地一体化开展黄土高原生态系统碳循环相关过程和碳收支计量体系的研究；综合开展高频次观测研究，加强推进黄土高原生态环境观测研究网络的发展和完善，利用多种在线观测仪器对短时间尺度有机碳的动态特征进行高频次长期定位观测，在观测和模拟过程中将地表科学(生态学、水文学、土壤学、地球化学、地貌学)进行有机整合，这样能更好地揭示黄土高原有机碳的动态变化规律。同时，加强不同站点的数据合作共享机制，全面准确地评估黄土高原生态系统碳汇效应及其在全球碳收支中的贡献(图 9.1)。

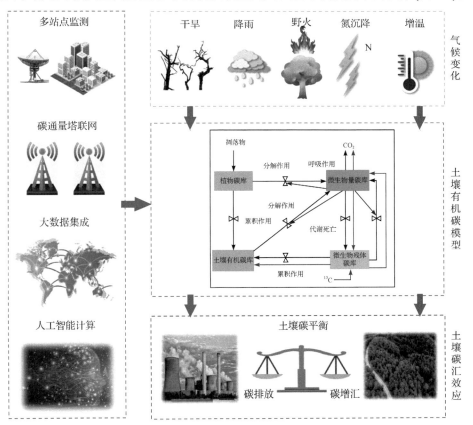

图 9.1　多源数据和方法综合研究黄土高原土壤碳汇效应框架示意图

(6) 集成多元分析方法，建立多学科集成的观测网络体系。随着生物、人工智能、信息及大数据等技术的"井喷式"发展，黄土高原未来的植被恢复应融入多组分、多界面、多尺度的观测、分析和模拟方法；建立原位采样、地球物理探测和污染监测一体化技术，实现土壤各界面碳组分和动态特征；结合卫星对地观测与数字地球技术，增强观测数据(植被、大气、气候等)的时空代表性，可视化展示生态系统碳收支时空分布，并发展更为先进的碳循环模型-数据融合方法和系统。以黄土高原多站点数据为基础，融合陆地碳通量塔，结合遥感碳观测和碳卫星、多光谱卫星实时监测数据，引入深度学习和人工智能的大数据分析方法，开发基于"互联网+"的碳数据自动控制、自动采集、远程传输技术；发展基于"大数据+互联网+人工智能"的土壤碳动态大数据系统，科学地评估植被恢复的碳收支与排放动态特征，并绘制黄土高原植被恢复与碳汇平衡实现途径(图 9.2)，最终服务于"碳中和"的长期愿景目标。

图 9.2　黄土高原植被恢复与碳汇平衡实现途径框架示意图

(7) 坚持山水林田湖草沙系统整体思想，打造"绿色碳库"。黄土高原是 21 世纪以来我国植被生态保护和修复成效最为显著的地区。在植被恢复进程中，需要客观评价黄土高原地区生态系统保护恢复在增加区域生态碳汇中的实际贡献，同时要面向未来生态环境变化的可能性,预测生态系统保护修复固碳的发展前景，从而更好地推进黄土高原绿色碳库高质量发展，提升区域碳汇能力，建设高质量的美丽乡村。为此，需要坚持山水林田湖草沙系统综合治理的思想，以"绿色碳库"提质扩容为目标，加强科学规划、合理布局、试验示范、有序推广的科技支撑，综合考虑区域自然地理条件、区域地形地貌、水资源状况差异性、土地适宜性、生态空间类型及绿色碳库发展潜力，选取具有代表性、碳汇潜力大的县(区)和生态空间进行试验示范，按照不同生态区域及功能要求，以水定绿、以水定林、量水而行，宜乔则乔、宜灌则灌、宜草则草，乔灌草结合，保护与修复并举。重点研发森林、草原、湿地、沙地荒漠、自然保护地等五类高标准"绿色碳库"基地建设的技术和模式，以及"绿色碳库"监测和计量评价体系。在此基础上，发展以增强碳汇功能为主导目标的多目标生态系统保护修复优化规划方法和决策支持路径，增强黄土高原区域碳汇和生态安全维持领域的科技支撑水平和能力。

(8) 创新黄土高原区域地球系统科学理论体系并探索可行路径。地球系统科学以全球性和统一性的系统观结合多时空尺度来研究地球系统。由于气候变化和人类活动的强烈干预，黄土高原表现出多尺度、多要素、多动力的鲜明特征，是一个具有复杂人地关系的区域地球系统。区域气候-生态-水文系统的相互作用机制仍是今后研究的重点，要聚焦径流形成、植被演替、污染物迁移、土壤侵蚀等过程中的物质多界面转化和传输过程，逐步从"大气-陆地"和"陆地-水文"过渡到"大气-陆地-水文"耦合模式，综合考虑地球系统多种因素，形成整体的、多尺度的黄土高原地球系统理论。为此，应当首先建立全面的定位观测系统，系统监测不同因子胁迫下黄土高原水、土、气、生物的动态变化特征，开展植被格局与水土流失的相互作用研究，并加强地貌过程与水文过程、气候变化动态等多圈层的耦合分析；其次，利用陆-气耦合的理论与关键技术，研究区域气候变化及极端事件发生的机理与成因，提高模型对气候变化和圈层间相互作用的预测能力；最后，优化耦合水碳循环过程的地球系统模式，定量研究黄土高原环境变化在全球气候、环境变化进程中的相对作用，识别生态建设的固碳潜力，为我国生态文明建设和制订合理的碳中和行动方案提供建议。

参 考 文 献

安韶山, 黄懿梅, 朱兆龙, 等, 2020. 黄土高原植被恢复的土壤环境效应研究[M]. 北京: 科学出版社.

邓蕾, 刘玉林, 李继伟, 等, 2023. 植被恢复的土壤固碳效应: 动态与驱动机制[J]. 水土保持学报, 37(2): 1-10.

方精云, 2021. 碳中和的生态学透视[J]. 植物生态学报, 45(11): 1173-1176.

金钊, 2019. 走进新时代的黄土高原生态恢复与生态治理[J]. 地球环境学报, 10(3): 316-322.

朴世龙, 岳超, 丁金枝, 等, 2022. 试论陆地生态系统碳汇在"碳中和"目标中的作用[J]. 中国科学: 地球科学, 52(7): 1419-1426.

杨阳, 窦艳星, 王宝荣, 等, 2023. 黄土高原土壤有机碳固存机制研究进展[J]. 第四纪研究, 43(2): 509-522.

杨阳, 刘良旭, 童永平, 等, 2023. 黄土高原植被恢复过程中土壤碳储量及影响因素研究进展[J]. 地球环境学报, 14(6): 1-15.

杨阳, 王宝荣, 窦艳星, 等, 2023. 植物和微生物源土壤有机碳转化与稳定研究进展[J]. 应用生态学报, 35(1): 111-123.

杨阳, 张萍萍, 吴凡, 等, 2023. 黄土高原植被建设及其对碳中和的意义与对策[J]. 生态学报, 43(21): 9071-9081.

杨元合, 石岳, 孙文娟, 等, 2022. 中国及全球陆地生态系统碳源汇特征及其对碳中和的贡献[J]. 中国科学: 生命科学, 52(4): 534-574.

于贵瑞, 郝天象, 朱剑兴, 2022. 中国碳达峰、碳中和行动方略之探讨[J]. 中国科学院院刊, 37(4): 423-434.

LI Y, SHI W, AYDIN A, et al., 2020. Loess genesis and worldwide distribution[J]. Earth-Science Reviews, 201: 102947.

LIU Z, DENG Z, DAVIS S J, et al., 2022. Monitoring global carbon emissions in 2021[J]. Nature Reviews Earth & Environment, 3(4): 217-219.

LIU Z, DENG Z, HE G, et al., 2021. Challenges and opportunities for carbon neutrality in China[J]. Nature Reviews Earth & Environment, 3(2): 141-155.

LV Y, LI T, ZHANG K, et al., 2017. Fledging critical zone science for environmental sustainability[J]. Environmental Science & Technology, 51: 8209-8211.

PIAO S L, HE Y, WANG X H, et al., 2022. Estimation of China's terrestrial ecosystem carbon sink: methods, progress and prospects[J]. Science China Earth Sciences, 65(4): 641-651.

TANG X L, ZHAO X, BAI Y F, et al., 2018. Carbon pools in China's terrestrial ecosystems: New estimates based on an intensive field survey[J]. Proceeding of the National Academy of Sciences of the United States of America, 115(16): 4021-4026.

WANG J, FENG L, PALMER P I, et al., 2020. Large Chinese land carbon sink estimated from atmospheric carbon dioxide data[J]. Nature, 586(7831): 720-723.

WANG Y L, WANG X H, WANG K, et al., 2022. The size of the land carbon sink in China[J]. Nature, 603(7901): E7-E9.

YANG Y, LIU L, ZHANG P, et al., 2023. Large-scale ecosystem carbon stocks and their driving factors across Loess Plateau[J]. Carbon Neutrality, 2: 5.

YANG Y, SUN H, ZHANG P, et al., 2023. Review of managing soil organic C sequestration from vegetation restoration on the Loess Plateau[J]. Forests, 14(10): 1964.

YANG Y, ZHANG P, SONG Y, et al., 2024. The structure and development of Loess Critical Zone and its soil carbon cycle[J]. Carbon Neutrality, 3: 1.

ZHU Y J, JIA X X, QIAO J B, et al., 2019. What is the mass of loess in the Loess Plateau of China?[J]. Science Bulletin, 64(8): 534-539.